山东省专项"农村水环境综合治理关键技术研究与示范"课题资助

农村污水处理实用技术

刘海玉　洪　卫　席北斗　主编

U0392814

中国建筑工业出版社

图书在版编目(CIP)数据

农村污水处理实用技术/刘海玉，洪卫，席北斗主编. —北京：中国建筑工业出版社，2019.8

ISBN 978-7-112-24029-6

Ⅰ.①农… Ⅱ.①刘…②洪…③席… Ⅲ.①农村-污水处理 Ⅳ.①X703

中国版本图书馆CIP数据核字(2019)第165386号

责任编辑：付　娇　石枫华　兰丽婷
责任校对：李欣慰

农村污水处理实用技术

刘海玉　洪　卫　席北斗　主编

*

中国建筑工业出版社出版、发行（北京海淀三里河路9号）
各地新华书店、建筑书店经销
北京科地亚盟排版公司制版
北京市密东印刷有限公司印刷

*

开本：787×1092毫米　1/16　印张：15¼　字数：376千字
2019年10月第一版　2019年11月第二次印刷
定价：**58.00**元
ISBN 978-7-112-24029-6
(34524)

本书编委会

主　编：刘海玉　济南城建集团有限公司
　　　　洪　卫　山东共享环境管理咨询有限公司
　　　　席北斗　中国环境科学研究院

副主编：张列宇　中国环境科学研究院
　　　　张德祥　山东省建筑设计研究院有限公司
　　　　金　丽　山东省水利科学研究院
　　　　周敏伟　中欧人工湿地技术研发中心

编　委：张保祥　山东省水利科学研究院
　　　　王　新　枣庄市市中区排水管理处
　　　　杨　伟　济南城建集团有限公司
　　　　田　慧　济南城建集团有限公司
　　　　张增国　山东共享环境管理咨询有限公司
　　　　金晓佩　山东共享环境管理咨询有限公司
　　　　赵　瑞　山东共享环境管理咨询有限公司
　　　　郑　强　山东省水利科学研究院
　　　　李佳宁　山东省水利科学研究院
　　　　丛常颂　山东省水利科学研究院
　　　　殷宝勇　泛华建设集团有限公司

前　言

　　农村是具有自然、社会、经济特征的地域综合体，兼具生产、生活、生态、文化等多重功能，与城镇互促互进、共生共存，共同构成人类活动的主要空间。我国人民日益增长的美好生活需要和不平衡不充分的发展之间的矛盾在农村最为突出，我国仍处于并将长期处于社会主义初级阶段的特征很大程度上表现在农村。全面建成小康社会和全面建设社会主义现代化强国，最艰巨最繁重的任务在农村，最广泛最深厚的基础在农村，最大的潜力和后劲也在农村。

　　2015 年 4 月国务院印发的《水污染防治行动计划》，提出了 2016～2020 年农村环境治理的明确目标，同时，《关于加快推进生态文明建设的意见》提出"加快美丽乡村建设，加大农村污水处理力度"。

　　2018 年 2 月，中办和国办联合发了《农村人居环境整治三年行动方案》，重点开展厕所粪污的治理和农村污水的治理。同年 9 月，中共中央、国务院印发《乡村振兴战略规划（2018－2022 年）》，是贯彻落实党的十九大、中央经济工作会议、中央农村工作会议精神和政府工作报告要求，描绘好战略蓝图，强化规划引领，科学有序推动乡村产业、人才、文化、生态和组织振兴，细化实化工作重点和政策措施，部署重大工程、重大计划、重大行动，确保乡村振兴战略落实落地，是指导各地区各部门分类有序推进乡村振兴的重要依据。同时，生态环境部印发《关于加快制定地方农村污水处理排放标准的通知》，明确了制定农村污水处理排放标准的总体要求、控制指标及排放限值等。11 月，生态环境部印发《农业农村污染治理攻坚战行动计划》，着力深入推进农村人居环境整治和农业投入品减量化、生产清洁化、废弃物资源化、产业模式生态化，深化体制机制改革，发挥好政府和市场两个作用，充分调动农民群众积极性、主动性，突出重点区域，动员各方力量，强化各项举措，补齐农业农村生态环境保护突出短板。

　　2019 年 2 月，中共中央、国务院发布《关于坚持农业农村优先发展做好"三农"工作的若干意见》。2019 年 4 月，生态环境部正式印发《农村污水处理设施水污染物排放控制规范编制工作指南（试行）》。

　　未来 20 年，生态文明、美丽乡村、城乡环境公共服务均等化是农村环境发展的主要政策方向。自动化程度高的百吨级规模的分散式污水处理技术设备，运营管理简单、成本低、与环境融合的生态技术，将是农村污水处理技术的主要发展趋势。

　　截至 2016 年，我国村庄数量 261.7 万个，建制镇数量 2.09 万个，建制镇供水达 106.5 亿立方米。其中有生活污水处理设施的建制镇比例占 28%，有生活污水处理设施的村庄比例占 20%。农村在我们国家社会经济结构中占有重要的地位，但是排水和污水处理设施严重不足。近年来，农村污水治理受到重视并发展迅速。在 2007 年，我国行政村中有农村污水处理设施的占比不到 3%，到 2017 年，已经接近 25%。2035 年我国总人口将达到 15 亿，城镇化率将达到 70% 以上，城镇人口将从 2014 年的 7.5 亿增长到近 11 亿，农村人口将从 6.2 亿减少到 4 亿。对于农村污水处理来说，未来分散式农村污水处理技术和设施有很大的空间。中国农村的现实情况，在国际上基本找不到可以借鉴的案例和经验。所以，中国农村污水治理，需要找到运行稳定、操作简单、具有中国特色的农村污水处理的实用技术。

本书内容共分十章，全书由刘海玉负责撰写和定稿。本书主编：刘海玉（济南城建集团有限公司），编写第3（第3.2节）、4、7章；洪卫（山东共享环境管理咨询有限公司），编写第3（第3.4节）、10章并审核；席北斗（中国环境科学研究院），提出整体架构并编写第1章。副主编：张列宇（中国环境科学研究院），编写第6、9章；张德祥（山东省建筑设计研究院有限公司），编写第2、3（第3.3节）章；金丽（山东省水利科学研究院），编写第3（第3.1、3.6节）章；周敏伟（中欧人工湿地技术研发中心），编写第8章。编委张保祥（山东省水利科学研究院），收集资料并编写第3（第3.5节）章；编委王新（枣庄市市中区排水管理处），编写第5章；编委杨伟、田慧（济南城建集团有限公司），绘制全书插图并校核；编委张增国（山东共享环境管理咨询有限公司），参编第10章并校核；编委金晓佩、赵瑞（山东共享环境管理咨询有限公司），绘制全书表格并校核；编委郑强、李佳宁、丛常颂收集资料并参编第3（第3.1、3.5、3.6节）章；编委殷宝勇（泛华建设集团有限公司），参编第2章。

本书在写作过程中主要借鉴了20世纪90年代以来，特别是2010年以来学术期刊、国内外学术会议上发表的相关论文，近年来出版的相关书籍，美国、日本、韩国、英国、德国、澳大利亚等国有关农村污水法规、指南和建设管理经验等，尽量采用2010年以后的数据，以反映农村污水处理的最新动态。

本书在撰写过程中力求做到论述系统，逻辑缜密，前后呼应，资料翔实，数据可靠，以实用性为主，兼顾理论性。书中所引用的国内工程实例全部来自权威出版物，经过调查确认或者作者亲身参与的工程。书中引用的国外污水处理工程实例，均经过认真筛查，尽量选用工程所在国技术人员发表的最新参考文献，引用原作，对于翻译成中文的资料，找到原版资料对照，并将非国际单位制单位统一换算成国际单位制，以便尽量向读者提供准确、完整的信息。

本书从开始撰写到出版历经1年半的时间。本书能够顺利完成，得益于编写团队全体成员的辛勤劳动，山东省相关项目的资金支持，许多专家和领导的鼓励和帮助。山东省专项"农村水环境综合治理关键技术研究与示范"课题SDSLKY201704、山东省农村供排水工程技术研究中心基金为书籍出版提供了资金支持，美国Tetra Tech，Inc公司江瑞原先生——资深环境工程师和污泥技术主管，提供了大量美国污水处理应用案例，济南城建集团有限公司许庚总工程师认真审阅并给予极大鼓励和悉心指导。中国建筑工业出版社相关人员为书籍出版付出了努力，对以上专项及基金的资助，专家领导的支持表示衷心感谢。

特别感谢中国海洋大学王琳教授，西安理工大学和爱尔兰都柏林大学赵亚乾教授，天津市政工程设计研究院赵乐军副总工程师在百忙之中抽出时间，为本书提出宝贵意见，我们表示诚挚的敬意和衷心感谢。

虽有关人员尽了最大努力，但限于作者水平和污水处理技术的快速发展，文献浩瀚，书中难免有疏漏错误，恳请读者批评指正。

编　者

2019年6月

目　　录

第1章 农村污水处理概论

1.1 农村污水及处理分类

1.1.1 农村污水的定义

广义来讲是指：农村地区居民在生活和生产过程中形成的污水。包括全部生活污水和生产废水。其中，农村生活污水指居民生活过程中产生的粪便污水和洁具冲洗、洗浴、洗衣、厨房、房间清洗、洗车等人的活动产生并排放的污水。农村生产废水是指畜禽养殖业、水产养殖业、屠宰业、农产品加工业、及与农业生产有关的活动产生的废水，水质不能符合国家相关水质排放标准的废水[1-3]。

狭义来讲是指：农村居民集聚区内的生活用水后的排放污水，包括粪便和洁具冲洗、洗浴、洗衣、厨房、房间清洗排放污水等。

通常，在一个自然村或行政村地域范围内很难将这两类污水严格区分开来，并分别进行单独处理。

由于农村生产废水的广义定义包含的废水有些与农业的水污染界线有重叠或含糊不清，也因为不同生产废水的污染物成分和浓度不尽相同，其相应水处理工艺亦有很大区别。因此，通常所说的农村污水，实际上多数时候是特指的农村生活污水。由于广大农村不限制村民养殖畜禽，很多时候农村生活污水包含狭义定义的农村生产废水在内。

因此，农村污水的定义：农村居民生活活动所产生的污水。主要包括厕所卫生间冲厕、洗涤、洗浴和厨房排水，农村公用设施、旅游接待户、旅馆饭店、家庭农副产品加工及畜禽散养农户等排水，不包括乡镇企业工业废水。

1.1.2 农村污水处理分类

不同国家和地区对于农村污水处理分类各不相同。

1. 美国

以一种包括污水现场收集与就近处理，主要处理家庭、小型社区或服务区产生的综合分散式污水处理系统为主。根据处理规模不同，可分为现场和群集式污水处理系统两类[4]。美国农村污水处理项目评估有很完善的WAWTTAR程序，用于污水处理设施规划或基础设施投资的可行性分析，该程序涵盖了各类分散污水处理技术。农村污水处理技术选择前期会对所在地区进行详细调查，包括污水的水质、水量，环境敏感地区位置，人口密度等。需进行投资、运行费用、环境等多方面细致研究论证，形成项目评估分析报告，按照性价比最优原则选择污水处理方式。

2. 日本

以净化槽技术为依托，构建分散式污水处理体系。生活污水处理主要有三类：下水道

（城市污水管网）、农业村落污水处理和净化槽。日本的下水道属于污水集中处理，主要用于处理城市污水；农业村落污水处理依托净化槽技术，主要针对 1000 人以下的村庄，用于处理人畜粪便、生活废水等；净化槽一体化污水处理装置，主要针对 10 人以下的单户住宅区，以公共排水管网不能覆盖、污水无法纳入集中处理的偏远地区和山区为主要对象[5]。

3. 欧盟

按照污水处理规模界定处理形式。规模低于 1000PT 为分散型污水处理，规模 1000～5000PT 为半集中污水处理，规模大于 5000PT 为集中污水处理。

在我国，按照距离的不同，可分为单户分散型、单村集中型、连片集中型等三种处理技术类型，见表 1-1-1。按照管网完整性，凡是在市政排水管网接纳范围以外、村庄管辖区内的农村污水定义为分散型。在市政排水管网接纳范围以内的农村污水定义为集中型。

我国农村生活污水处理类型　　　　　　　　　　　　表 1-1-1

工程类型	水量（m³/d）	家庭数（户）	人口数（人）	距离要求
单户分散型	≤4.0	1～10	<50	就地处理（原位处理）
单村集中型	4.0～200	10～500	50～2500	村村距离>5km
连片集中型	>200	>500	>2500	村村距离<5km

注：分散型、集中型主要用距离要求区分，不能以水量、家庭数量及人口数区分。

按照国家有关规范的规定，村镇污水处理要根据污染源排放途径和特点，因地制宜采取集中处理和分散处理相结合的方式。

通常，单村集中型、连片集中型都属于集中处理，有利于节省建设投资。根据上述要求，在农村污水处理中，符合经济接纳范围内的村镇污水应就近排入市政排水管网，输入城市污水处理设施进行集中式的处理，见图 1-1-1[6,7]。

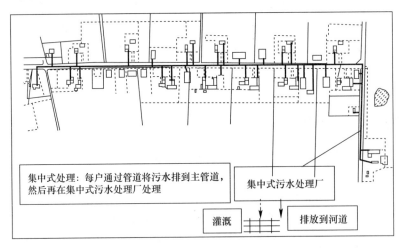

图 1-1-1　集中式污水处理方式示意图

凡是在市政排水管网经济接纳范围以外的、村庄管辖区内的农村污水定义为分散型农村污水。

对于分散型农村污水要根据其污染源排放途径和特点，可因地制宜采取集中处理和分散处理相结合的方式。其中，分散型处理可以是一家一户式、多家式、分片集中式的方式进行污水处理。见图 1-1-2[6,7]。

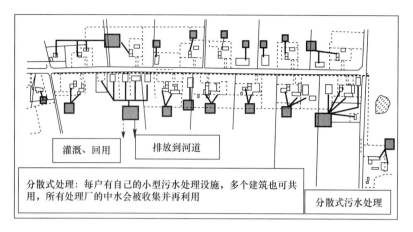

图 1-1-2 分散式污水处理示意图

1.2 农村污水处理目标

1.2.1 农村污水处理目标

2013 年 1 月环境保护部制定印发《2013 年全国自然生态和农村环境保护工作要点》，2014 年 7 月住房和城乡建设部、中央农办、环境保护部、农业部联合发布关于落实《国务院办公厅关于改善农村人居环境的指导意见》有关工作的通知，2018 年 7 月生态环境部、住房和城乡建设部、卫生健康委联合发布《关于加快制定地方农村污水治理排放标准的通知》。通知明确指出农村污水治理，要以改善生态环境质量为核心，坚持从实际出发，因地制宜采用污染治理与资源利用相结合、工程措施与生态措施相结合、集中与分散相结合的建设模式和处理工艺。积极推广低成本、低能耗、易维护、高效率的污水处理技术，鼓励采用生态处理工艺。加强农村污水治理与改厕工作有效衔接，推进生活污水源头减量和尾水回收利用。

农村污水治理排放标准的制定要根据农村自然条件、经济发展水平、村庄人口聚集程度、污水产生规模、排放去向和环境质量改善需求，按照分区分类、宽严相济、回用优先、注重实效、便于监管的原则，科学合理确定控制指标和排放限值[8]。农村污水处理应优先考虑资源化利用，将农村污水处理与改厕工作有效衔接，采取黑灰水分离，实现源头减量与分类资源化利用，回用水质应达到《农田灌溉水质标准》GB 5084—2005、《渔业水质标准》GB 11607—89 等相关标准。就近纳入城镇污水管网的，要严格执行《污水排入城镇下水道水质标准》GB/T 31962—2015 和《城镇污水处理厂污染物排放标准》GB 18918—2002 标准。

农村污水按排放去向分为饮用水源地、重要水系源头、风景名胜区、重要湖库集水区等生态环境敏感区和除生态环境敏感区以外的一般区域等两大区域。生态环境敏感区应制定更严格的排放标准。

生态环境敏感区的污染物控制指标至少包括 COD、pH、SS、粪大肠杆菌等。当排入超标因子为氮磷的不达标水体，应增加氨氮、总氮、总磷等污染物控制指标，相应指标原则上执行《城镇污水处理厂污染物排放标准》GB 18918—2002 一级 A 排放限值，有条件的地方鼓励制定更严格的污染物排放标准。一般区域的控制指标至少包括 COD，pH，SS，粪大肠杆菌等。当排入超标因子为氨氮的不达标水体时，应增加氨氮等污染物控制指标。分类分区范围、相关排放控制指标及其限值、监测、标准的实施与监督等标准内容，由省级有关部门充分论证后自行确定，在地方农村污水治理排放标准中予以体现，各地区结合当地实际情况，因地制宜，不再制定统一执行的排放标准。

归根结底，农村污水处理的终极目标是改善农村自然和人居环境，打造美丽乡村，还原绿水青山。

1.2.2 农村污水处理的必要性

1. 水资源短缺的需要

当前，中国农村地区主要面临水资源短缺和清洁饮用水需求量日益增大的问题。过去几十年中，中国政府为改善农村地区的供水条件作了不懈的努力，然而联合国开发计划署调查发现，至今仍有以亿计的农村人口无法享用清洁的饮用水和现代化的卫生设施。中国农业科学院的研究成果显示：在中国水体污染严重的流域，农田、农村畜禽养殖和城乡接合部地带的排污是造成流域水体氮、磷富营养化的主要原因，其贡献大大超过来自城市地区的生活点源污染和工业点源污染。研究同时指出，在中国流域面积大的水域，如滇池、五大湖泊、三峡库区等，水体富营养化的主要驱动因子为：高氮、磷肥料用量的菜果花农田面积大幅度增长；流域农村地区畜禽养殖业密集发展；基础设施差的城乡接合部城镇建设快速扩展。

我国农村地区面临的与水资源有关的问题主要包括：

（1）地区性和阶段性缺水。

（2）水体污染及由于水源不足和环境卫生、公共卫生问题所导致的水传染病的增加。

（3）水资源管理水平低下。

（4）缺乏适用的污水处理技术。

2. 生态环境改善的需要

生态环境的不断退化和人为污染是造成中国部分农村地区至今贫困的一个主要原因。环境污染不仅影响经济发展，同时还威胁着农村人口，特别是婴幼儿的身体健康。据经济发展与合作组织统计，每年有以万计的农村儿童死于与供水不足和环境、公共卫生问题有关的痢疾等疾病。中国城市地区的卫生设施普及率约为 70%，而在农村地区，这一比例还不到 30%。农村地区通常的做法是将未经处理的污水直接排入田间或河道中，从而构成了对当地居民健康的威胁。

农村水环境污染的来源，按照排放组织形式可分为点源和非点源。

点源包括生活污水、禽畜、水产等养殖废水；非点源污染是指工农业生产与人们的生活中，土壤泥沙颗粒、氮磷等营养物质、农药等有害物质、秸秆农膜等固体废弃物、畜禽养殖粪便污水、水产养殖饵料药物、农村污水垃圾、各种大气颗粒物等，通过地表径流、土壤侵蚀、农田排水、地表径流、地下淋溶、大气沉降等形式进入水环境所造成的污染。

非点源可分为农业面源污染和城市径流污染。

农业面源污染是指在农业生产活动中，氮素和磷素等营养物质、农药以及其他有机或无机污染物质，通过农田的地表径流和农田渗漏形成的环境污染，主要包括化肥污染、农药污染、畜禽粪便污染等。

城市径流污染是指通过地表径流、土壤侵蚀、农田排水、大气沉降等形式进入水环境所造成的污染。城市径流中污染物的种类和形态非常复杂，它们主要来源于大气干湿沉降、地表垃圾和尘埃物质以及排水通道。

目前国内外研究的主要污染物有：悬浮沉积物、营养物质、耗氧物质、细菌和有毒污染物等。

3. 农村污水处理管理的需要

我国是一个地域辽阔、风俗习惯差异较大的国家。因此，从国家层面来讲，较难制定长期和统一的农村环境治理和污水管理计划。农村环境卫生条件的改善主要取决于省、市、县、乡、村等各级地方政府的努力。市、县级政府担负着为乡村的污水管理项目提供技术和财政支持及监督管理服务的责任，而乡、村政府主要负责项目的具体实施和管理。

在农村地区因地制宜地开展环境卫生治理和污水处理项目是实现农村地区经济、社会可持续发展和提高居民健康水平的关键。从农村地区的实际情况来看，采用操作方便，造价低廉的分散式或小型集中式污水处理系统是实现农村污水处理或回用的可行办法。

1.3 农村污水处理现状

1.3.1 我国农村污水处理现状

我国农村污水处理分为起步阶段、发展阶段和快速发展三个阶段。2005～2008 年为起步阶段，该阶段国家逐渐开始重视农村环境保护问题，并期望通过政策的制定引导产业的发展，国务院、建设部、环保部重点出台了 5 项政策措施；2008～2015 年为发展阶段，该阶段主要是政策探讨、资金配套和示范建设，完成了 21 个省、直辖市及自治区的"全国农村环境连片整治示范"及相关政策配套；2015 年之后为快速发展阶段，该阶段主要是政策及机制完善、大力推进和区域综合服务。多年以来农村污水，一直受到党中央国务院的高度重视。在"十二五"期间，不论是镇、村，从投资角度来说，都是逐年增加的（图 1-3-1～图 1-3-3）。

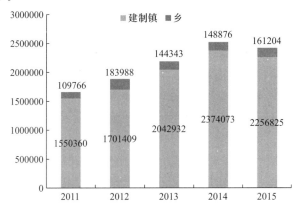

图 1-3-1　建制乡镇排水建设投资（单位：万元）

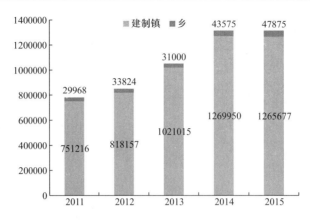

图 1-3-2　建制乡镇污水处理设施建设投资（单位：万元）

图 1-3-3　村庄排水及污水处理设施建设投资（单位：万元）

2015 年 4 月国务院印发的《水污染防治行动计划》提出了 2016～2020 年农村环境治理的明确目标，即"以县级行政区为单元，实行农村污水处理统一规划、统一建设、统一管理。深化'以奖促治'政策，实施农村清洁工程，开展河道清淤疏浚，推进农村环境连片整治"。同时，《关于加快推进生态文明建设的意见》提出"加快美丽乡村建设，加大农村污水处理力度"。以改善环境质量为导向，农村污水处理与"生态文明"、"美丽乡村"相结合将是未来的政策发展之路。

2018 年 2 月初的时候，中办和国办联合印发了《农村人居环境整治三年行动方案》，这是一个非常重要的纲领性文件。厕所粪污的治理和农村污水的治理，都成为非常重点的一项工作。2019 年 2 月 19 日，中共中央、国务院发布《关于坚持农业农村优先发展做好"三农"工作的若干意见》。在实施村庄基础设施建设工程方面，明确全面推开以农村垃圾污水治理、厕所革命和村容村貌提升为重点的农村人居环境整治，确保到 2020 年实现农村人居环境阶段性明显改善。同时，《全国农村环境综合整治"十三五"规划》中，农村污水治理问题再次被重点提及；《农村人居环境整治三年行动方案》也明确指出要整治农村污水[9]。

2018 年 9 月生态环境部印发《关于加快制定地方农村污水处理排放标准的通知》（环办水体函〔2018〕1083 号），明确了制定农村污水处理排放标准的总体要求、控制指标及排放限值等，要求各地于 2019 年 6 月底前完成地方农村污水处理排放标准制修订工作，2019 年 4 月，生态环境部正式印发《农村污水处理设施水污染物排放控制规范编制工作指南（试行）》。《工作指南》充分衔接《关于加快制定地方农村污水治理排放标准的通知》，并根据调研结果、反馈意见及专家建议，对农村污水处理设施水污染物排放标准分类分级、控制指标、排放限值及尾水利用等作了具体要求；紧扣《乡村振兴战略规划（2018～2022 年）》《农村人居环境整治三年行动方案》《农业农村污染治理攻坚战行动计划》等相关要求，推进我国农村水污染防治工作，明确农村污水治理设施水污染物排放控制要求；就控制指标选取、排放限值不合理等重点问题，进一步明确细化相关规定，确保地方科学合理制定排放标准[10]。

1.3.2　村镇污水处理设施建设概况

1. 村镇污水处理率

住房和城乡建设部农村污水处理技术北方研究中心 2011 年统计的城市和农村的生活污水情况[11]见表 1-3-1。村镇污染从水量贡献来看，农村整体的水量还是比较大，体现了分散性的特征，从氮的负荷来说，村和镇的总量已经超过了城市。从 2008 年以后，农村污水治理率差不多每年增长 1%，2014 年达到 13%，这两年有一个特别快速的发展期。从 2010～2014 年村镇污水处理的情况来看，各地的情况差异很大。像上海、江苏、浙江这样一些地区，实际上村镇污水的处理率已经达到了很高的比例，但东北、西北一些地区，整体的建设率还是偏低。2015 年村镇污水处理率（图 1-3-4）有很大的提升，2016 年继续提升，截至 2016 年，我国有生活污水处理设施的建制镇比例占 28%，有生活污水处理设施的村庄比例占 20%。从建制镇处理的情况来看，像浙江、江苏包括上海这样的地区接近于全覆盖的水平，村庄也有很大幅度的提升。

城市与农村生活污水负荷　　　　　　　　　　　　　　表 1-3-1

	镇	村	镇＆村	城市
$SV(10^8 m^3/a)$	3.6	5.6	9.2	33.0
$COD(10^6 t/a)$	2.6	5.4	8.0	8.6
$N(10^6 t/a)$	0.5	1.1	1.6	0.97
$P(10^6 t/a)$	0.04	0.07	0.11	

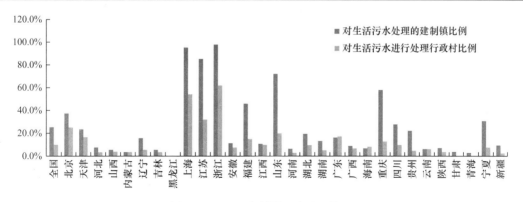

图 1-3-4　2015 年村镇污水处理情况

2. 村镇污水处理技术现状

村庄污水处理技术类型包括：预处理技术有化粪池；生物处理技术有生物膜法、活性污泥法、厌氧技术；生态处理技术有人工湿地、土地渗滤。50 吨以下以及 50～100 吨规模的，人工湿地和生物膜工艺占比较高的比例（图 1-3-5）。目前采用的工艺技术，发生了很大的变化。从技术发展和变化趋势来看，与环境融合的生态技术是日趋合理的趋势。

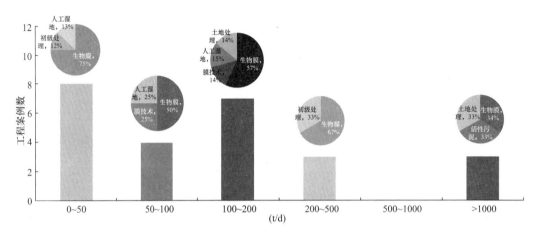

图 1-3-5　不同规模的污水处理工艺占比

住房城乡建设部农村污水处理技术北方研究中心陈梅雪等进行了农村污水处理技术应用状况调查。在全国通过对 70 个左右的村征集、现场考察，发现村一级的污水处理，500 吨以下规模比较多。

从处理技术来说，强调是以排水去向、排水方式来确定应用什么样的技术。以 COD 去除为主的，包括厌氧或者好氧技术。去除氨氮需要用生物，A/O，甚至考虑总氮的去除，或者把生物和生态进行组合。

我们调研了很多国内和国外处理设施的情况，见图 1-3-5，在农村所谓的排放水，其实不是直接排放水体的，大多数情况下都可能会经过一定的塘系统或者其他的生态河道等等这样的技术排放，保证了进入环境水体之前能够得到比较好的污染物的去除。

从建设规模看，建制镇的污水处理，目前 5000 吨以下规模占了多数，村庄多数是 500 吨以下的规模（图 1-3-6）。

3. 村镇污水处理模式

村镇污水处理模式包括分散处理模式、村落集中处理模式和纳入城镇排水管网。

散户污水分散处理模式：即将单户或几户住户的污水就近处理，通常采用小型污水处理设备或自然处理等形式；

村落集中处理模式：即将村落内所有住户产生的污水收集，集中到村污水处理站统一处理，通常根据污水处理要求采用生物与生态组合工艺等形式；

纳入城镇排水管网：主要是城镇近郊区的村庄，通过管网将污水输送至城镇污水处理厂统一处理[12]。

分散式将成为主要的农村污水处理模式。

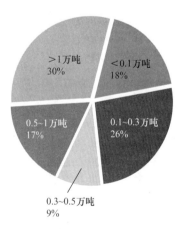

图 1-3-6　建制镇污水处理厂处理能力

1.3.3 村镇污水处理设施运行现状

在分户处理上，灰水处理上应用小型处理，简单处理之后农户户内进行回用的技术，还有利用太阳能的能源，解决农村用电或者是节能的技术。

1. 收集系统现状

村镇污水收集系统有三种模式：纳管方式、小集中方式以及分散方式。目前我国的管网情况是，管径一般最小管径采用100mm，材质普遍为混凝土管、UPVC管、HDPE管、FRP管等。

2. 处理系统现状

经过对一些地区进行实地调研，总结出我国村镇地区目前在用的工艺类型分以下几类：

（1）稳定运行的一体化设施

通过查阅半年以上运行数据，部分村镇污水处理厂调研结果[13,14]，见表1-3-2。结果显示稳定运行且排放达标的有：FMBR＋人工湿地、A^2/O-MBR、A^2/O（MBBR）、A/O＋人工湿地、土壤净化槽、土壤净化槽＋人工湿地等。

部分村镇污水处理厂调研一览表　　　　　　　　　　　　　　　　表 1-3-2

处理规模（m^3/d）	工艺类型	调研地点
1500～5000	多级池型 A^2O	合肥
2000	AO 生物接触氧化	成都
1000	多级罐式 BAF	合肥
1000	多级池型垂直迷宫流	合肥
250～700	单体集装箱式 AO-MBR	合肥
500	多级池型垂直迷宫流	北京
400	多级池型 AO-MBR	苏南*
300～500	单体罐式 FMBR	大理
200	多级池型 BBR	西宁
150	单体集装箱式 A^2O（MBBR）	大理
10～150	多级罐式生物接触氧化	苏南*
80	单体生物转盘	苏南*
0.6～1	单体净化槽	苏南*

注：* 系对宜兴、张家港、苏州吴中、昆山等地的调研结果汇总。

（2）稳定运行的净化槽设施

净化槽在日本是一项非常普及的村镇污水处理工艺，目前我国许多企业也在研发制造这类设备，如A/O生物接触氧化、A^2/O生物接触氧化、A/O净化槽等。现场调研发现，该类工艺处理标准大部分可以达到一级B。

（3）稳定运行的其他设施

如人工湿地和A/O-MBR。通过对140户使用人工湿地处理污水跟踪监测发现，85%时间内能够达到《城镇污水处理厂污染物排放标准》GB 18918—2002一级A标准。

（4）稳定运行的非一体化设备

包括A^2/O、A^2/O＋MBR、BAF、A/O、MBBR等，此类工艺大部分规模较大。

稳定运行的污水设施，均有便于维护管理、抗冲击负荷、模块化、景观效果好等优势。

1.3.4 农村污水处理的主要问题

1. 规划欠缺问题

污水处理有必要纳入到统筹规划，住房和城乡建设部农村污水处理技术北方研究中心通过农村污水治理示范县调研、总结的成熟模式发现，农村污水的发展过程，要统一建设、统一规划、统一管理。从规划来说，前些年，包括选址等各个方面，随机性比较大，能做一个点就做一个点，后来开始连片整治，目前是以整县推进。

住房和城乡建设部的百县示范中，100个县基本都做了关于农村污水处理的规划。从设计角度，农村污水处理设施并非简单地从城市直接缩小。

农村污水规划要注重5个方面：首先要注重流域的统筹。农村环境治理跟城市不一样，必须以流域水环境治理为中心，统筹环境治理，包括面源、农业、畜禽和垃圾等等。仅仅把污水治好，流域没有统筹，垃圾还在堆放，河水仍然不会干净，把整个流域进行统筹规划。建设运营模式排水指标、处理技术都会在规划的阶段确定。从建设来说，很多地方统一以县域划分，处理设施与管网一体，走向标准化、规模化的发展方向。从运维方面来说，在2008年、2009年甚至到2012年左右都是村里自管，设备设施坏了，村民无法去判断，专业化的运维是运维的主要方向。

2. 排放标准不清问题

我国目前已发布实施的农村生活污水技术指南与排放标准，污水处理技术规范与指南相对完善，缺乏农村生活污水排放标准。

现在许多省市都出台了地方标准，虽然其精确度或准确度还有待加强，但在未来，随着国家对村镇污水的不断深入研究，并找到充分的决定依据，制定出完全符合环境要求的标准是完全可行的（表1-3-3）。此外，除了标准制定以外，检测的方法也非常重要，过去行业对这方面一直不够重视，许多上报的地方标准中的检测方法也都是照搬城镇，因此未来，找到针对村镇的污水处理特点的检测方法也是很重要的一件事情。

有关农村生活污水处理标准及指南 表1-3-3

编号	类别	名称	主管部门	已完成	发布状态
1	排放水质	农村生活污水处理设施排放水质标准	环保部		未发布
2		县（市）城城乡污水统筹治理导则（试行）	住房和城乡建设部		未发布
3		村庄生活污水处理设施技术规程 CJJ/T 163—2011 分地区农村生活污水处理技术指南（征求意见稿）	住房和城乡建设部	2011年发布	未发布
4	设计建设	农村生活污水处理设施技术指南（征求意见稿）	住房和城乡建设部		未发布
5		浙江省农村生活污水治理实用技术手册	浙江省环保厅		未发布
6		《农村生活污染控制技术规范》HJ 574—2010	环保部	2010年发布	
7		《农村连片整治技术指南》HJ 2031—2013	环保部	2013年发布	
8		小型生活污水处理成套设备	住房和城乡建设部	2010年发布	
9		户用生活污水处理装置 CJ/T 441—2013	住房和城乡建设部	2013年发布	
10	运行维护	农村生活污水运行维护指南			未发布
11	监管评估	小型污水处理设施性能评估规程	认监委、 住房和城乡建设部		未发布

通过对村镇污水处理执行标准调查发现，乡镇一级大多采用《城镇污水处理厂污染物排放标准》GB 18918—2002一级B标准，图1-3-7是建制镇污水处理执行标准的统计；村一级大多采用《城镇污水处理厂污染物排放标准》GB 18918—2002一级B标准和《农田灌溉水质标准》GB 5084—2005，图1-3-8是村庄污水处理执行标准的统计。

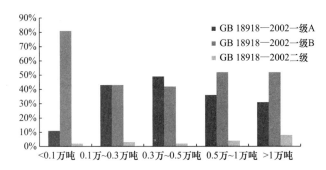

图1-3-7　建制镇污水处理设施执行排水水质标准

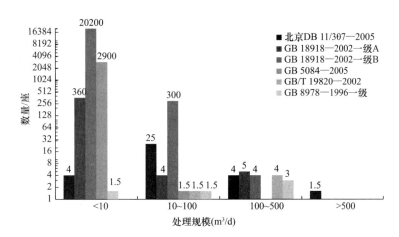

图1-3-8　村庄污水处理设施执行排水水质标准

污水处理标准包括以下几个方面：

建立多级标准体系。建立国家级标准体系、省级及省级以下标准体系。国家标准体系有宏观的、总体的控制标准；省级应根据不同自然条件、生态环境区域及用途，分别制定相应标准，并统筹配合厕所革命及资源化利用行动。

排放标准制定因地制宜，实事求是，切实可行。在技术经济合理的前提下，满足地方生态环境需求。

加强运营标准化管理。从重工程建设转变为重运行管理，引进专业人员和专业化的运营公司参与运维过程，保障运营效果。

3. 技术选择不当问题

处理工艺技术选择应遵循的原则：工艺流程简化，选用质量好、易维护的设备，强化自控系统；分质排水，黑水可集中储存用作肥料，灰水单独收集处理后排放；首选自然处理工艺，南方地区可酌情选用人工湿地和稳定塘等不同规模污水处理厂的主要工艺见图1-3-9，不同污水处理工艺占比见图1-3-10。

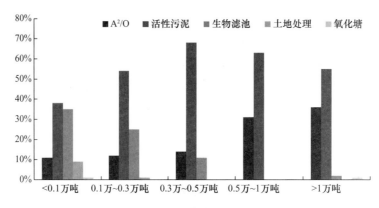

图 1-3-9　不同规模水厂的主要工艺

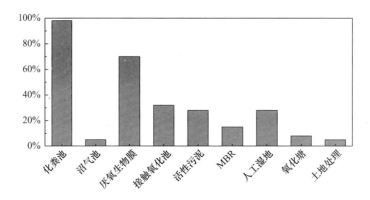

图 1-3-10　不同工艺占比

4. 配套管网缺失和运营不力问题

我国农村占比庞大，人口众多。据统计，至 2016 年年末，全国共有建制镇 20883 个，乡（苏木、民族乡、民族苏木）10872 个。据对 18099 个建制镇、10883 个乡（苏木、民族乡、民族苏木）、775 个镇乡级特殊区域和 261.7 万个自然村（其中村民委员会所在地 52.6 万个）统计，村镇户籍总人口 9.58 亿。其中，村庄人口 7.63 亿，占村镇总人口的 79.67%，2016 年村镇建设投资结构见图 1-3-11[15]。

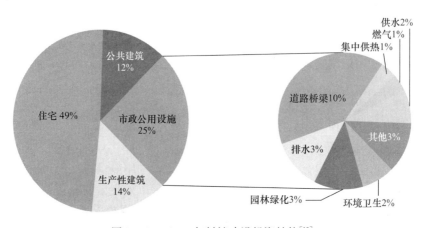

图 1-3-11　2016 年村镇建设投资结构[15]

农村污水排放量大，随意排放、处理程度低，对环境的污染负荷大：抽样调查和测算结果表明，农村污水排放有多种方式，主要以直接排放为主，占 61.85%，网管收集后排放的占 33.75%，处理后排放的只占 18.3%。由于没有专门的污水处理设施，村庄没有配套排水管网建设规划，即便有简易的排水管网或沟渠，也是没有严格的设计，多数是顺地势向低洼处，或沿排水明渠排放，经常因排水不畅造成室外污水沿街漫流污染环境。通常缺乏水处理设施，多数地区还在使用传统的旱厕，有水冲厕所的农村地区，基本上只有化粪池（特别是三格化粪池）设施，其排水中污染物含量依然很高。

住房和城乡建设部农村污水处理技术北方研究中心陈梅雪等开展了全国村镇生活污水的抽样调查工作，进行村镇污水特征调查研究[10]。调查分为两个阶段，第一阶段为问卷调查，涉及 23 个省；第二阶段为入户调查，涉及 29 个省。其中问卷调查：对全国 200 个县、200 个镇（乡）和 200 个行政村进行问卷调查；采集有效数据 11 万多个。入户调查与监测：组织 300 多名研究生开展了农村污水入户调查。调查内容包括社会经济、水环境、用排水的情况、污水治理需求、制约因素等。此外，对典型地区的农村污水特征也进行了调研，我国不同的地区，经济发展、地理地貌等各方面的情况差异非常大。南方地区水质型缺水的问题，跟农村的污染关系紧密。北方一些地区情况不同，有一些水源地保护区水质相对比较好。根据调研的结果，对村镇生活原污水的负荷进行估算和分析，各地区治理需求差异非常大。

浙江太湖流域 15 个行政村地处平原河网地带，宅基地比较分散，调研时农业和畜禽养殖业比较发达。排放水体太湖水质受到污染，为《地表水环境质量标准》GB 3838—2002 Ⅲ～Ⅴ类标准；在北京曹家路河位于环北京平铺带，地处水源地保护区上游，经济发展受限制，主村落 90% 人口外出打工，排放水体曹家路河水质良好，为《地表水环境质量标准》Ⅱ类标准。云南泸沽湖和四川向峨乡 4 个行政村的调查结果显示出完全不同的情况。云南泸沽湖地处风景旅游区，属高原山地地貌，调查区域位于水源地保护区，旅游业为当地主要经济来源，排放水体泸沽湖水质优良，达到地表《地表水环境质量标准》Ⅰ类标准；四川向峨乡地处山区，经济不发达，农林产业为当地主要经济来源，排放水体水质是优良山泉水[16]。

调研的部分村镇污水处理厂运营管理统计[14]，见表 1-3-4 和图 1-3-12。

运行管理情况统计　　　　　　　　　　　　　　　　　　　　　表 1-3-4

主体技术	管理模式			污水站
	没有专人运行	1～2 专人或兼职	专业公司	
MBR	2	3	1	6
接触氧化	9	5	1	15
活性污泥	14	3	0	17
厌氧＋人工湿地	5	0	0	5
厌氧＋塘	1	0	0	1
厌氧＋土地	4	0	0	4
活性污泥＋人工湿地	2	1	0	3
活性污泥＋塘	0	0	1	1
接触氧化＋人工湿地	6	3	0	9
接触氧化＋土地处理	0	1	0	1

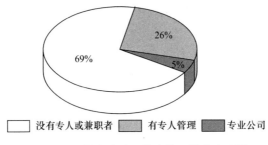

图 1-3-12　村庄水处理技术管理模式占比图

实现监测监管标准化。明确采样、检测方法，制定监管规则，保证运行数据的可靠性。在互联网的创新思维下，以智能感应能力＋移动通信网络对污水处理站及设施进行远程集中管理、全天候实时管理、线上线下联动管理。

5. 污泥处置缺失问题

在农村由于前些年的运维情况不是很好，所以也没有泥。在达到良好运营的情况下，污泥的问题会逐渐凸显出来。在农村处理污泥，可采用移动式的小型装置。

1.4　农村污水处理展望

1.4.1　我国农村污水处理发展趋势

1. 农村污水处理技术格局

影响农村污水处理技术格局的一个重要因素是城镇化率。未来城镇化率越高，人口越集中，污水处理宜采用集中式处理法，反之则宜采用分散式污水处理法。

从国际经验来看，美国城镇化率已达到 80％左右，分散式污水治理大约服务 25％的国家人口，并被看做一种永久性的设施建设，具有与城市排水系统同样重要的地位。2013年，日本的城镇化率已达到 90％以上，而全国污水处理普及率达 88.9％，其中下水道普及率 76.98％，净化槽普及率 8.88％，农业村落排水设施普及率 2.82％。可以看到，分散式农村污水处理设施在发达国家已基本覆盖了全部农村地区和人口。

2035 年我国总人口将达到 15 亿，城镇化率将达到 70％以上，城镇人口将从 2014 年的 7.5 亿增长到近 11 亿，农村人口将从 6.2 亿减少到 4 亿。对于农村污水处理来说，未来分散式农村污水处理技术和设施有很大的空间。

未来 20 年，生态文明、美丽乡村、城乡环境公共服务均等化是农村环境发展的主要政策方向。自动化程度高的百吨级规模的分散式污水处理技术设备，运营管理简单、成本低、与环境融合的生态技术，将是农村污水处理技术的主要发展趋势。

2. 处理规模将大幅提升

据住房和城乡建设部统计数据显示，建制镇污水处理厂在过去的 10 年中有了显著发展，数量由 2007 年的 763 座增加至 2017 年的 4810 座。处理能力方面也有了较大提升，从 2007 年的 416 万 m^3/d 提升至 2017 年的 1714 万 m^3/d（图 1-4-1）。与建制镇相比，乡污水处理厂数量明显较少，据住建部统计数据显示，2017 年全国建成乡污水处理厂 874 个，处理能力仅有 49 万 m^3/d，约为建制镇污水处理厂处理能力的 2.86％（图 1-4-2）。

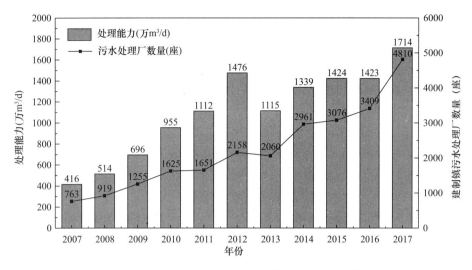

图 1-4-1 2007～2017 年建制镇污水处理厂及处理能力

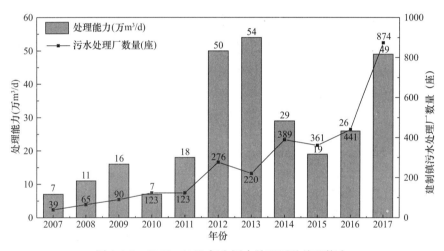

图 1-4-2 2007～2017 年乡污水处理厂及处理能力

目前与城市污水处理率相比，农村污水处理率仍较低，但在政策指引下，增长速度很快，我国农村污水处理率 2020 年将达到 30%，2035 年将达到 58%。

1.4.2 我国农村污水处理的提升方向

农村污水处理以提升农村人居环境，建立美丽宜居乡村，能够改善村镇污染治理的整体面貌为整体目标。重点是标准化、规范化和规模化发展，实现专业化管理，探求契合农村特点，可持续、可复制的模式和路径。可围绕这几方面开展提升：

1. 完善提升收集系统

应当分质收集黑水、灰水。排泄物虽然只占污水的 1%，但污水中大部分有机物和绝大部分营养盐均来自排泄物，农村地区没有大规模的工业废水和不可降解的物质，如果能够将黑水、灰水分质收集、处理，可以综合的就地资源化利用，对整个污水处理效果有十分积极的作用。

可采用负压收集技术。负压收集是在各个排水点设置通过重力汇集后的废水与负压管道的适配链接装置，不需要动力，废水通过负压和大气环境压力的差，被吸入管道，流向收集中心的负压罐，吸入过程中同时有一定量的空气进入管道，达到对管道的自清洗效果。负压收集适用面广，可靠性好，费用较低，便于智能化管理，虽然也存在一次提升能力有限（2～4m），同时一次提升高度过高时需要特殊解决方案等缺点，但在较低密度的市政排水或近水空间的截污，城市分质排水（单独收集黑水），低密度城市排水，乡村排水，工业园区排水，复杂地形或地下水位高的区域排水等均有适用能力。目前在常熟、靖江等地已有应用。

2. 建立多元化的利用途径

村镇环境治理首先要把资源利用放在第一位，根据地方的区域需求和特点，进行排水再生利用和污泥的处理处置多种途径可行性论证。

对村镇污水处理项目所在区域水资源、供水系统、污水处理等情况进行全面调研，分析水资源开发和利用现状、供需平衡现状，结合经济、社会发展的总体规划，遵循可持续发展、建设资源节约型环境友好型社会的战略方针，分析研究分散式污水处理与回用的必要性及可行性，对污水资源化利用形成指导和技术支持[17]。分散式污水处理与回用是对集中式污水回用技术的一个补充，具有显著的经济效益、社会效益和环境效益，是解决供水紧张局面的有效途径，不仅能满足用户的用水需求，节省投资，降低成本，而且还可以节省自来水的消耗，减少污水排放，缓解水资源不足的矛盾。

3. 运维监管力度提升

政府的全过程监管十分重要，需要从源头到出水，全部覆盖。建立健全系列规范化标准化监督监管制度，形成政府的实时全过程全方位监管。

对自然处理设施进行规范化管理，对人工湿地的布水和收水系统定期清理；湿地和塘内植物应加强日常维护，定期收割，保证处置出路。提高自控水平，实现智慧化管理，百吨级-千吨级处理设施如果监控系统完善的可 1 人值守，监控系统不完善的，需配备技术人员值守；百吨级以下处理设施做到无人值守，技术人员巡视。加强人员培训，综合技术能力（工艺、电气、设备）、工艺运行、故障诊断及问题处理能力。

智慧化管理目前在村镇污水处理项目中应用的越来越多，许多案例反馈应用效果非常好。未来，对各站点进行远程监控并实现指令传输（4G、5G 技术），是实现农村污水处理设施的长效运行管理的一个重要方向。

4. 建立后评估制度

政府部门应增设项目后评估制度，评估对象是以城镇为核心，村镇为网络的排水系统，评估目的就是要改善生态环境的效果。

建设项目水资源论证后评估，是落实最严格水资源管理制度的重要举措[18]。早在 20 世纪 30 年代，美国、瑞典等一些发达国家的财政、审计机构及援外单位就已经开始了项目的后评估工作[19]。在 20 世纪 60 年代以前，国际上项目后评估的重点是财务分析，以财务分析的结果作为评估项目的主要指标。到了 20 世纪 60 年代，西方发达国家开始对能源、交通、通信等基础设施以及社会福利事业投入大量资金，此类项目的直接资金收益率远低于其他项目。同时，世行、亚洲开发银行等国际组织对发展中国家的投资也遇到了类似的问题。经济评估被引入了项目后评估范围。20 世纪 70 年代前后，大规模工业化带来的环境污染问题引起人们广泛的关注。至此，环境评估成为项目后评估的必要环节。

农村污水处理项目管理是一个复杂的系统工程，通过对工程实施情况的评价，来分析工程管理中存在的问题，总结项目各阶段变化的内在联系，形成科学的评价结论，有利于指导新项目的建设，达到不断提高项目管理水平的目的。在理论角度，对工程项目后评价进行研究，可以丰富定性和定量分析的内容和方法，为工程项目后评价工作提供借鉴。从工作实际出发，对工程项目进行科学合理的评价，既可以为今后的投资、建设和改造积累经验，又可以为后续投资决策提供借鉴，还可以验证改造项目对社会经济的贡献。农村污水处理项目是国民经济发展的基础产业项目，与社会经济发展和人民生活息息相关，对农村污水处理项目后评价，有着非常重要的意义。

通过项目后评估有利于改进投资决策，提高投资效益；有利于促进项目可研和前评估的客观公正性；有利于提高项目的科学化管理水平[20]。

参考文献

[1] 董圣明. 新农村小型污水处理系统研究 [D]. 2011.

[2] 朱明芬. 农村生活污水处理设施自愿供给机制探讨 [J]. 农村经济，2010 (5)：93-97.

[3] 缪茂靠. 农村生活污水治理分析 [J]. 中国高新技术企业，2009 (15)：134-135.

[4] 黄文飞，韦彦斐，王红晓等. 美国分散式农村污水治理政策、技术及启示 [J]. 环境保护，2016，7：63-65.

[5] 周隆斌，巩前文，穆向丽. 日本农村生活污水治理经验及其对中国的启示 [J]. 农村工作通讯，2019，9：61-63.

[6] 吴唯佳，唐婧娴. 应对人口减少地区的乡村基础设施建设策略—德国乡村污水治理经验 [J]. 国际城市规划，2016，31 (04)：135-142.

[7] Lng. M. Barjenbruch Possibilities of wastewater treatment in rural areas [R]. Berlin：Technische Universität Berlin.

https：//www. uni-due. de/imperia/md/content/zwu/iwatec _ winter _ school _ day _ 1 _ presenta-tion _ barjenbruch. pdf.

[8] 丁绍兰. 关于中国农村生活污水排放标准制定的探讨 [J]. 环境污染与防治，2012，34 (6)：82-85.

[9] 范彬，穆丹丹，朱仕坤. 关于我国乡村分散污水处理排放标准的思考 [J]. 科学技术与工程，2016，16 (22).

[10] 周文理，柳蒙蒙，柴玉峰等. 我国村镇生活污水治理技术标准体系构建的探讨 [J]. 给水排水，2018.

[11] 陈梅雪. 农村污水处理关键问题 [R]. 北京：中国农村水安全保障与治理模式论坛，2018.

[12] 黄琼瑜. 浅析我国农村生活污水分散式处理模式 [J]. 广州化工，2012，40 (23).

[13] 申世峰，郭兴芳，陈立等. MBR 工艺在典型城镇污水处理工程中的调研分析 [J]. 给水排水，2015 (5)：35-38.

[14] 杭世珺. 村镇污水处理问题分析与思考 [R]. 上海：第八届中国农村和小城镇水环境治理论坛暨第二届村镇环境科技产业联盟论坛，2018.

[15] 中华人民共和国住房和城乡建设部网站 2016 年城乡建设统计公报 http://www. mohurd. gov. cn/xytj/tjzljsxytjgb/tjxxtjgb/201708/t20170818_232983. html.

[16] 李静，闵庆文，李文华等. 太湖流域平原河网区农业污染研究——以常州市和宜兴市为例 [J]. 生态与农村环境学报，2014，30 (2)：167-173.

[17] 康曲. 西安市分散式中水利用的可行性研究及工程实例分析 [D]. 西安：长安大学环境科学与工

程学院，2010.

[18] 王艳艳，黄军，祝东亮. 水资源论证后评估有关问题讨论 [J]. 中国农村水利水电，2015，11：77-80，84.

[19] Guido Ferrari，Tiziana Laureti Evaluating technical effciency of human capitalformation in the Italian university：Evidence from Florence [J]. Statistical Methodsand Applications，2005，14（2）：243-270.

[20] 万义辉. 新余市城东污水处理厂项目经济效益后评估 [D]. 南昌：南昌大学经济管理学院，2009.

第 2 章 农村污水排放标准

2.1 国外农村污水排放标准

2.1.1 美国相关标准

美国其城市化历史长，乡村卫生建设起步早，不存在类似中国的城乡差别，而且乡村居民都比较富裕，总的来说乡村污水处理水平比较高，在污水排放要求方面，美国乡村和城市使用相同的排放标准[1-3]。根据 1972 年《清洁水法》301 条规定，美国的生活污水处理设施在 1977 年 6 月 1 日前全部执行《联邦水污染防治法》规定的经二级处理的出水限值，见表 2-1-1。

美国生活污水二级处理排放标准（单位：mg/L）　　　　　　　　表 2-1-1

项目	月平均	周平均
BOD$_5$	30	45
TSS	30	45
pH	6～9	6～9
BOD$_5$、TSS 去除率%	85	—

若水体中含有氮元素，生化处理过程中发生硝化反应，BOD$_5$ 指标将不能准确反映出水水质情况时，用 CBOD$_5$（carbonaceous BOD$_5$）取代 BOD$_5$ 指标。若出水排入地表水，受纳水体不能达到水质标准，就要达到更为严格的基于水质的排放限值；如果受纳水体列入《清洁水法》303（d）条款中的受损水体清单，排放限值则需根据最大日负荷总量计划分配日允许排放负荷，制定排放限值。

2.1.2 日本相关标准

日本的生活污水实施城乡一体化管理，目前没有单独制定农村生活污水处理排放标准[4]。

1969 年，日本出现了"合并净化槽"，并制定了标准。到 1973 年，日本开始把村落污水治理进行标准化，1983 年，日本出了《净化槽法》。日本针对大规模下水道、小规模农业村落排水、单独处理净化槽的不同设施规模规定了不同的排水控制标准及技术标准，所有规模的设施都能确保其处理性能，各技术标准制定由各行业团体定期更新。图 2-1-1 给出了日本不同类型污水治理设施的适用标准。日本农业村落排水设施和净化槽建设结构需要严格执行建筑标准法[5]。

日本政府根据处理规模和所处区域，提出了不同的污水处理要求。

日本城市（人口＞5 万人或人口密度＞40 人/hm^2 的地区）适用《下水道法》，农村地区主要适用《净化槽法》。《净化槽法》中污水排放标准的限值是按净化槽处理工艺而定。

净化槽在日本主要有三种类型，分别为单独处理净化槽、合并处理净化槽和高度处理净化槽。2001 年 4 月开始，日本已经禁止新建单独处理净化槽。

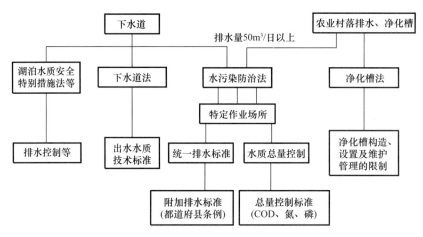

图 2-1-1　不同类型污水治理设施执行标准示意图

对处理规模达到 50m³/d 以上的农业村落污水处理设施，按照统一的排水标准执行；对规模低于 50m³/d 的农业村落污水处理设施，按照小规模生活污水处理设施管理，仅监测 BOD 和 SS 两项指标，大大简化了污染物排放监测工作；对封闭水域的污水处理设施，则制定特定地区水体污染物治理排放标准，提高氮磷治理要求。针对净化槽处理设施，专门制定了《合并处理净化槽结构标准》，见表 2-1-2[6]。明确净化槽结构性能和出水水质要求，提出在不同处理工艺参数条件下，BOD、COD、TN 和 TP 浓度应达到相应的标准，排放标准值见表 2-1-3[5]。

日本净化槽构造标准　　　　　　　　　　　　　　　表 2-1-2

类别	处理工艺	处理人数（人）	处理性能				
			BOD 去除率（%）	处理水质（mg/L）			
				BOD	COD	TN	TP
单独处理	腐败池	5～500	≥55	≤120	—	—	—
	土壤过滤	5～500	SS≥55	S≤250	—	—	—
合并处理	沉淀分离接触曝气	5～50	≥90	≤20	—	—	—
	厌氧滤床接触曝气	5～50	—	—	—	—	—
	脱氮滤床接触曝气	5～50	—	—	—	≤20	—
	生物转盘	50～5000	≥90	≤20	≤30	—	—
	接触曝气	50～5000	≥90	≤20	≤30	—	—
	散水滤床	500～5000	≥90	≤20	≤30	—	—
	长时间曝气	100～5000	≥90	≤20	≤30	—	—
	标准活性污泥	5000	≥90	≤20	≤30	—	—
	接触曝气过滤	100～5000	—	≤10	≤15	—	—
	凝集分离	50～5000	—	≤10	≤15	—	—
	接触曝气活性炭吸附	100～5000	—	≤10	≤10	—	—
	凝集分离活性炭吸附	50～5000	—	≤10	≤10	—	—
	硝化液循环活性污泥	50～5000	—	≤10	≤15	≤20	≤1

类别	处理工艺	处理人数（人）	处理性能				
			BOD 去除率（%）	处理水质（mg/L）			
				BOD	COD	TN	TP
合并处理		50～5000	—	≤10	≤15	≤15	≤1
		50～5000	—	≤10	≤15	≤10	≤1
	深度处理除磷脱氮	50～5000	—	≤10	≤15	≤20	≤1
		50～5000	—	≤10	≤15	≤15	≤1
		50～5000	—	≤10	≤15	≤10	≤1

日本农村生活污水处理排放标准（单位：mg/L）　　　　　　表 2-1-3

项目	进水	出水
BOD	200	10
COD	100	15
SS	200	10
TN	43	15
NH_3-N	—	—
TP	5	1

注：表中日本出水水质标准数据来源于石桥，宪明．株式会社久保田。

2.1.3　欧盟相关标准

在农村污水处理方面，欧盟有明确的责任划分。关于城市污水处理，1991 年 5 月 21 日理事会指令（91/271/EEC）规定了排放前所需的处理水平。它要求成员国提供超过 2000 个人口当量的所有聚集体与收集系统。必须为超过 2000 个人口当量排放到淡水和河口的所有聚集体以及超过 1 万个排放到沿海水域的聚集体提供二级（生物）处理。欧盟成员国必须根据指令的标准将水体确定为敏感区域（易受富营养化影响）。在敏感地区，他们必须提供更先进的废水处理和营养物去除，并根据具体的监测要求制定更严格的标准。该指令旨在保护接收水的生态状况，不需要对废水处理设施排放的污水进行微生物分析。此外，关于农业来源的硝酸盐指令（91/676/EEC）在污泥必须与废水分离的农村地区非常重要。针对具体国家的立法可以对废水处理以及处理系统的规划，建设，使用和维护标准提出更具体的要求。

自 20 世纪 80 年代以来，欧洲各地与污水处理厂相关的人口比例显著增加（图 2-1-2）。最高百分比（80%～90%）位于北欧和中欧，这些国家的三级处理水平也最高，可有效去除养分和有机负荷。据估计，北欧国家 70% 以上的废水都经过三级处理。在南欧和东欧，目前只有约一半的人口与任何污水处理厂相连，只有约 30%～40% 的废水接受二级或三级处理（数据来源：基于成员国数据的 EEA-ETC/WTR 报告经合组织/欧盟统计局联合问题 2002）。

北欧：挪威，瑞典，芬兰；中部：奥地利，丹麦，英格兰和威尔士，荷兰，德国，瑞士；南部：希腊，西班牙；东部：爱沙尼亚，匈牙利和波兰；AC：保加利亚和土耳其。括号内代表国家/地区的数量（数据来源：EEA-ETC/WTR 基于成员国向经合组织/欧盟统计局 2002 年联合调查表报告的数据；欧洲经济区：欧洲环境-2005 年的国家和展望，2007 年 9 月）。

在农村污水处理方面，欧盟部分国家如意大利则主要以集中式污水处理为主[7]，意大利基础设施完善，政府依靠良好的公路网络体系在公路沿线铺设管道集中接纳农村污水。欧洲的家庭每户平均每人每天产生 150L 废水。据估计，这一废水含有 50g 有机物，2.2g 磷和 14g 氮。磷和氮都会加速富营养化，引起藻类大量繁殖并威胁水生生物多样性。此外，废水中可能含有有害的微生物，并以这种方式传播疾病。总氮、总磷为环境敏感地区控制水体藻类生长标准。

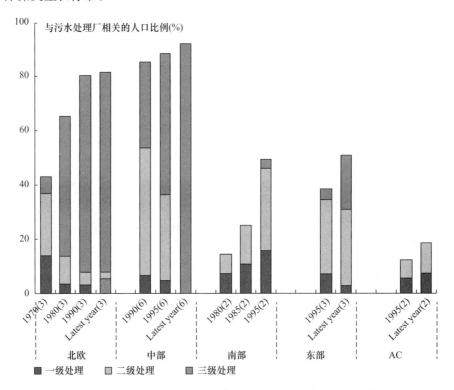

图 2-1-2　20 世纪 80 年代至 20 世纪 90 年代末期欧洲地区废水处理的变化（Ver. 1.00）

欧盟按照当量人口规模，分级规定生活污水排放限值，具体规定见表 2-1-4。

欧盟生活污水处理排放标准（单位：mg/L）　　　　　　　　表 2-1-4

人口	SS	COD	BOD$_5$	总氮	总磷
2000～10000	60			—	—
10000～100000	35	125	25	15	2
>100000				10	1

欧盟各成员国可依据本国实际情况制定生活污水排放限值，确保水质目标的实现。德国、丹麦的生活污水排放限值分别见表 2-1-5 和表 2-1-6。

德国生活污水处理排放标准（24h 混合样）（单位：mg/L）　　　表 2-1-5

人口	COD	BOD	NH$_3$-N	TP	TN
≤1000	150	40	—	—	—
1000～5000	110	25	—	—	—
5000～20000	90	20	10	—	18
20000～100000	90	20	10	2	18
100000 以上	75	15	10	1	18

丹麦生活污水处理排放标准（单位：mg/L）　　　　　　　表 2-1-6

人口	BOD	TP	TN
15000 以上	15	1.5	8
5000～15000	—	1.5	—
新建 5000 以上	15	1.5	8

2.1.4 英国相关标准

英国农村污水处理的概念与其他欧盟成员国截然不同。由于大约 98% 的英国家庭与主要污水处理网络相连[8]，大多数农村污水通过主干道输送到污水处理厂进行常规处理。出厂水质根据受纳水体水质变化很大，受纳水体有足够的稀释降解能力（容量），出厂水质要求就放松一些；受纳水体水质本来就很差（如泰晤士河河口段），出厂水质要求也会放松一些。英国最早采用排海技术，至今没有正式的污水排海标准，带有扩散器的离岸排放一般只作预处理。

在水质方面，英国水资源法律与政策强调对水体纳污能力的有益性利用，通过规定哪些污染物可以向水体中排放、排放标准以及对违法排放行为的处罚等，来确保生态环境用水的水质。通过《1990 年环境保护法》进行规范，英国有十几个与水资源水质保护有关的法规条例。按英国现行的法律，污水排入市政排水管网之前，都要向管理局提出排放的详细情况，管理局有权禁止某些物质的排放和限制一些物质的排放量，并提出某些污染物含量的限制范围及需进行预处理的办法，见表 2-1-7。

污水排入下水道前某些污染物含量的限度及需进行预处理的方法　　　表 2-1-7

污染物	浓度限度（mg/L）	需要进行预处理的方法
SS	400～1000	格栅和沉淀池去除
BOD	500～1000	高速生物氧化
油脂	10	集油池或油分离器
氰化物	1～5	用氯化或酶处理
重金属	1～20	碱淋洗或沉淀
PH	≤10 和≥5	中和
溶剂	基本上不含溶剂	回收或活性炭处理
浓染料	低色度	用氯漂白

英国按照河流情况和河流用途制定排放标准，分河段设定的水质标准见表 2-1-8，表 2-1-8 反映了各河段的用途和环境方面的需要，也符合 EEC（欧洲共同体）的要求。为保证各河段能达到所需求的水质目标，对各河段污水排放量和水质均作出了规定（见表 2-1-9、表 2-1-10）。

河流水质分级简表　　　　　　　　　　　　　　　表 2-1-8

河流水质等级	采用水质标准			目前和今后的用途
	DO 饱和度（%）	BOD (mg/L)	NH₃-N (mg/L)	
1A	>80	≤3	≤0.4	适合各种用途，可用于养殖高级鱼类，具有较高的游乐价值，对鲟鱼和粗质鱼无害

续表

河流水质等级	采用水质标准			目前和今后的用途
	DO 饱和度（%）	BOD（mg/L）	NH₃-N（mg/L）	
1B	>60	≤5	≤0.9	质量稍低于 1A 级，但实际上可用于相同的目的，对鲟鱼和粗质鱼无害
2	>40	≤9	—	经过深度处理后，可用作饮用水，养殖粗质鱼，具有中等游乐价值
3	>10	≤17	—	低级工业用水，鱼类很少或甚至不存在
4	可能是厌氧状态	—	—	污染严重，鱼类绝迹，出现有色、臭等污物

泰晤士河流域某些河流的水质标准 表 2-1-9

河段	河流长度（公里）	水质目标
泰晤士河从河源至彻恩河汇流口处（斯温顿附近）	19	1B
从彻恩河汇流口至希福特堰	37	2（现已达到 1B）
从希福特堰至诺斯菲尔德布鲁克（牛津附近）	32	1B
从诺斯菲尔德布鲁克至奥克河汇流口	8	2（现已达到 1B）
从奥克河汇流口至金斯顿（大伦敦）	137	1B
从金斯顿至坦汀顿堰（以下为潮河段）	4	2
兰伯恩河（泰晤士河支流）从河源至纽伯里	20	1A

泰晤士河流域某些典型排放标准 表 2-1-10

排放污水厂名称及排放量	承纳河流的水质目标	同意采用的排放标准（mg/L）		
		BOD	SS	NH₃-N
Highwycombe 污水处理厂 2060m³/d	Wye 河 2 级	20	30	—
Ryemeads 污水处理厂 78100m³/d	Lee 河 2 级	5（夏季）10（冬季）		10
Basings toke 污水处理厂 15030m³/d	London 河 1B 级	10（夏季、冬季）		2
Newbury 纸板厂工艺水 1000m³/d	Kennet 河 1B 级	20	30	—

自《1963 年水资源法》在第 19 条中规定可接受最低流量制度。

英国针对私人下水道制定了判断稳定状态（表 2-1-11）标准。用于防止低于标准的污水排放到生态敏感的农村地区，破坏接收水体中的花卉和动物群。

私人下水道的状况（Anon，2003） 表 2-1-11

	ICG				
等级	1	2	3	4	5
占比（%）	55	12	16	15	2

注：内部条件等级 ICG1：可接受的条件；ICG2：崩溃的短期风险很小；ICG3：不太可能在不久的将来崩溃，但可能会恶化；ICG4：可能在可预见的未来崩溃；ICG5：即将崩溃/崩溃。

2.1.5 芬兰相关标准

在芬兰，大约有 100 万居民和 100 多万度假者位于市政下水道网络之外。大约有 35 万个现场废水系统为永久性住宅提供服务[9]。据估计，在农村地区，磷排放到水中的比例比城市地区高 50%。因此，农村废水处理与富营养化密切相关，需要在规划水管理和恢复过程时加以考虑，同时要满足 2004 年发布的政府关于处理下水道网络以外区域生活污水的法令《原位废水系统法令》（542/2003；OWSD）和 2000 年发布的芬兰《环境保护法》（86/2000）的要求。

芬兰的《土地使用和建筑法》（MRL 132/1999）和法令（MRA 895/1999）旨在确保土地和水域的使用以及土地上的建筑活动创造了生态，经济，社会和文化可持续发展[10]。规定污水处理系统的计划应包括在建筑许可申请中。《供水服务法》（119/2001）规定，市政局负责水务服务的整体发展和规划。在市政污水系统或水合作社社区的功能区域内的每个家庭，原则上都需要连接到该系统。《环境保护法》规定了以防止对环境的任何威胁的方式处理废水的一般要求。《原位废水系统法令》规定，如果仅产生非常少量的废水，且不含任何污染风险（包括不含有花露水），则允许从厨房和浴室以未经处理的形式将"灰水"释放到地下。OWSD 规定，与未经处理的废水中的负荷相比，必须从废水中除去至少 90% 的有机物质（BOD_7），以及 >85% 的总磷和 >40% 的总氮。人均废水的最大允许日负荷在法令中定义。此外，该法令列出了用于废水系统负荷计算的人等效负荷。2005 芬兰中部环境署发布的许可证（Keski-Suomenympäristökeskus2005）制度规定，超过 100 人的废水处理计划需要办理许可证。排放标准结合当地市政环境要求[11-12]。OWSD 的一般处理，要求下水道网络外人均处理废水的最大允许日负荷量见表 2-1-12。

下水道网络外人均处理废水的最大允许日负荷量

（Kaloinen&Santala，2004） 表 2-1-12

	未经处理的废水的标准负荷 [g/（人·d）]	要求减少（%）	处理后废水的允许负荷 [g/（人·d）]
生化需氧量$_7$	50	90	5.0
P_{TOT}	2.2	85	0.33
n_{TOT}	14	40	8.4

根据 OWSD 人均未处理废水日负荷的组成。如果没有其他可靠信息，可以使用表 2-1-13 数值。

分散定居点的人当量载荷的构成；装载起源和不同类型装载量

（Kaloinen&Santala，2004） 表 2-1-13

	人均未处理废水的日负荷 [q/（人·d）]		
污染源	生化需氧量$_7$	P_{TOT}	n_{TOT}
大便	15	0.6	1.5
尿	5	1.2	11.5
其他	30	0.4	1.0
共计	50	2.2	14

芬兰在法律层面的规定及要求见表 2-1-14。

法规的层次结构（Kaloinen&Santala，2004）	表 2-1-14
法律	**要求**
芬兰宪法（731/199）	每个人都对环境负责，当局应努力保证健康的环境
环境保护法（86/2000）	一般要求处理废水并使其无害
现场废水系统法令（542/2003）	废水系统的一般环境要求
市环保法规	废水系统的当地环境要求

2.1.6　匈牙利相关标准

在匈牙利，尽管自 1993 年以来经历了密集的发展，到 2004 年底，与污水处理系统相连的房屋数量为 62.6%，见图 2-1-3。2002 年，公用事业差距为 36.9%，这意味着废水收集大大落后于公众公用事业供水。废水收集的缺乏，在许多情况下不合适，会危及潜在的饮用水资源。在 1994 年至 2000 年期间，污水管网的长度增加了大约 7500 公里，达到 22300 公里。到 2002 年底，生物处理的公共废水的比例增加到 61%，32% 的生物处理废水（占废水总量的 19.5%）经过三级处理。1992 年，一项强化开发计划最迟于 2015 年开始满足欧盟的要求。从 2000 年开始进一步开发，市政协会（聚集区）成立，共同开发污水或废水清洁系统，同时这可能更有效而经济。

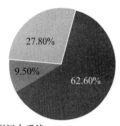

- ■ 房屋连接到污水系统
- ■ 没有连接到污水系统的房屋（在现有系统的区域）
- ■ 有污水系统的区域外的房屋

图 2-1-3　房屋与污水系统连接情况分布

在匈牙利，污水处理设施比管网的建设更滞后。

如果收集的废水中有 1/3 未被处理，则说明生物废水处理厂存在运行问题。

由于匈牙利加入欧盟（EU）的任务，匈牙利地区的废水处理领域需较快的发展，因此欧盟对 91/271/EC 指令中废水的分流和处理进行了规范[12]。

根据此规范的规定，结合匈牙利加入条约的条件，需要在以下期限完成不同规模的污水处理厂和污水管网的建设。

截至 2010 年 12 月 31 日，人口达到 15000 人的集聚区，必须建设污水管网或生物（二级）污水处理厂。

截至 2015 年 12 月 31 日，人口达到 2000～15000 人的集聚区，必须建设污水管网和生物（二级）污水处理厂。

截至 2008 年 12 月 31 日，人口达到 10000 人的敏感城区，必须建设污水管网、生物（二级）污水处理厂和三级处理（N 和 P 的去除）。

对于 2000 PE 小于负荷规模的国家，个人污水处理可行性计划——174/2003（X.28），政府法令已经制定，但该指令没有规定建设处理厂、污水管网或个人污水系统的最后期限。174/2003 法令规定，在 2006 年 1 月 1 日之后，如果没有管网化，则只能建立单独的废水处理系统。

为实现指令中的规定，采用的计划称为"国家对地方污水的无害排放计划"，该计划已被两项政府法令接受：

25/2002. （Ⅱ.27.）政府法令：国家城市污水收集和处理实施计划（"A"计划）。a 174/2003.（X.28.）korm.法令：国家个人污水处理可行性计划：此计划与可经济地提供集中污水处理和清洁系统的区域有关（"B"计划）。

25/2002 政府法令包含已确定的聚集分类清单，以及定居点污水收集和处理开发的适用期限。

"A"和"B"计划共同证实了该国所有定居点废水的专业处理和无害化安置的实现。

在匈牙利，240/2000（ⅻ.23）政府法令规定从废水清洁及其集水区域两方面识别敏感的地表水。主要目标是保护地表水避免发生富营养化。

在该法令的附件 1 中，可以找到敏感的地表水清单（巴拉顿湖，韦莱塞湖，费沃湖），在附件 2 中可以找到敏感地表水集水区的定居点清单。

匈牙利自 2004 年 5 月 1 日起成为欧盟成员国，因此在 2006 年 3 月制定了一项实施新计划的政府法令。

2.2 我国农村污水排放标准

2.2.1 我国农村污水排放标准出台的背景

1. 农村污水排放标准出台的政策背景

截至 2016 年，我国村庄 261.7 万个，建制镇 2.09 万个。农村在我们国家社会经济结构中占有重要的地位，但是排水和污水处理设施严重不足。近年来，农村污水治理受到重视并发展迅速。在 2007 年，我国行政村中有农村污水处理设施的占比不到 3%，到 2017 年，已经接近 25%。在产业不断发展过程中，需要有技术标准作为指导。保证在快速发展的情况下，使配套标准适应发展的过程。法律法规、标准有滞后过程，需要根据经验总结各方面需求。

农村污水的污染特征、技术经济条件与城镇不同，但在标准体系中存在"空白"。由于国家没有农村污水处理设施水污染物排放标准，目前许多农村地区的污水处理设施均参照《城镇污水处理厂污染物排放标准》GB 18918 执行。不论是控制指标数量还是排放限值，均不符合农村污水的实际特征，引起很多问题，造成了很多污水处理设施"不达标"的尴尬局面。

城市污水排放标准在 1973、1988、1996、2002 年分别进行过修订，主要涉及 COD、BOD、SS、氨氮、总氮、总磷等指标。从国家标准层面上，氮、磷以及 SS 指标不断趋严。此外，一些极度缺水或水环境敏感地区还制定了地方标准，例如北京市地标，也是氮、磷以及 SS 指标的严格程度较高。

近年来，随着农村污水治理工作的推进，一些标准规范的内容需要修订。2015 年，中华人民共和国住房和城乡建设部下达了编制符合现在农村治理需求的国家标准，代替旧的行业标准。2018 年 2 月，中央办公厅、国务院办公厅印发了《农村人居环境整治三年行动方案》，要求"各地区分类制定农村污水治理排放标准"，梯次推进农村污水治理，将农村水环境治理纳入河长制、湖长制管理行动目标。

2018 年 9 月，住房和城乡建设部和生态环境保护部联合发布《关于加快制定地方农村污水处理排放标准的通知》，首次从国家层面明确农村污水处理排放要求，要求各地加快制定地方农村污水处理排放标准，在 2019 年 6 月底前制定完成；已经发布的，要根据新的要求进行修订。《通知》明确了标准适用范围以及各类控制指标和排放限值，并要求各地方加快制定农村污水排放标准，并给地方制定标准提出了要求。即将出台的最新农村生活污水处理技术标准中，基本框架包含总则、术语、基本规定、设计水量和水质、污水收集、污水处理、施工与验收、运行维护及管理等方面。

2. 农村污水排放标准出台的技术背景

我国较早关于农村污水治理的标准有《村庄整治技术规范》GB 50445—2008 和《镇（乡）村排水工程技术规程》CJJ 124—2008，但条款都很简单，不能满足指导当前农村污水处理的需求。由于全国各地的情况差异比较大，2010 年 9 月，住房城乡建设部将全国分为东北、华北、西北、东南、西南、中南六个大区，分别制定了针对性的《农村生活污水处理技术指南（试行）》。2010 年，《农村生活污染控制技术规范》HJ 574—2010 发布，同时发布《村庄污水处理设施技术规程》CJJ/T 163—2011，是规定技术单元、技术参数的第一个行标，现已升级为国标，2019 年即将发布。此外，还编制了《户用生活污水处理装置》CJ/T 441—2013，从设备包装等方面进行规范。

从排水的水质来说，一般来说城市的 COD 大概是 $300\sim400\text{mg/L}$ 的设计范围，在农村范围更大，有的时候化粪池出水 COD 比较高，如果是不完全的厕所用水 COD 也是相对比较低的，变化范围很大，同时在设计排水系数上，各地的情况是有差异的，比如我们现在给出人均用水量可能是 $40\sim80\text{L/(人·d)}$ 的范围，范围相对来说是比较宽泛的（见表 2-2-1、表 2-2-2）。

城市居民用水量标准　　　　　　　　　　　　　　　　　　　　　表 2-2-1

地域分区	日用水量（L/人·d）	适用范围
一	80~135	黑龙江、吉林、辽宁、内蒙古
二	85~140	北京、天津、河北、山东、河南、山西、陕西、宁夏、甘肃
三	120~180	上海、江苏、浙江、福建、江西、湖北、湖南、安徽
四	150~220	广西、广东、海南
五	100~140	重庆、四川、贵州、云南
六	75~125	新疆、西藏、青海

不同农村地区参考用水量 ［L/(人·d)］　　　　　　　　　　　　表 2-2-2

类型	东北	东南	华北	西北	西南	华南
经济条件好，有独立淋浴、水冲厕所、洗衣机，旅游区	80~135	90~200	100~145	75~140	80~160	100~180
经济条件较好，有独立厨房和淋浴设施	40~90	80~100	40~80	50~90	60~120	60~120
经济条件一般，有简单卫生设施	40~70	60~90	30~50	30~60	40~80	50~80
无水冲式厕所和淋浴设备，水井较远，需自挑水	20~40	40~70	20~40	20~35	20~50	40~60

收集方式上，城市基本是按照标准以管网的形式来进行收集。但是农村管网的情况非常复杂。大多数情况下，沟渠等都会用来进行收集。我们调研中也发现，把城市管网套入农村，由于农村的水量比较小，在很多情况下，由于没有保证相对比较好的更合适的坡度，造成管网堵塞的情况比较普遍。

另外，排放标准也是大问题。城市都是执行 GB 18918—2002，各地也都在做提标改造，而农村情况更加复杂，有执行《城镇污水处理厂污染物排放标准》GB 18918 的，也有执行《污水综合排放标准》GB 8978 的，但后者的应用还是很少。

过去的城市污水厂的出水基本上是排放，目前在节水的大背景下，很多出水用在城市景观的补给水进行回用。与城市不同，农村追求更好的资源化利用的方向。

目前，我国尚未针对农村污水制定专门的国家水污染物排放标准，一些地方根据环境管理的需要，制定了相关标准，用以指导当地农村污水排放控制。目前全国已有十几个省（直辖市）针对农村污水单独制订了地方水污染物排放标准，首批发布有：宁夏、山西、河北、浙江、重庆、陕西、北京。2011 年发布我国第一个农村污水地方标准宁夏回族自治区地方标准《农村生活污水排放标准》DB 64/T 700—2011。山西、河北、浙江以及重庆、陕西、北京等地已相继发布农村污水处理设施污染物排放标准。

国内地方标准的制订主要有两种思路：一种是按受纳水体环境功能和农业灌溉将标准分类分级，高功能严要求，如宁夏、山西等省；另一种是按污水处理模式和规模分级，集中处理高要求，分散处理低要求，如北京、河北、重庆等省（直辖市）。目前，东北地区尚未有农村污水排放标准发布；华北地区发布农村污水排放标准的有山西、河北、北京；东南地区发布农村污水排放标准的有浙江；中南地区尚未有农村污水排放标准发布；西南地区发布农村污水排放标准的有重庆；西北地区发布农村污水排放标准的有宁夏、陕西。

国内相关标准主要污染物控制指标比较，表 2-2-3。

2.2.2 各地农村污水污染物排放标准

首批发布地方农村污水排放标准的有宁夏、山西、北京、河北、浙江、福建、重庆、成都、陕西。各地标准中最严格的指标和城镇标准比较，结果见表 2-2-4。

1. 宁夏排放标准（表 2-2-5）

农村污水污染物标准值分为一级标准、二级标准和三级标准，三级标准分为 A 标准和 B 标准。

排入 GB 3838 Ⅲ 类水域（划定的饮用水水源保护区和游泳区除外）和湖、库等封闭或半封闭水域及稀释能力较小的河湖的污水，执行一级标准。

排入 GB 3838 Ⅳ、Ⅴ 类水域的污水，执行二级标准。

排入用于农田灌溉的储水塘、储水渠等农业灌溉水体的污水，执行三级标准。三级 A 标准适用于水田谷物的灌溉；三级 B 标准适用于旱地作物的灌溉。

农村污水处理排水污染物最高允许排放浓度限制按表 2-2-5 规定执行。

该标准对 COD、BOD_5、总氮、总磷、氨氮、粪大肠菌群数等主要指标制定了新的排放限值，根据受纳水体的不同分别采取一级、二级和三级标准，同级标准均低于《城镇污水处理厂污染物排放标准》同级的限值。

国内相关标准主要污染物控制指标比较（单位：mg/L，标明的除外）

表 2-2-3

标准	分级	主要污染物指标							备注
		pH值	COD	SS	NH₃-N	TN	TP	粪大肠杆菌（个/L）	
城镇污水处理厂污染物排放标准 GB 18918	一级A标准	6~9	50	10	5 (8)	15	0.5	10³	一级标准的A标准是城镇污水处理厂出水作为回用水的基本要求。当污水处理厂出水引入河湖作为城镇景观用水和一般回用水等用途时，执行一级标准的A标准
	一级B标准	6~9	60	20	8 (15)	20	1.0	10⁴	出水排入《地表水环境质量标准》GB 3838 地表水Ⅲ类功能水域（划定的饮用水水源保护区和游泳区除外）、《海水水质标准》GB 3097 海水二类功能水域和湖、库等封闭或半封闭水域时，执行一级标准的B标准
	二级标准	6~9	100	30	25 (30)	—	3.0	10⁴	出水排入 GB 3838 地表水Ⅳ、Ⅴ类功能水域或 GB 3097 海水三、四类功能海域，执行二级标准
	三级标准	6~9	120	50	—	—	5.0	—	非重点控制流域和非水源保护区的建制镇的污水处理厂，根据当地经济条件和水污染控制要求，采用一级强化处理工艺时，执行三级标准。但必须预留二级处理设施的位置并分期达到二级标准
宁夏回族自治区地方标准《农村生活污水排放标准》DB64/T 700—2011	一级标准	6~9	60	20	8 (15)	20	1.0	1×10⁴	排入 GB 3838 Ⅲ类水域（划定的饮用水水源保护区和游泳区除外）和湖、库等封闭或半封闭的河湖等小的河湖的污水，执行一级标准
	二级标准	6~9	120	30	25 (30)	—	3	1×10⁴	排入 GB 3838Ⅳ、Ⅴ类水域的污水，执行二级标准
	三级A标准	6~9	150	80	—	—	—	4×10⁴	排入用于农田灌溉、储水农业灌溉的储水塘、储水渠等农业灌溉水体的污水适用于水田谷物的灌溉。三级 A 标准适用于水田各作物的灌溉；三级 B 标准适用于干旱地作物的灌溉
	三级B标准	6~9	200	100	—	—	—	4×10⁴	
山西省地方标准《山西省农村生活污水处理设施污染物排放标准》DB 14/726—2013	一级标准	6~9	60	20	15	20	1	1×10⁴	出水排入 GB 3838 规定的地表水Ⅲ类功能水域（划定的饮用水水源保护区和游泳区除外）时，执行一级标准
	二级标准	6~9	150	50	30	—	—	—	出水排入 GB 3838 规定的地表水Ⅳ类、Ⅴ类功能水域，回用于旱地作物农田灌溉，回用于旱作农田灌溉时，执行二级标准
	三级标准	6~9	200	80	—	—	—	—	出水排入水塘、水渠等农业灌溉时，执行三级标准

续表

标准	分级	主要污染物指标							备注
		pH值	COD	SS	NH₃-N	TN	TP	粪大肠杆菌（个/L）	
河北省地方标准《农村生活污水排放标准》DB 13/2171—2015	一级A标准	6~9	50	10	5（8）	15	0.5	1×10³	排入国家、省确定的重点流域及湖泊、水库等封闭、半封闭水域，或引入稀释能力较小的河湖用作为景观用水和一般回用水等用途，以及排水不能汇入地表水系时，执行一级标准的A标准
	一级B标准	6~9	60	20	8（15）	20	1.0	1×10⁴	对于发达、较发达型农村。当出水排入GB 3838地表水Ⅲ类功能水域（划定的饮用水源保护区和游泳区除外）、GB 3097海水二类功能水域时，执行一级标准的B标准
	二级标准	6~9	100	40	15	—	—	1×10⁴	对于欠发达型农村。当出水排入GB 3838地表水Ⅲ类功能水域（划定的饮用能功能水域时，GB 3097海水二类功能海域时，执行二级标准
	三级标准	6~9	150	50	25	—	—	1×10⁴	当出水排入GB 3838地表水Ⅳ、Ⅴ类功能海域或GB 3097海水三、四类功能海域时，执行三级标准
浙江省地方标准《农村生活污水处理设施水污染物排放标准》DB 33/973—2015	一级标准	6~9	60	20	15	—	2	1×10⁴	位于重要水系源头、重要湖库集水区等环境功能重要地区和水环境容量较小的平原河网地区的新建设施执行一级标准
	二级标准	6~9	100	30	25	—	3	1×10⁴	其他地区
重庆市地方标准《农村生活污水集中处理设施水污染物排放标准》DB 50/848—2018	一级标准	6~9	80	30	20	—	3	—	直接排入长江干流、乌江干流、嘉陵江干流、湖泊、水库，未达到水环境功能类别的水体。100m³/d（含）~500m³/d（不含），排入其他水体
	二级标准	6~9	100	50	25	—	4	—	小于100m³/d。排入其他水体
北京市地方标准《农村生活污水处理设施水污染物排放标准》DB 11/1612—2019	一级A标准	6~9	30	15	1.5（2.5）	15	0.3	—	出水排入北京市Ⅱ类、Ⅲ类水体的处理设施执行一级标准。其中，规模在500m³/d（不含）~50m³/d（含）的处理设施执行A标准
	一级B标准	6~9	30	15	1.5（2.5）	20	0.5	—	规模在50m³/d（不含）~5m³/d（不含）的处理设施执行B标准
	二级A标准	6~9	50	20	5（8）	—	0.5	—	出水排入其他水体的处理设施执行二级标准。其中，规模500m³/d（不含）~50m³/d（不含）的处理设施执行A标准
	二级B标准	6~9	60	20	8（15）	—	1.0	—	规模在50m³/d（不含）~5m³/d（不含）的处理设施执行B标准
	三级标准	6~9	100	30	25	—	—	—	规模小于5m³/d（不含）的处理设施执行三级标准

各地农村生活污水排放标准和城镇比较表（单位：mg/L）　　表 2-2-4

地区	化学需氧量（COD$_{Cr}$）	生化需氧量（BOD$_5$）	悬浮物（SS）	氨氮（NH$_3$-N）	总氮（以 N 计）	总磷（以 P 计）	动植物油
北京	30	6	5	1.5（2.5）	15	0.3	0.5
浙江	60	—	20	15（20）	—	2	3
宁夏	60	20	20	8（15）	20	1	—
山西	60	20	20	15	20	1	—
河北	50	10	10	5（8）	15	0.5	1
福建	50	10	10	5（8）	—	0.5	1
重庆	80	—	30	20	—	3	5
成都	50	10	10	8（15）	15	1	1
陕西	60	—	20	15	20	2	5
城镇	50	10	10	5（8）	15	0.5	1

农村污水处理设施水污染物排放限值（单位：mg/L）　　表 2-2-5

序号	污染物	单位	一级标准	二级标准	三级 A 标准	三级 B 标准
11	化学需氧量（COD）	mg/L	60	120	150	200
2	生化需氧量（BOD$_5$）	mg/L	20	50	80	100
3	NH$_3$-N（以 N 记）	mg/L	5（8）	25（30）	—	—
4	TN（以 N 记）	mg/L	20	—	—	—
5	悬浮物（SS）	mg/L	20	50	80	100
6	磷酸盐（以 P 计）	mg/L	1	2	—	—
7	阴离子表面活性剂		1	2	5	8
8	蛔虫卵数	（个/L）			2	
9	全盐量		—		1000（盐碱土地 2000）	
10	pH	无量纲			6～9	
11	粪大肠菌群	个/L	10000	10000	40000	40000
12	氯化物	—			350	

排入 GB 3838Ⅲ类水域（划定的饮用水水源保护区和游泳区除外）和湖、库等封闭或半封闭水域及稀释能力较小的河湖的污水，执行一级标准；排入 GB 3838Ⅳ、Ⅴ类水域的污水，执行二级标准；排入用于农田灌溉的储水塘、储水渠等农业灌溉水体的污水，执行三级标准。三级标准 A 标准适用于水田谷物的灌溉；三级标准 B 标准适用于旱地作物的灌溉。

2. 山西排放标准

农村污水处理设施水污染物排放限值（单位：mg/L）　　表 2-2-6

序号	污染物	单位	一级标准	二级标准	三级标准
1	化学需氧量（COD）	mg/L	60	150	200
2	生化需氧量（BOD$_5$）	mg/L	20	50	80
3	NH$_3$-N（以 N 记）	mg/L	15	30	—
4	TN（以 N 记）	mg/L	20	—	—

续表

序号	污染物	单位	一级标准	二级标准	三级标准
5	悬浮物（SS）	mg/L	20	50	100
6	磷酸盐（以 P 计）	mg/L	1	—	—
7	pH	无量纲	6～9	6～9	5.5～8.5
8	粪大肠菌群	个/L	10000	10000	—

农村污水处理设施水污染物排放分为一级、二级和三级标准。

出水排入 GB 3838 规定的地表水Ⅲ类功能水域（划定的饮用水水源保护区和游泳区除外）时，执行一级标准。

出水排入 GB 3838 规定的地表水Ⅳ类、Ⅴ类功能水域时，执行二级标准。

出水排入水塘、水渠等农业灌溉水体，回用于旱作农田灌溉时，执行三级标准。

出水用于回用于旱作农田灌溉之外的其他用途时，按照相应标准执行。

该标准制定时没有考虑农村经济水平，而是考虑了标准实际执行的难易程度。

3. 河北排放标准（见表 2-2-7）

农村污水处理设施水污染物排放限值（单位：mg/L）　　　　　表 2-2-7

序号	污染物	一级 A 标准	一级 B 标准	二级标准	三级标准
1	pH	6～9	6～9	6～9	6～9
2	色度（倍）	30	30	50	80
3	化学需氧量（COD）mg/L	50	60	100	150
4	生化需氧量（BOD_5）mg/L	10	20	20	30
5	悬浮物（SS）mg/L	10	20	40	50
6	总氮（以 N 记）mg/L	15	20	—	—
7	氨氮（NH_3-N）mg/L	5（8）	8（15）	15	25
8	总磷（以 P 计）mg/L	0.5	1	—	—
9	阴离子表面活性剂，mg/L	0.5	1	5	10
10	动植物油，mg/L	1	3	10	15
11	粪大肠菌群数	10^3	10^4	10^4	10^4
12	粪大肠菌群	1000		10000	

注：括号外数值为水温＞12℃时的控制指标，括号内数值为水温≤12℃时的控制指标。

参考 DB 18918 和 GB 8978 的有关规定，将控制项目标准值分为一级标准、二级标准、三级标准。一级标准又分为 A 标准和 B 标准。

排入国家、省确定的重点流域及湖泊、水库等封闭、半封闭水域，或引入稀释能力较小的河湖作为景观用水和一般回用水等用途，以及排水不能汇入地表水系时，执行一级标准的 A 标准。

对于发达、较发达型农村，当出水排入 GB 3838 地表水Ⅲ类功能水域（划定的饮用水水源保护区和游泳区除外）、GB 3097 海水二类功能水域时，执行一级标准的 B 标准。

对于欠发达型农村，当出水排入 GB 3838 地表水Ⅲ类功能水域（划定的饮用水水源保护区和游泳区除外）、GB 3097 海水二类功能水域时，执行二级标准。

当出水排入 GB 3838 地表水Ⅳ、Ⅴ类功能水域或 GB 3097 海水三、四类功能海域时，执行三级标准。

4. 浙江排放标准（见表 2-2-8）

农村污水处理设施水污染物排放限值（单位：mg/L）　表 2-2-8

序号	污染物	单位	一级标准	二级标准
1	化学需氧量（COD）	mg/L	60	100
2	生化需氧量（BOD$_5$）	mg/L	—	—
3	NH$_3$-N（以 N 记）	mg/L	15	25
4	TN（以 N 记）	mg/L	—	—
5	悬浮物（SS）	mg/L	20	30
6	磷酸盐（以 P 计）	mg/L	2	3
7	pH	无量纲	6～9	6～9
8	粪大肠菌群	个/L	10000	10000

现有设施水污染物排放按照设计标准执行相关限值要求，也可参照本标准执行。

自本标准实施之日起，新建设施水污染物排放执行表中规定的限值。

位于重要水系源头、重要湖库集水区等水环境功能重要地区和水环境容量较小的平原河网地区的新建设施执行一级标准；位于其他地区的执行二级标准。

执行一级标准的地域范围由县级人民政府确定。

5. 重庆排放标准（见表 2-2-9、表 2-2-10）

各级标准适用情况　表 2-2-9

受纳水体/排放规模	农村污水集中处理设施规模		
	≥500m³/d	100～500m³/d(含 100m³/d)	<100m³/d
直接排入长江干流、乌江干流、嘉陵江干流、湖泊水库、未达到水环境功能类别的水体	《城镇污水处理厂污染物排放标》GB 18918	一级标准	一级标准
排入其他水体	《城镇污水处理厂污染物排放标》GB 18918	一级标准	二级标准

水污染物最高允许排放浓度限值　表 2-2-10

序号	污染物	单位	一级标准	二级标准
1	pH	无量纲	6～9	6～9
2	化学需氧量（COD）	mg/L	80	100
3	NH$_3$-N（以 N 记）	mg/L	20	25
4	悬浮物（SS）	mg/L	30	50
5	总磷（以 P 计）	mg/L	3.0	4.0
6	动植物油	mg/L	5	10

6. 陕西排放标准（见表 2-2-11）

农村污水处理设施水污染物排放限值（单位：mg/L）　表 2-2-11

序号	污染物或项目名称	特别排放限值	一级标准	二级标准
1	pH 值	6～9	6～9	6～9
2	化学需氧量（COD），mg/L	60	80	150

续表

序号	污染物或项目名称	特别排放限值	一级标准	二级标准
3	悬浮物（SS），mg/L	20	20	30
4	总磷（以 P 计），mg/L	2	2	3
5	NH_3-N（以 N 计），mg/L	15	15	—
6	动植物油，mg/L	5	5	10
7	总氮（以 N 计），mg/L	20	—	—

标准适用于设计规模 $50m^3/d$（含 $50m^3/d$）到 $500m^3/d$（含 $500m^3/d$）且位于城镇建成区以外地区的农村污水处理设施水污染物排放管理。

农村污水处理设施水污染物直接排向地表水体时，排放限值分别执行特别排放限值、一级标准、二级标准。

排入具有饮用水源功能的湖库岸边 2 公里以内的执行特别排放限值，控制的污染因子有 7 项，分别是 pH 值、化学需氧量、悬浮物、总磷、氨氮、动植物油和总氮。

排入地表水Ⅱ类、Ⅲ类功能水域的执行一级标准，控制的污染因子有 6 项，分别是 pH 值、化学需氧量、悬浮物、总磷、氨氮和动植物油。

排入地表水Ⅳ类、Ⅴ类功能水域的执行二级标准，控制的污染因子有 5 项，分别是 pH 值、化学需氧量、悬浮物、总磷和动植物油。

标准规定，农村污水处理后用于养鱼或排入渔业水体的，执行《渔业水质标准》GB 11607。

处理后用于农田灌溉或排入农田灌溉渠的，执行《农田灌溉水质标准》GB 5084。

处理后排入排碱渠和排入湿地、氧化塘（涝池）的，执行本标准的一级标准。

其他综合利用途径执行本标准的二级标准。

7. 北京排放标准（见表 2-2-12）

农村污水处理设施水污染物排放限值（单位：mg/L） 表 2-2-12

序号	污染物	一级标准		二级标准		三级标准	污染物排放监测位置
1	pH	6～9		6～9		6～9	处理工艺末端排放口
2	悬浮物（SS）	15		20		30	处理工艺末端排放口
3	生化需氧量（BOD_5）	6		10	20	30	处理工艺末端排放口
4	化学需氧量（COD）	30		50	60	100	处理工艺末端排放口
5	氨氮	1.5（2.5）		5（8）	8（15）	25	处理工艺末端排放口
6	总氮	15	20	—			处理工艺末端排放口
7	（以 P 记）	0.3	0.5	0.5	1.0	—	处理工艺末端排放口
8	动植物油	0.5		1.0	3.0	—	处理工艺末端排放口

规模大于 $500m^3/d$（含）的处理设施水污染物排放执行 DB 11/890 的规定。

规模小于 $500m^3/d$（不含）的处理设施水污染物排放执行表 2-2-12 的规定。

出水排入北京市Ⅱ类、Ⅲ类水体的处理设施执行一级标准。其中，规模在 $500m^3/d$（不含）～$50m^3/d$（含）的处理设施执行 A 标准，规模在 $50m^3/d$（不含）～$5m^3/d$（含）的处理设施执行 B 标准。

出水排入其他水体的处理设施执行二级标准。其中，规模在 $500m^3/d$（不含）～$50m^3/d$（含）的处理设施执行 A 标准，规模在 $50m^3/d$（不含）～$5m^3/d$（含）的处理设施执行 B 标准。

规模小于 $5m^3/d$（不含）的处理设施执行三级标准。

8. 福建排放标准（见表 2-2-13）

水污染最高容许排放浓度（直接排放）　　　　　　表 2-2-13

序号	控制项目名称	一级标准		二级标准	三级标准
		A 标准	B 标准		
1	PH 值	6～9	6～9	6～9	6～9
2	色度（倍）	30	30	50	80
3	化学需氧量（COD），mg/L	50	60	100	150
4	生化需氧量（BOD），mg/L	10	20	30	60
5	悬浮物（SS），mg/L	10	20	70	150
6	氨氮（NH_3-N），mg/L	5（8）	8（15）	25（30）	—
7	总氮（以 N 计），mg/L	15	20	—	—
8	总磷（以 P 计），mg/L	0.5	1	3	5
9	阴离子表面活性剂（LAS），mg/L	0.5	1	5	10
10	动植物油，mg/L	1	3	10	20

规模小于 $5m^3/d$（不含）的处理设施执行三级标准。

当出水排入国家和省确定的重点流域及湖泊、水库等封闭、半封闭水域时，或者位于水源保护区、自然保护区和风景名胜区，或者位于环境容量小、生态环境脆弱容易发生严重环境污染问题而需要采取特别保护措施的地区，执行一级 A 标准；对于发达型、较发达型农村，当出水排入《地表水环境质量标准》GB 3838 地表水Ⅲ类功能水域（划定的饮用水源保护区和游泳区除外）、《海水水质标准》GB 3097 海水二类功能水域时，采用污水集中处理方式的执行一级 B 标准，采用污水分散处理方式的，及对于欠发达型农村，当出水排入 GB 3838 地表水Ⅲ类功能水域（划定的饮用水源保护区和游泳区除外）、GB 3097 海水二类功能水域时执行二级标准；当出水排入 GB 3838 地表水Ⅳ、Ⅴ类功能水域或 GB 3097 海水三、四类功能海域时，执行三级标准。

该标准并没有对各项指标制定新的标准限值，而是根据农村经济水平和受纳水体的不同，提出应该参照哪个标准执行。

9. 成都排放标准

2018 年 8 月，成都市市政府办公厅印发了《成都市农村生活污水治理实施方案》，并规定执行排放标准。

成都市农村生活污水处理工程出水水质标准按以下 7 个控制指标（单位：mg/L）执行。

（1）化学需氧量（COD_{Cr}）：Ⅲ类及以上水功能区≤50，其他地区≤60。

（2）氨氮（NH_3-N）：Ⅲ类及以上水功能区≤8，其他地区≤15。

（3）总磷（以 TP 计）：Ⅲ类及以上水功能区≤1，其他地区≤2。

（4）总氮（TN）：Ⅲ类及以上水功能区≤15，其他地区≤25。

（5）悬浮物（SS）：Ⅲ类及以上水功能区≤10，其他地区≤30。

（6）阴离子表面活性剂（LAS）：Ⅲ类及以上水功能区≤0.5，其他地区≤1。

（7）动植物油：Ⅲ类及以上水功能区≤1，其他地区≤3。

10. 山东排放标准（表 2-2-14、表 2-2-15）

现有农村生活污水处理设施水污染物排放浓度限值（单位：mg/L，除 pH 以外）

表 2-2-14

序号	污染物项目	限值		
		一级标准	二级标准	三级标准
1	pH 值	6～9	6～9	6～9
2	化学需氧量（COD$_{Cr}$）	60	100	120
3	悬浮物（SS）	30	40	50
4	氨氮（NH$_3$-N）	15（20）	25（30）	—
5	总氮（以 N 计）	20	—	—
6	总磷（以 P 计）	1.5	3	—

注：（1）氨氮指标括号外数值为水温>12℃时的控制指标，括号内数值为水温≤12℃时的控制指标。
（2）总氮指标适用于出水排入封闭水体或超标因子为总氮水体的情形。
（3）总磷指标适用于出水排入封闭水体或超标因子为总磷水体的情形。

新建农村生活污水处理设施水污染物排放浓度限值

表 2-2-15

序号	污染物项目	限值		
		一级标准	二级标准	三级标准
1	pH 值	6～9	6～9	6～9
2	化学需氧量（COD$_{Cr}$）	50	60	120
3	悬浮物（SS）	20	30	50
4	氨氮（NH$_3$-N）	10（15）	15（20）	25（30）
5	总氮（以 N 计）	15	20	—
6	总磷（以 P 计）	1	1.5	—
7	粪大肠菌群数（个/L）	10000	—	—

注：（1）氨氮指标括号外数值为水温>12℃时的控制指标，括号内数值为水温≤12℃时的控制指标。
（2）总氮指标适用于出水排入封闭水体或超标因子为总氮水体的情形。
（3）总磷指标适用于出水排入封闭水体或超标因子为总磷水体的情形。
（4）粪大肠菌群指标适用于规模大于等于100m³/d，且出水排入 GB 3838—2002 中Ⅲ类水域、GB 3097—1997 中Ⅱ类海域的污水。

仅适用于规模小于500m³/d（不含）的农村生活污水处理设施水污染物排放管理，规模大于500m³/d（含）的农村生活污水处理设施执行 GB 18918 的要求。本标准不适用于混有乡（村）镇工业污水和规模化畜禽养殖废水的农村污水处理设施。

11. 河南排放标准

根据农村生活污水处理设施处理规模、出水排入地表水环境功能敏感程度等，将农村生活污水处理设施水污染物排放标准分为一级标准、二级标准和三级标准。

规模大于2m³/d（含）的新建农村生活污水处理设施，水污染物排放限值按表 2-2-16 对应的规定执行；规模小于2m³/d（不含）的新建农村生活污水处理设施，水污染物排放限值执行表 2-2-16 中三级标准。

控制项目水污染物最高允许排放浓度（单位：mg/L，除 pH 以外）　　表 2-2-16

序号	污染物项目	一级标准	二级标准	三级标准
1	pH 值	6～9	6～9	6～9
2	化学需氧量（COD$_{Cr}$）	50	60	100
3	悬浮物（SS）	20	30	50
4	氨氮（NH$_3$-N）	5（8）①	8（15）①	15（20）①
5	总氮（以 N 计）	15	—	—
6	总磷（以 P 计）	0.5	1	—

① 括号外数值为水温＞12℃时的控制指标，括号内数值为水温≤12℃时的控制指标。

出水直接排入 GB 3838 Ⅱ 类水域以及 GB 3838 Ⅱ、Ⅲ 类水域控制断面周边的，执行一级标准。

出水直接排入非控制断面周边 GB 3838 Ⅲ 类水域以及排入 GB 3838 Ⅳ、Ⅴ 类水域控制断面周边的，执行二级标准。

出水直接排入非控制断面周边 GB 3838 Ⅳ、Ⅴ 类水域以及排入其他水体的，执行三级标准。

12. 湖南排放标准

出水直接排入 GB 3838 地表水 Ⅱ 类、Ⅲ 类功能水域且规模在 500m³/d（不含）～5m³/d（含）时执行表 2-2-17 规定的一级标准，规模在 5m³/d（不含）以下时执行表 2-2-17 规定的二级标准。

水污染物排放浓度限值（单位：mg/L，除 pH 以外）　　表 2-2-17

序号	污染物项目	一级标准	二级标准	三级标准
1	pH 值	6～9	6～9	6～9
2	悬浮物（SS）	20	30	50
3	化学需氧量（COD$_{Cr}$）	60	100	120
4	氨氮（NH$_3$-N）	8（15）①	25（30）①	25（30）①
5	总氮（以 N 计）②	20	20	20
6	总磷（以 P 计）②	1	3	3
7	动植物油③	3	5	5

① 括号外数值为水温＞12℃时的控制指标，括号内数值为水温≤12℃时的控制指标。
② 出水排入封闭水体或超标因子为氮磷的不达标水体时控制指标。
③ 进水含餐饮服务的农村污水处理设施控制指标。

出水直接排入 GB 3838 地表水 Ⅳ 类、Ⅴ 类功能水域且规模在 500m³/d（不含）～5m³/d（含）时执行表 2-2-17 规定的二级标准，规模在 5m³/d（不含）以下时执行表 2-2-17 规定的三级标准。

出水流经沟渠、自然湿地等间接排入 GB 3838 地表水 Ⅱ 类、Ⅲ 类功能水域时执行表 2-2-17 规定的二级标准。

出水流经沟渠、自然湿地等间接排入 GB 3838 地表水 Ⅳ 类、Ⅴ 类功能水域或出水排入村镇附近池塘等环境功能未明确的水体时执行表 2-2-17 规定的三级标准。

13. 天津排放标准（见表 2-2-18）

农村生活污水处理设施水污染物排放限值（单位：mg/L，除 pH 以外）　表 2-2-18

序号	控制项目名称	一级标准	二级标准	三级标准		
				A 标准	B 标准	C 标准
1	pH 值	6～9	6～9	6～9	6～9	6～9
2	悬浮物（SS）	10	10	20	20	30
3	化学需氧量（CODcr）	30	40	50	60	100
4	氨氮（NH₃-N）①	1.5（3.0）	2.0（3.5）	5（8）	8（15）	25
5	总氮（以 N 计）	10	15	20	—	—
6	总磷（以 P 计）	0.3	0.4	1	2	—
7	动植物油②	1	1	3	5	—

① 11 月 1 日～3 月 31 日执行括号内的排放限值。

② 仅针对含农家乐废水的农村生活污水处理设施执行。

对排放限值进行了分类分档，对于新（改、扩）建的农村生活污水处理设施，标准分一级、二级、三级三档，三级标准又分为 A、B、C 标准，分别对应了不同的处理规模和排放去向。

14. 甘肃排放标准（见表 2-2-19）

农村生活污水处理设施水污染物允许排放限值（单位：mg/L，除 pH 以外）　表 2-2-19

序号	控制项目名称	一级标准	二级标准	三级标准
1	pH 值	6～9	6～9	6～9
2	化学需氧量（CODcr）	60	80	120
3	悬浮物（SS）	20	30	50
4	氨氮（NH₃-N）①	8（15）	15（20）	20（25）
5	总磷（以 P 计）	2	3	—
6	总氮（以 N 计）	20	—	—
7	动植物油②	3	5	—
8	粪大肠菌群数（MPN/L）	10000	—	—

① 括号外数值为水温>12℃时的控制指标，括号内数值为水温≤12℃时的控制指标。

② 农村农家乐等提供餐饮服务的生活污水处理设施，出水执行。

农村生活污水处理规模<500m³/d，出水直接排入《地表水环境质量标准》GB 3838 规定的Ⅲ类功能水域（划定的饮用水水源保护区除外）的处理设施排水污染物最高允许排放浓度限值执行一级标准；出水流经沟渠、自然湿地等间接排入环境功能明确的水体时，处理设施排水污染物最高允许排放浓度限值执行二级标准。

农村生活污水处理规模<500m³/d 的，出水排入《地表水环境质量标准》GB 3838 规定的Ⅳ、Ⅴ类功能水域的处理设施排水污染物最高允许排放浓度限值执行二级标准。

农村生活污水 30m³/d≤处理规模<500m³/d，出水排入环境功能未明确的水体时，处理设施排水污染物最高允许排放浓度限值执行一级标准。

农村生活污水 5m³/d≤处理规模<30m³/d，出水排入环境功能未明确的水体时，处理设施排水污染物最高允许排放浓度限值执行二级标准。

农村生活污水处理规模<5m³/d，出水排入环境功能未明确的水体时，处理设施排水污染物最高允许排放浓度限值执行三级标准。

15. 江西排放标准（表 2-2-20）

农村生活污水处理设施水污染物排放限值（单位：mg/L，除 pH 以外）　　表 2-2-20

序号	污染物项目	一级标准	二级标准	三级标准
1	pH 值	6～9	6～9	6～9
2	悬浮物（SS）	20	30	50
3	化学需氧量（COD$_{Cr}$）	60	100	120
4	氨氮（NH$_3$-N）①	8（15）	25（30）	25（30）
5	总磷（以 P 计）	20	—	—
6	总氮（以 N 计）	1	3	—
7	动植物油②	3	5	—

① 氨氮指标括号外数值为水温>12℃时的控制指标，括号内数值为水温≤12℃时的控制指标。
② 动植物油仅针对含农家乐餐饮污水的处理设施执行。

根据农村生活污水处理设施出水排放去向、受纳水体环境功能和污水处理规模，将农村生活污水处理设施水污染物排放标准分为一级标准、二级标准和三级标准。

出水排入 GB 3838 规定的Ⅱ类、Ⅲ类水体时，处理规模大于 5m³/d（含）的处理设施排水执行表 2-2-20 规定的一级标准。

出水排入 GB 3838 规定的Ⅳ类、Ⅴ类水体时，处理规模大于 5m³/d（含）的处理设施排水执行表 2-2-20 规定的二级标准。

出水排入环境功能未明确的水体时，处理规模大于 50m³/d（含）的处理设施执行表 2-2-20 规定的一级标准；处理规模在 5m³/d（含）～50m³/d（不含），出水直接排入水体的处理设施执行表 2-2-20 规定的二级标准；处理规模在 5m³/d（含）～50m³/d（不含），出水流经自然湿地等间接排入水体的处理设施执行表 2-2-20 规定的三级标准。处理规模小于 5m³/d（不含）的处理设施执行表 2-2-20 规定的三级标准。

出水排入已列入国家水质较好湖泊名录以及具有饮用水功能的重点湖库等封闭或半封闭水域，凡处理规模大于 5m³/d（含）的处理设施，均执行表 2-2-20 规定的一级标准。

16. 广东排放标准

水污染物排放限值（单位：mg/L，除 pH 以外）　　表 2-2-21

序号	污染物项目		一级标准
1	pH 值		6～9
2	化学需氧量（COD$_{Cr}$）		50
3	悬浮物（SS）		20
4	动植物油		3
5	氨氮（以 N 计）		5（8）
6	总磷（以 P 计）		1.5
7	出水排入封闭水体或超标因子为氮磷的不达标水体时	总氮（以 N 计）	3
		总磷（以 P 计）	1

注：括号外数值为水温>12℃时的控制指标，括号内数值为水温≤12℃时的控制指标。

出水排入环境功能明确的水体，处理规模在 $20m^3/d$ 及以上的农村生活污水处理设施执行表 2-2-22 规定的排放限值，处理规模在 $20m^3/d$ 以下的执行表 2-2-22 规定的排放限值。出水排入环境功能未明确的其他水体，执行表 2-2-22 规定的排放限值。

水污染物排放限值（单位：mg/L）   表 2-2-22

序号	控制项目名称	限值
1	pH 值（无量纲）	6～9
2	化学需氧量（COD_{Cr}）	60
3	悬浮物（SS）	30
4	动植物油	5
5	氨氮（以 N 计）	8（15）
6	总磷（以 P 计）	2

注：括号外的数值为水温＞12℃的控制指标，括号内的数值为水温≤12℃的控制指标。

17. 四川排放标准

排放标准分级表   表 2-2-23

设计处理规范	出水直接排入的水域环境功能		
	Ⅱ、Ⅲ类水域	Ⅳ、Ⅴ类水域	其他功能未明确水域
100m³/d（含）～500m³/d（不含）	一级标准	二级标准	二级标准
20m³/d（含）～100m³/d（不含）	一级标准	二级标准	三级标准
＜20m³/d	三级标准		

注：岷江、沱江流域重点控制区域基于以上标准分级上调一级（最高不得超过一级标准）。

农村生活污水经处理后的水污染物，其最高允许排放浓度按表 2-2-24 规定执行。

水污染最高允许排放浓度   表 2-2-24

序号	污染物或项目名称	一级标准	二级标准	三级标准
1	pH 值（无量纲）	6～9	6～9	6～9
2	化学需氧量（COD_{Cr}）	60	80	100
3	悬浮物（SS）	20	30	40
4	氨氮（以 N 计）[①]	8（15）	15	25
5	总氮（以 N 计）	20	—	—
6	总磷（以 P 计）	1.5	3	4
7	动植物油[②]	3	5	10

① 括号外的数值为水温＞12℃的控制指标，括号内的数值为水温＜12℃的控制指标。
② 动植物油指标仅针对含提供餐饮服务的农村旅游项目生活污水的处理设施执行。

水污染物浓度测定方法标准   表 2-2-25

序号	污染物或项目名称	方法标准名称	方法标准编号
1	pH 值	水质 pH 值的测定 玻璃电极法	GB/T 6920
2	化学需氧量	水质 化学需氧量的测定 重铬酸盐法	HJ 828
		水质 化学需氧量的测定 快速消解分光光度法	HJ/T 399
3	悬浮物	水质 悬浮物的测定 重量法	GB 11901
4	氨氮	水质 氨氮的测定 纳氏试剂分光光度法	HJ 535
		水质 氨氮的测定 水杨酸分光光度法	HJ 536

续表

序号	污染物或项目名称	方法标准名称	方法标准编号
5	总氮	水质　总氮的额测定　碱性过硫酸钾消解紫外分光光度法	HJ 636
6	总磷	水质　总磷的测定　钼酸铵分光光度法	GB/T 11893
7	动植物油	水质　石油类和动植物油类的测定　红外分光光度法	HJ 637

岷江、沱江流域重点控制区域范围　　　　　　　　　　　　　　表 2-2-26

地级市	县（市、区）
成都市	锦江区、青羊区、金牛区、武侯区、成华区、龙泉驿区、青白江区、新都区、温江区、双流区、郫都区、都江堰市、彭州市、邛崃市、崇州市、简阳市、金堂县、大邑县、浦江县、新津县
眉山市	东坡区、彭山区、仁寿县、洪雅县、丹棱县、青神县
乐山市	市中区、五通桥区、沙湾区、金口河区、峨眉山市、犍为县、井研县、夹江县、沐川县、峨边彝族自治县、马边彝族自治县
宜宾市	翠屏区、叙州区、屏山县
德阳市	旌阳区、广汉市、什邡市、绵竹市
资阳市	雁江区、安岳县、乐至县
内江市	市中区、东兴区、资中县、威远县、隆昌县
自贡市	自流井区、贡井区、大安区、沿滩区、容县、富顺县
泸州市	江阳区、龙马潭区、泸县
雅安市	名山区

参考文献

[1]　夏玉立，夏训峰，王丽君等. 国外农村污水治理经验及对我国的启示 [J]. 小城镇建设，2016，10：20-24.

[2]　范彬，武洁玮，刘超等. 美国和日本乡村污水治理的组织管理与启示 [J]. 中国给水排水，2009，25（10）：6-10，14.

[3]　严岩，孙宇飞，董正举等. 美国农村污水管理经验及对我国的启示 [J]. 环境保护，2008，15：65-67.

[4]　陈颖，于奇，贾小梅. 借鉴日本《净化槽法》健全我国农村生活污水治理政策机制 [J]. 中国环境管理，2019，2：14-17.

[5]　赵芳，贾小梅，李冬. 日本农村污水治理经验对中国实施乡村振兴战略的借鉴 [J] 世界环境，2018，171（2）：19-23.

[6]　刘兰岚，郝晓雯. 日本的分散式污水处理设施 [J]. 安徽农业科学，2011，39（27）：16714-16715.

[7]　沈哲，黄劼，刘平养. 治理农村生活污水的国际经验借鉴—基于美国、欧盟和日本模式的比较 [J]. 价格理论与实践，2013（2）：49-50.

[8]　Dee T，Sivil D. Selecting package wastewater treatment works [M]. CIRIA，2001.

[9]　Cooper P. Constructed wetlands and reed - beds：Mature technology for the treatment of wastewater from small populations [J]. Water and Environment Journal，2001，15（2）：79-85.

[10]　Anon. Directive 2006/7/EC of The European Parliament and of The Council of 15th February 2006 concerning the management of bathing water quality and repealing Directive 76/160/EEC Official J. Eur. Union，L64（March 4 2006）（2006），pp. 37-51.

[11]　Defra，2007. Department of Environment Food Rural affair and Agriculture. UK Waste Strategy.

［12］ Santala E，Kaloinen J. New regulations enchance improvement of onsite wastewater treatment in Finland ［C］//Proceedings of the IWA 6th International Specialised Conference on Small Water and Wastewater Systems and 1st International Specialised Conference on Onsite Wastewater Treatment and Recycling. 2004.

［13］ Anon（2003）Effluent Guidelines，US Environmental Protection Agency，Washington，DC.

第3章　典型国外农村污水处理经验

3.1　美国农村污水处理经验

美国将人口小于1万人的聚集区称为农村地区，农村人口约为1.18亿人，占总人口的37.3%，分散污水处理系统主要用于就地或聚集处理和处置来自独户或相对集中的一小片住宅及商业区的少量生活污水，常被用在人口密度较小的社区或乡村，因为输送这些地方的生活污水到一个较远的集中式污水处理厂将需要格外高的费用。因此，美国的农村污水治理主要指1万人以下的分散污水治理，大约服务全国1/4的人口。各级政府在农村污水方面的主要责任是制定法案政策，为村落式污水处理工程的建设和农村污水治理提供资金援助与保障。其中，联邦政府负责全国法案计划的制定、全国性项目的实行和建立污水治理项目基金；州政府负责制定区域的规章，并通过各种行政机构管理下属的农村污水处理体系；镇、市、村政府负责规划、批准、安装分散式污水设施和执行具体规定。

3.1.1　美国农村污水处理发展

1972年，美国国会颁布了全国第一个完整的清洁水法（The Clean Water Act-CWA，USEPA，1972）以响应公众对严重而蔓延的水污染日益强烈的担忧。1950年，美国农村就开展了分散式污水处理系统（Decentralized Wastewater Treatment System）的实践，目前，美国25%的居民家庭采用了该系统，污水处理量约占美国废水总量的10%，对美国农村水污染治理和水环境质量改善发挥了重要作用。1987年，美国国会通过了清洁水法的修正案，并增补了非点源污染的控制大纲。该修正案促使人们重视小社区的生活污水问题。在这个修正案颁布后，联邦政府专门拨款以寻找除传统集中处理系统之外的可行的污水处理办法，鼓励各州及地方政府在国家环境保护署的协助下，根据地方具体条件和地貌状况试用各类不同的分散处理系统。它的最基本的目标如下：消除污染物排入水环境；改善水质以便鱼类生存和人游泳。在今天的美国，仍然约有1/4的人口和1/3的新建社区在使用这种处理设施。实践证明在恰当的操作和管理下，分散处理系统在环境和经济上是可接受的且技术上是可行的。从此，分散处理系统对贯彻清洁水法所起到的作用也受到了重视。分散处理系统不再是暂时地安装而后逐步被集中系统所替代，而是作为其中一种永久性的选择来处理和再生利用生活污水，从而保护环境。同时，为了加强对分散式污水处理系统的运维管理，有效指导各州和地方开展分散式污水治理，美国环保局分别于2000年和2003年发布了《分散式污水处理系统管理指南》，提出了5种运行模式：业主自主模式，维护合同模式，运行许可模式，集中运行模式，集中运营模式。据统计，美国在城郊地区已经安装了约2500万套分散型污水处理系统，约有1/4的人口和1/3的新建社区在使用分散型污水处理设施，由分散型污水处理系统处理的污水量达到$1.7 \times 10^7 \mathrm{m}^3/\mathrm{d}$。对于分散型污水处理系统的应用，联邦政府没有任何强制性的法案命令或执行标准。美国国家环保局于 2002 年发布了《污水就地处理系统手册》，2005 年发布了《分散式污水处理系统管理手册》，引导地方政府和群众在适当的地方安装分散型污水处理系统并配合管理、维护。

美国现行的农村污水治理也存在一些问题：政府投入和参与组织的力度有限；居民自主投入的积极性和有效性难以得到保证；行政体系比较复杂，实施的效率不高；各州重视程度不一样。这些问题集中体现在这几方面：第一，美国分散污水治理在初期过度地依赖传统的土地处理系统，事实证明，很多土地并不适合建设污水处理系统，造成一系列的运行问题，包括对地下水产生新的污染；第二，美国家庭式的分散污水治理多数停留在户主自主阶段，由于户主缺乏专业的知识往往是在问题出现后才能发现，不能做到防患于未然，将损失降到最低；第三，美国目前实际上一个地区只授权一个公司从事分散污水的营运服务，难以有效地引进社会力量和市场竞争[1]。

3.1.2　美国农村污水处理政策依据

美国乡村和城市适用相同的污水治理法律。美国的法律法规大致分为三个层面：联邦政府、国家环保署及州和民族地区。在联邦政府层面，美国国会分别通过了《清洁水法案》《安全饮用水法案》及《水质量法案》，为其农村污水治理提供了依据[1]。美国越来越认识到乡村污水治理的重要性及其自身的独特性，在后期修订的法律条款内逐步增加了有关面源污染控制或者分散污水治理的内容，1987 年美国将治理面源污染的内容写进《水质量法案》[2]。这一法案规定联邦政府要为支持污水处理工程建设提供更多的财政支持，鼓励地方政府在国家环保署的协助下，根据地方具体条件和地貌状况试用各种不同的分散处理系统。

《清洁水法案》通过生活污水排放标准对农村污水处理设施进行监控、采用国家污染物排放消除制度（National Pollutant Discharge Elimination System，NPDES）对排入地表水的农村水处理设施实行排污许可证制度，使用最佳管理实践（Best Management Practices，BMPs）对水质受损流域内的农村面源污染进行控制，采用最大日负荷总量计划（the Total Maximum Daily Load Program，TMDL）对水质受损流域的所有农村污染源（点源和面源）制定排放限值，实行总量控制[3]。

3.1.3　美国农村污水处理项目建设管理

1. 资金保障

1987 年以前对于污水处理设施的建设费用大部分来自联邦拨款计划，该计划由美国国家环保局负责管理，每年给市政部门的拨款达数十亿美元。1990 年，在联邦拨款计划结束时，该计划分配给污水处理工程的资金已超过 600 亿美元。1987 年开始实施的《清洁水法案》要求联邦政府用分配给各州的拨款建立水污染控制工程的周转基金，各州提供 20% 的匹配基金用于支持污水处理以及相关的环保项目。这就是清洁水州滚动基金计划，用以代替联邦拨款计划。

1987 年的《清洁水法》授权联邦政府出资为各州设立一个滚动基金，其中各州需配套一部分资金（约为联邦政府的 20%）。该基金以低息或无息贷款的方式资助各州实施污水处理和非点源污染防治项目。贷款的偿还期一般不超过 20 年。所偿还的贷款以及利息再次进入滚动基金用于支持新的项目。1989 年以后，美国联邦、州级政府更多地采取低息贷款，而不是采用直接资助的方式帮助农村社区进行污水处理设施的建设与改善。联邦和州级政府共同建立水污染控制基金、农业部的废水处置项目都有责任为农村污水处理设施建设提供贷款与补助[4-6]。以水污染控制周转基金为例，美国在每个州都设立了相对独立的周转基金，联邦政府出款 80%，州政府匹配 20%，农村社区可以从周转基金中得到利率为 0.2%～0.3% 的长期贷款用于污水工程的建设（远低于 5% 市场利率），在获得充足的建设贷款以后地方政府需要通过地方财政或污水处理费的收入逐年还清这笔贷款。这种低息贷款方式既保证了地方政府能得到足量的资金进行污水处理工程的建设，又保持了周转基金长期积累与有效地运转。

2015 年，各州均已有比较完善的滚动基金计划，已向污水处理项目贷款 958 亿美元（分散式污水处理约占 4%）。1987 年《清洁水法》修正案 319（h）条款创设了非点源 319 部分资金项目，该项目向州、部落提供资助，用以支持消除非点源污染的示范工程、技术转移、教育、培训、技术支持和相关活动。该项目于 1990 年开始实施，截至 2014 年共提供资助 38.95 亿美元，年平均资助资金为 1.56 亿美元。

美国州政府也对分散式污水治理提供多种形式的资金资助。例如马萨诸塞州出台三项财政政策，支持分散污水治理设施的建设与运行。首先是贴息贷款项目，社区污水治理设施最高可以获得 10 万美元建设贷款。其次是为本地居民减免 3 年共 4500 美元的税收用于支付分散污水系统的维修费用。此外，社区污水系统综合管理计划（Comprehensive Community Septic Management Program）提供资金支持分散污水系统的长期维护。

美国在民间投资方面积累了丰富的经验。在民间投资方面，美国基础设施建设市场化融资主要以发行市政债券和建立从事基础设施建设的股份制公司为主。市政债券是由某一级政府或政府授权、代理机构发行的用于城市建设的有价证券，至今已有 100 多年的历史。在美国的市政融资中，参与市政债券投资的投资者一般都是本市或本州的普通居民。按还本付息的资金来源区分，美国市政债券主要有总义务债券、岁入债券、工业发展债券等。股份制公司是由若干发起人以股份制形式注册的公司，由该公司负责基础设施的筹资、建设、运营、偿还债务等。个人投资者的参与不仅有利于投资者参与城市化带来的利益，也有利于利用私人储蓄投资来分散市政开发的风险，同时也有利于公众对市政府和州政府的监督。在政府服务方面，美国还通过设立信息服务系统为民间投资提供服务，提高民间投资者投资的效率。美国有大量公共或私营的盈利或非盈利机构，如中小企业发展中心、退休经理服务中心以及商业信息中心，为中小企业提供有偿或无偿技术、培训、信息服务。这些机构遍布全美，信息充分，投资者只要去一个地方就能够获得所需的各种投资咨询信息的一站式服务，从而有效提高了民营小企业获取信息和投资决策的能力。

2. 美国分散式污水处理技术

美国的高效藻类塘系统是对传统稳定塘的改进，其充分利用菌藻共生关系，对污染物进行处理。正因其最大限度地利用了藻类产生的氧气，塘内的一级降解动力学常数值比较大，故称之为高效藻类塘。高效藻类塘较传统的稳定塘停留时间短，占地面积少；建设容易，维护简便，基建投资少，运行费用低；BOD$_5$、NH$_4^+$-N、病原体等去除效率高；若高效藻类塘后接的是高等水生生物塘，则其中的水生生物不但可以除藻，降低出水的 SS，而且能进一步去除水中的氮磷，同时收割的高等水生植物可以作为优良的饲料和肥料。

分散式污水处理系统是一种包括污水现场收集与就近处理的综合系统，主要用以处理家庭、小型社区或服务区产生的污水。根据处理规模不同，分散式污水处理系统可分为现场污水处理系统和群集式污水处理系统两类，具体如下。

现场污水处理系统（Onsite Wastewater Treatment System，OWTSs）。19世纪中叶，现场污水处理系统在美国大规模应用，适用于单个家庭的生活污水处理。该系统由化粪池和地下土壤渗滤系统（人工湿地或氧化塘）构成。污水流入化粪池经厌氧分解后，去除了部分有机物和悬浮物，后流入土壤渗滤层，经渗滤、吸附、生物降解等净化作用后流入潜水层。该系统对土壤的渗透性、水力负荷等因素有一定的要求。据估计，美国国土面积中仅有32%的土壤适用现场污水处理系统。

群集式污水处理系统（Cluster Wastewater Treatment System）。20世纪90年代后期，群集式污水处理系统逐渐在美国流行。群集式污水处理系统适用于多户家庭的生活污水处理，通过增加单独的处理装置，提高了出水水质。其基本处理流程为：污水经化粪池预处理后，通过重力或压力式污水收集管道，运送到相对较小的处理单元进行物理或生化处理，后经地下渗滤系统或氧化塘等土地处理系统后排放或回用。常见的处理工艺有：一是物理过滤法：单通道介质过滤器（Single-pass Media Filter）、循环介质过滤器（Recirculate Media Filter）、粗介质、泡沫或织物过滤器（Coarse Media，Foam，Textile Filter）等；二是生化法：固定膜生物膜法（Fixed film）、悬浮生长活性污泥法（Suspended Growth）等。

分散式污水处理系统具有以下特点：

（1）投资成本低、维护管理简单：通过采用自然型土地处理系统和小型的低成本集水管道，基建成本大大减少；土地处理系统和加强式处理单元的运行维护相对简单，无需专人值守。

（2）动力消耗小、符合生态友好要求：采用无动力或微动力的自然型土地处理系统及动力消耗较小的加强式处理单元；能持续补充地下水，实现了污水就地处理和就地回用；可以将土地处理系统营造成生态系统修复功能和湿地生态公园、教育园区，与流域管理措施灵活结合[7-9]。

（3）技术成熟、运行稳定：鉴于土地处理系统对现场的水文地质条件（渗透性、地下水位等）有一定的要求，分散式处理系统的工艺不断发展完善，多种处理工艺可供灵活选择，全面满足不同地区的出水要求。根据美国环境保护署统计，分散式污水处理系统常见处理工艺的出水水质见表3-1-1。

不同处理工艺的出水水质　　　　　　　　　　　　　　　　　表 3-1-1

指标＼工艺	化粪池	好氧处理装置	单通道介质过滤	循环过滤
BOD	100～150	30～50	2～15	5～15
TN	40～70	30～50	30～50	20～30
TP	5～10	4～8	4～8	4～8
粪大肠菌群（个/L）	106～108	104～106	101～102	102～103

3. 分散式污水处理运行管理模式

目前，美国国家环保署与地方政府以及一些非政府组织紧密合作，以环保署出台的管理指南和应用手册为基础，加强和完善对分散处理系统的管理监督，从公众教育和参与及资金到位等方面实施多方位的管理。根据当地的环境敏感度，以及所用的分散处理系统的复杂性，管理模式应有选择地加以灵活利用，从而达到最好的管理效果。州和民族地区立法则是在保证公众健康与环境保护的前提下，依据当地条件和流域一体化综合考虑做出决策；州和民族地区政府通过各行政部门来管理分散式系统，通常是由州或民族地区公共卫生办公室负责制定规章，由地区或者当地的州办公室来执行管理。以加利福尼亚州为例，在该州有 120 万个原位污水处理系统，州政府有标准图可供用户选择；实行污水排放许可证制度，私人建房时必须包含污水处理系统[10]。

20 世纪，美国政府把对污水处理设施建设的投资集中在大型的集中式污水处理系统上，忽视了农村分散式的污水处理。调查显示，美国仅有 32％的土地适合安装依赖于土壤的传统式分散处理系统，然而基于发展的压力，这类处理系统被安装在土壤条件不宜、土地坡度不适、离地表水太近或地下水位太高的地点，这些状况容易导致不利的水力条件和污染附近水源。而且，没有定期的检查和维护还造成固体物从化粪池溢流到吸收过滤场区以至堵塞整个系统。1995 年的调查数据显示，至少 10％的分散处理系统（约 2.20×10^6 个系统）已失去应有的功能，且这一比率在一些社区高达 70％。不适当的设计、过时的技术和管理的不善，使得化粪池系统已经成为对地下水的第二大威胁。

1997 年，美国国家环保署应国会的要求，对全国的分散型污水处理系统进行了详细的调研，全面分析了分散处理系统未能得到正确利用的 5 方面原因，即：缺乏对分散型污水处理系统的认识；缺乏必要的管理、维护、保养；不合理工程建设费用及责任额；立法和执法的局限；财政限制。但同时国家环保署明确地肯定：恰当管理下的分散处理系统可以成为一种保护公众健康和水质的长远且经济有效的途径。针对上述问题，美国国家环保署于 2002 年以来发布了一系列关于分散式污水处理和管理的指导性文件，加强对农村污水的治理。由于联邦政府继续让州和地方政府保留对分散污水处理的立法权和执法权，因此环保局认为有必要为这些机构提供既灵活又可行的指导框架，以便出台有地方特色的管理办法和机制。由此，环保署提出了 5 种管理程度逐步增强的管理模式：一是户主自觉制（Homeowner Awareness Model），适用于适合传统分散式系统的低环境敏感度地区，由户主负责系统的维护和保养，相关部门会定期为户主寄去保养提示及注意事项；二是保养合约制（Maintenance Contract Model），它针对低渗透性土壤等低度到中度环境敏感地区，由具有资质的技工和户主签订保养合约，并对系统提供保养服务；三是操作准许制（Operating Permit Model），适用于水源保护区等中度环境敏感地区，对户主签发限期的操作准许证，在分散处理系统尚符合要求的条件下，操作准许证可续签；四是管理实体操作和保养制（Responsible ManagementEntity Operation and MaintenanceModel），它针对特殊价值水资源保护区等高度环境敏感地区，把对系统操作的准许证签发给负责管理的实体，以保证系统得到及时的保养；五是管理实体所有权制（Responsible ManagementEntity Ownership Model），它针对极高环境敏感度地区，有管理实体拥有、操作并保养处理系统。这 5 种管理模式的管理程度随着处理系统的复杂性及其对周围环境的敏感性增加而增强。对于一个社区，能最恰当地控制潜在风险的管理模式是最适用的。管理模式的提出有助于通过利用合理的政策和行政程序来确定和统一立法机构，明确污水处理系统所有者、相关服务行业和管理实体的作用和责任，以保证分散处理系统在使用期内得到恰当管理[11]。

分散型污水系统管理项目的成功是基于各个管理实体的管理效果、规章法案的制定和执行能力。因此，在不同的管理领域（水域、县、地区、州或者民族地区）处理好各个管理实体之间的关系，对于提高项目管理的能力、达到污水处理系统有效运行、保护人体健康和水源安全的目的是非常必要的。美国主要的管理实体类型有联邦、州和民族地区的行政部门、地方政府的办事机构、特别目的区和公共事业实体以及私有运营管理实体等。联邦、州、民族地区和地方政府在开发和执行污水处理系统管理项目上具有不同的分工，它们共同的职责是颁布和执行与污水处理系统相关的法律法规，提供资金和技术支持，监督行政部门和其他管理实体对分散污水处理系统的管理工作。在联邦政府层面，国家环保局的职责是通过执行《清洁水法案》、《安全饮用水法案》和《海岸带法修正案》来保护水质。在这些法案下，国家环保署设立并管理许多与分散型污水处理系统管理相关的计划和项目，包括水质标准项目、最大日负荷总量计划、非点源管理计划、国家污染排放削减系统计划和水资源保护计划等。州和民族地区政府则是通过各种行政部门来管理分散型系统，通常是由州或者民族地区的政府办公室负责制定规章，由当地办公室来执行管理。

在许多州，地方政府承担着分散型污水处理项目管理的职责，通过不同的市、县或者区级行政部门执行当地的管理计划。县、镇、市或村级政府的规模、权利由当地州政府通过法律法规来界定。在管辖范围内，由接受过培训的全职卫生部门职员或者是由当地官员组成的委员会管理分散型污水管理项目。县级政府有责任进行分散型系统管理工作。县在其管辖范围内，可以制定分散型污水处理系统规定，或者对已有的州、市、镇、村的污水管理项目进行技术、资金和管理方面的资助。县可以通过正常的操作渠道提供这些服务，也可以成立一个特殊的部门为某一指定地区提供指定服务。镇、市或者村政府有计划、批准、安装分散型污水设施和执行相关规定的责任。由于州立法和组织结构的不同，管理能力、管辖范围以及当地政府管理分散型污水系统的权利也不尽相同，通常是根据当地政府的能力和管辖的环境来确定其最终的职责。特别目的区和公共事业单位是提供特别服务或执行立法授权等特殊活动的准政府实体，通常是依据州法律提供当地政府不愿或是不能提供的服务。特别区（例如卫生设施区）可以提供单一或多项服务，例如计划管理、开发、改善当地条件、安装饮用水和污水处理装置。这一实体的服务对象是多样的，包括单一社区、社区的一部分、社区群、整个县或者整个地区。州立法机构通常明确界定了特别目的区的权利、结构、执行范围以及服务领域、功能、组织结构、财政权利和操作标准。确保分散型系统得到有效管理的另一个重要组成部分是私人管理实体。这些实体的责任是设计、安装、操作和维护分散型系统。分散型系统项目管理的部门可以同具有资质的私人管理实体签订合同来完成草案制定等工作，比如位置评估、安装、监控、检测和维护等。私人营利性质的公司或者事业单位通过提供系统管理服务，帮助当地政府分担管理和财政的负担。这些实体通常由州公共事业委员会监管，以确保其能长期地以合理价格提供服务，通过签订服务协议来保证私人组织的财务安全、保质保量的服务和对客户长期负责。

3.2 日本农村污水处理经验

在日本的行政区划中，都道府县相当于我国的省级行政单位，其管辖的下级行政单位为市、町、村。日本的城市和乡村分别适用不同的污水治理法规体系，根据日本《水污染防治法》，地方政府可以根据当地水域的要求，制订各自的地方排放标准。各自治体根据各自的项目特点，制定分管行政区域内的生活污水处理计划，建设管网和处理设施。日本农业村落排水设施的建设和运营资金主要由各级自治体筹集，国家给予财政支持。乡村家庭生活污水分散式处理，采取谁污染谁出资和居民自行建设并运行管理的原则。

3.2.1　日本农村污水处理发展

20 世纪 50 年代，日本政府制定了《清扫法》，在 1958 年，日本通过了旨在推进下水道事业发展的《下水道法》，同年开始实施《水质保护法》《工业污水限制法》等法案，其目的在于改善城市公共卫生环境。

20 世纪 60 年代，《建筑基准法》出台，旨在规范乡村地区粪便处理的净化槽技术与设施。1963 年，日本政府公布了《生活环境设施整备紧急措施法》，并于当年开始了"第一次下水道整备 5 年计划"。

在 1970 年召开的被称为"公害国会"的日本第 64 次国会会议中，水质净化、水质保全成为日本社会发展的重要领域之一，日本的污水处理事业开始步入全面发展。1977 年日本实行农村污水处理计划。

1983 年，日本乡村污水治理的主要法律依据[12]《净化槽法》正式制定，全面规定乡村分散污水治理。1987 年，日本启动"合并处理净化槽设置整备事业"。

20 世纪 90 年代，在循环经济理念的指导下，日本政府重新调整污水处理政策，加快中小型污水处理设施的研究开发和应用，提高小城镇和没有排水系统的农村地区污水处理率。1994 年，启动"特定地区生活排水处理事业"，国家出台对于乡村个人家庭设置净化槽提供财政补助的政策。

2001 年和 2005 年，日本政府对《净化槽法》又分别进行了两次修订。

从 1965 年到 2006 年，日本生活污水处理率由 8% 上升至 82%。其中 1965～1985 年的 20 年间，生活污水处理率提高了 31%；1985～2006 年的 20 余年间，生活污水处理率提高了 43%。

3.2.2　日本农村污水法律法规

日本乡村污水处理法律、法规和制度，主要包括《清扫法》、《下水道法》、《建筑基准法》、《净化槽法》，以及配合《净化槽法》实施的"合并处理净化槽设置整备事业"和"特定地区生活排水处理事业"。

为了改善城市公共卫生环境，日本政府开始在全国范围内进行污水处理设施的建设，在此背景下颁布实施了《清扫法》和《下水道法》。

《建筑基准法》，旨在规范乡村地区粪便处理的净化槽技术与设施。主要内容包含小规模家庭用净化槽的推广，净化槽构造标准的制定，玻璃纤维强化塑料（ERP）制净化槽的大量生产。

随着净化槽的大范围推广使用，主要法律依据《净化槽法》正式制定，其主要内容包括净化槽的制造、设置、维护检修及清扫；净化槽设置企业、管理企业的登记制度；净化槽清扫企业的资格；国家资格（净化槽设备员、净化槽管理员）。

合并处理净化槽设置整备事业，市町村对个人家庭设置净化槽进行财政补助时，由国家给予该市町村补助标准额度的 1/3。该事业原由厚生省管辖，后改为环境省管辖。

特定地区生活排水处理事业，市町村主导的净化槽区域建设事业，国家给予1/3的财政补助，由市町村建立公营企业，实施净化槽的维护管理，个人家庭负担约为1/10。

之后对于《净化槽法》的两次修订，分别规定了新建净化槽必须采用合并处理方式，及污水处理标准。

《下水道法》和《净化槽法》的实施方式、组织机构和责任主体的规定见表3-2-1。

日本《下水道法》和《净化槽法》的实施方式、组织机构和责任主体　　　表3-2-1

		流域下水道	2个市町村以上区域的下水处理，由县级政府管理		国土交通省
下水道法	集中污水治理	公共下水道。属于市町村内的下水排放处理，由市町村管理	城市公共下水道（城市规划事业）	单独公共下水道	市町村独自处理
				流域下水道	连接到县级流域下水道干线
			特定环境保护公共下水道（主要指农山渔村，规划人口1万人以下）	单独公共下水道	市町村独自处理
				单独公共下水道	连接到县级流域下水道干线或单独公共下水道
净化槽法	村落排水设施	农业村落排水设施	农村振兴区域内，规划规模20户以上，人口大约1000人以下		农林水产省总务省
		渔业村落排水设施	渔业村落，规划人口约100～5000		
		林业村落排水设施	林业振兴区域内，原则20户以上，通过林业区域综合治理事业实施		
		简易排水设施	山村地区等3户以上20户以下		
		小规模集合排水处理设施	10户以上20户以下，地方单独事业		
	家庭设施	家庭粪便废水治理	在集中处理区域的周边地区实施		环境省
		特定地域生活排水处理设施	以饮用水水源地保护为目的	市町村设置	
		合并处理净化槽	个人家庭设置时，由市町村补助	个人家庭设置	
		集体宿舍处理设施	依据《废弃物处理法》设置，服务人口101～3000人		

在此基础上，各法律法规和制度还出台了相应的技术指南，有《下水道设施计划、设计指针和解说》、《小规模下水道计划、设计、维护管理指针和解说》、《农业村落污水处理设施设计指针》和《净化槽的结构标准及其解说》等。

3.2.3　日本农村污水处理项目建设管理

1. 日本农村污水处理项目建设

日本农村污水处理由行政机关、用户以及行业机构共同参与完成。行政机关主要负责污水治理设施的审批、监督和管理，并针对不同情况分别给予技术指导。主要有下水道、农业村落排水设施、净化槽三种建设方式，分别归属国土交通省、农林水产省和环境省管辖。

日本分散污水处理设施的组织实施更强调用户、第三方行业机构以及专业性行业协会与培训机构的重要作用。作为第三方的行业机构，包括设备制造公司、建筑安装公司、运行维护公司和污泥清扫公司，均需取得相应资质，从业人员必须通过培训和考试获取相应的专业资格证书。

2. 日本农村污水处理技术

日本农村污水处理设施属于净化槽法的范畴，设施的技术指南以上述《净化槽的结构标准及其解说》为基础[13-15]。但净化槽处理设施的对象主要是单个家庭供 5～10 人使用的设施，大多为服务人口在 20 人以下的独户处理设施。以独户处理为目的的合并净化槽基本上是用 FRP 等塑料材质，脱氮型为厌氧、好氧滤床循环工艺，脱氮除磷型为脱氮型与电解除磷法的组合工艺，这些在琵琶湖等拥有封闭性水域的部分地区应用比较普遍。农村污水处理设施以净化槽的结构标准为基础，作为更加具体的处理技术的技术指南，编制了《农业村落污水处理设施设计指针》。

农村污水处理事业数据文件显示，至 2010 年，共建设净化槽 5100 座[16]。从处理方式判断，进行脱氮或除磷的约为 1700 座，同时进行脱氮除磷的约为 400 座。净化槽主体工艺如下：

厌氧滤床-接触曝气-絮凝沉淀工艺：通过厌氧滤床和接触曝气池的组合，可实现较好的脱氮除磷效果。该工艺对 TN 的去除率为 60% 左右，对 TP 的去除率＞90%。

厌氧—好氧工序相结合的序批式活性污泥工艺：该工艺多用于污水进水变动大、处理设施占地面积受限的情况。特别是小型设施，污水的进水量往往受到家庭一天中排水量变化（通常是早晨和晚上为排水高峰的双峰型）的影响。对 TN 的去除率＞70%，对 TP 的去除率＞90%。

连续进水间歇曝气—絮凝沉淀工艺：在曝气池反复进行曝气（好氧）及搅拌（缺氧）工序，通过反复的硝化和反硝化进行脱氮，基本上相当于上述厌氧-好氧工序相结合的序批式活性污泥工艺的连续进水模式。但与序批式相比，摄取了磷的污泥无法充分地被隔离到系统外，因此除磷部分由絮凝沉淀工艺完成。该工艺对 TN 的去除率＞70%，对 TP 的去除率＞90%。

深度处理氧化沟-絮凝沉淀工艺：采用一般氧化沟工艺的反应池，停留时间 24h，好氧和缺氧运行时间比例为 1∶1。通过硝化和反硝化进行脱氮，除磷则由絮凝沉淀完成。对 TN 的去除率＞70%，对 TP 的去除率＞90%。

膜分离活性污泥工艺：该工艺前段设置缺氧池，后段设置好氧池，通过硝化、反硝化进行脱氮处理，除磷则通过絮凝沉淀来完成。膜工艺用膜池替代了沉淀池，反应池内的微生物浓度是普通活性污泥工艺的 4 倍左右，可实现紧凑型设计。此外，该工艺可实现稳定的脱氮效果。与其他工艺相比，膜的药液清洗等维护管理更为复杂。该工艺对 TN 的去除率＞80%，对 TP 的去除率＞90%。

日本在农村地区推广分散型生活污水处理技术，大多采用简易的间歇曝气工艺，每周进行 1～2 次的运行管理即可维持，且极少采用同时进行生物脱氮及除磷的处理技术。

3. 日本农村污水处理项目资金来源

为了推动乡村污水处理事业的发展，日本中央政府的各省厅（环境省、国土交通省、农林水产省）先后推出了补助制度。日本的农村污水治理由政府行政机关、第三方机构（各类企业和 NGO 组织）和用户共同承担责任。对于不同类型的污水处理模式，日本政府采取不同管理与补助办法。村落公营的污水处理工程（即村落规模的污水处理站和公共污水网管）由农林水产省和总务省负责管辖，建设费用由各级自治体（市、町、村）筹集，国家给予一定的财政支持，并以向用户收取基础水价加阶梯水价的方式回收全部运营成本和部分建设责任。小规模下水道及大部分农业村落污水处理事业的设定主体及管理主体是地方公共团体（地方自治体），而净化槽则大部分是个人。一部分净化槽是为了推动生活污水处理的全面完善，由市町村负责净化槽的安装及管理公共（市町村）设置型净化槽。安装这类净化槽时，居民仅负担实际费用的 1/10 左右，维护管理的所需费用也和污水处理费一样分担。

4. 日本农村污水处理设施管理

日本净化槽的维护管理体制见图 3-2-1。

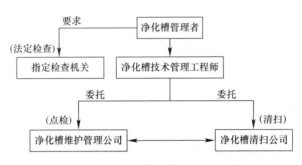

图 3-2-1 净化槽的维护管理体制

日本农业村落排水项目根据地域环境资源中心（JARUS），提供 JARUS 型处理设施技术标准予以实施，JARUS 开发了 31 种适用于农村地区的污水处理方案即 JARUS 型处理设施，并公开相关技术参数、运维管理手册等技术信息，帮助市町村等项目实施主体设计、施工等过程的规范化、标准化。目前农业村落排水处理设施的 95％采用了 JARUS 型处理方式。

农业村落排水设施的运行成本，分为用于建设的发行债券本息偿还金（建设资本费）与通常管理所需的经费（维护管理费）两大类。这些经费由于作为公营企业的性质，原则上和下水道事业一样由使用者交纳费用来维持。但是，资本金与维护管理费被认为应由公费（一般会计支出金）负担，所以是地方交付税（转移支付）措施的对象。关于维护管理费，根据《净化槽法》，属于维护检修、清扫、法定检查所需的费用，根据排水面积及排水人口，适用地方交付税措施。

统计数据显示，日本村落式处理工程建设成本回收率为 26％，分散式家庭净化槽的回收率则可达到 57％。在条件允许的情况下，从污水设施的生产到建设到运营到清洁维护等工作都由各类第三方的行业机构负责，用户则必须通过支付排污费或者向第三方服务公司购买服务的方式为自己的排污行为负责。这种专业化和标准化的服务体系在很大程度上保证了日本农村污水治理的质量与效率。

3.3 韩国农村污水处理经验

3.3.1 韩国农村污水处理发展

韩国是亚洲工业化起步较早、现代化程度较高的国家之一。在其工业化、现代化进程中不可避免地出现了一些环境问题，水污染便是其中较为突出的一个方面。由于人口的增长，钢铁、汽车、化工等重工业的迅速发展，70 年代韩国的主要河流汉江、络东江、锦江等都受到了不同程度的污染。

针对农村所在地的水环境保护重要程度，将新建农村排水系统的顺序标准划分为 5 个等级，将改造已有农村下水道的顺序标准划分为 8 个等级，并依此制定相应的建设计划[17]。韩国政府于 1970 年开始组织实施新农村建设与发展运动（简称"新村运动"），在经济、社会均衡发展和人与自然协调发展方面取得了显著的成效。其中新村运动的第一阶段主要内容是农村基础设施建设。

但随着现代化的推进，在韩国政府、企业和公众的共同努力下，水污染防治工作已取得很大成效，水环境状况明显改善。韩国水污染防治方面的法律法规相对比较完善，数量众多，包括中央的法律、总统令、总理令和部门法规，以及汉城特别市、各直辖市及各道的地方性法规规章等[18]。

3.3.2　韩国农村污水法律法规

韩国农村排水系统的建设也是一个逐步完善的过程，表 3-3-1 列出了相关法律和管理制度的演变情况。考虑到农村的特点，韩国对农村的水污染控制专门制定了相关的规定，这些规定确保了农村水污染控制的有效进行。

韩国农村排水系统相关的法律、制度和规定　　　　　　　　表 3-3-1

年份	相关法律、制度和规定
1966	制定《下水道法》
1973	征收排水系统使用费
1982	制定排水系统整顿基本计划
1994	为实现水质管理一体化，将排水系统事务由下水道建设部向环境部移交
1996	将简易污水处理设施改名为农村排水系统
1997	将农村排水系统划入到公共排水系统体系中，将建设排水系统认证权移交给当地
1997	制定农村排水系统统筹方针
1999	明确农村排水系统基本计划
2001	修订《下水道法》
2002	修订农村排水系统统筹方针（制定了农村排水系统实施计划，规定了关于实施、运行、管理的详细步骤与工作要领）
2007	修订《下水道法》

3.3.3　韩国农村污水处理项目建设管理

1. 韩国农村污水处理项目建设

韩国农村排水系统建设由多部门进行，包括韩国行政自治部、农林部和环境部，根据主要工作内容，都有相关的建设内容，但具体的内容统筹考虑，相互补充协调。表 3-3-2 为韩国农村排水系统的管理部门和相关工作[19,20]。

韩国农村排水系统管理部门和相关工作　　　　　　　　表 3-3-2

计划名称	农村居住环境改善计划	农村生活环境整顿计划	排水系统建设计划
建设部门	韩国行政自治部	韩国农林部	韩国环境部
依据法律	《农村住宅改良促进法》	《农村整顿法》	《下水道法》

计划名称	农村居住环境改善计划	农村生活环境整顿计划	排水系统建设计划
农村排水系统主要建设对象	作为农村排水系统建设计划的一环，主要建设对象为50～500m³/d的水污染控制设施	作为农村文化整顿计划的一环，主要建设对象为50～500m³/d的水污染控制设施	作为水质改善计划的一环，主要建设对象为50～500m³/d的水污染控制设施

由于资金有限，需要建设和改造的项目非常多，韩国将建设和改造农村排水项目进行了重要程度和紧迫性排序。这样大大增加了资金的使用率，将有限的资金用于解决最重要的问题，起到事半功倍的效果。详见表3-3-3和表3-3-4[21-23]。

新建农村排水系统的顺序标准 表 3-3-3

建设优先次序	范围
1	水质污染总量控制地区，上水源保护地，生态保护区，退化水域沿岸地区，湿地保护区，国立公园，道立公园
2	在第一位中没有被《下水道建设基本计划》反映的地区八堂湖水质特别保护区中不属于上水源地的地区
3	水质标准特别保护地区中
4	清净海域（Bluebelt 地区）
5	其他地区

注：Bluebelt 地区，即清净海域地区，主要是为了保护水产养殖业而设立的禁止建设有毒工厂、禁止油船通过的海域。根据 1972 年签署的《韩美出口贝类卫生协议》中与出口贝类生产、管理、质检等有关规定而设立的。

改建已有农村下水道的顺序标准 表 3-3-4

建设优先次序	范围
1	水质污染总量控制地区，供水水源保护地，生态保护区，退化水域沿岸地区，湿地保护区，国立公园，道立公园
2	在第一位中没有被《下水道建设基本计划》反映的地区八堂湖水质特别保护区中不属于上水源地的地区
3	水质标准特别保护地区中采用土壤渗透法工艺的设施
4	水质标准特别保护地区中需要增加消毒设备的设施
5	水质标准特别保护地区中需要对机械进行改良设施
6	水质标准特别保护地区中
7	清净海域（Bluebelt 地区）
8	其他地区

注：Bluebelt 地区，即清净海域地区，主要是为了保护水产养殖业而设立的禁止建设有毒工厂、禁止油船通过的海域。根据 1972 年签署的《韩美出口贝类卫生协议》中与出口贝类生产、管理、质检等有关规定而设立的。

2. 韩国农村污水处理技术

针对农村污水水质特点和水量，韩国农村地区选择了多样的污水处理工艺，按采用数量多少排序分别为：生物膜法、高效组合工艺、深度处理工艺、SBR法、A/O法和土地处理工艺，其中，生物膜法以及以其为核心的高效组合工艺是韩国农村污水处理工艺中的最常用工艺，时下韩国比较流行一种自然与生态相结合的 NEWS 处理工艺（Natural and Ecological Wastewater treatment System），化粪池—厌氧生物滤池—上下流人工湿

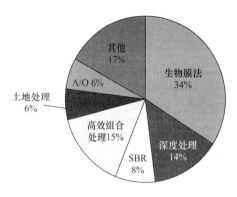

图 3-3-1　韩国农村污水处理主要工艺[19]

地组合工艺对 N、P、COD 去除率在夏、冬两季分别可以达到 45.94%、48.65%、98.47% 和 27.93%、23.78%、86.45%，该工艺运行效果好，维护简单，被认为是一种行之有效的农村污水处理工艺[17]。对 1149 座韩国农村水污染控制设施所采用的工艺的调查显示，农村地区采用的污水处理工艺按采用数量多少排序分别为：生物膜法、高效组合处理工艺、深度处理工艺、SBR 法、A/O 法和土地处理。其中生物膜法处理工艺由于管理方便、出水水质比较稳定、污泥产量低等优点，在数量上优势明显，达到 34%（图 3-3-1）[19]。

3. 韩国农村排水系统管理

韩国《下水道法》（2007 年修订）中，将农村排水系统定义为以自然村落为单位设置的、以防止农村地区水质污染为目的，处理设施处理量为 500m³/d 以下的公共排水系统。

（1）韩国农村排水系统的管理模式

韩国的农村排水系统管理模式主要分为地方自治政府直接管理和委托管理（韩国农村排水系统的建设和管理）。

地方自治政府直接管理：由各地方自治政府统筹管理、运营辖区内的农村排水系统。该管理模式的全国平均比率为 32.8%。据统计，进行统筹管理的设施主要是一些可以实现无人操控的自动化设施。

委托管理：各地方自治政府将其负责运营管理的污水处理设施委托专业管理企业来管理。该管理模式的全国平均比率为 67.2%。

从目前的趋势看，两种管理模式的优缺点见表 3-3-5。

两种管理模式的优缺点　　　　　　　　　　　　　　　表 3-3-5

管理模式	优点	缺点
地方自治政府直接管理	降低人工费 出现事故时追究责任明确	① 由于管理人员专业化程度差而导致管理不善 ② 政府负责工作过多导致人手不足 ③ 政府内部管理效率低 ④ 发生紧急状况时无法投入临时人力，增加了监督管理工作的强度
委托管理	① 交由专业机构运营管理效率高 ② 发生紧急状况时易于快速采取措施 ③ 拥有专业人才，管理相对专业	

针对已取得的经验，韩国提出了有效的农村排水系统运行管理体系，在此体系中的各方关系见图 3-3-2[22]。

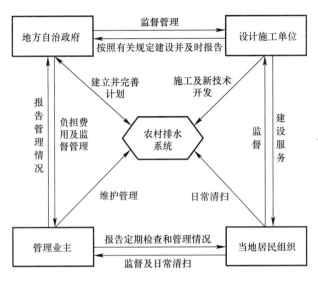

图 3-3-2　韩国农村排水系统运行管理体系

在韩国农村排水系统运行管理体系中，中央政府起着指导作用，地方自治政府起着具体的实施作用。中央政府首先以 20 年为单位制定排水系统建设基本计划。地方自治政府在中央政府环境部门的许可下，以 5 年为期对基本计划的适用性进行考察及修改，并切实按计划进行污水处理设施建设，选择具有专业资质的设计施工单位，并在设计、建设、施工阶段对于方案的选择、建材设备的选购、施工质量等方面进行监督。

（2）农村污水处理设施管理

污水处理设施建设完成后，以前常由地方自治政府进行管理（管理人员均为公务员）。但目前以委托管理为主，地方自治政府选择并委托专业管理企业对污水处理设施进行运行管理。同时定期对这些企业进行评估，以督促他们完成管理任务、提高自身技术水平。专业管理企业通常只负责技术含量高的工作，其他诸如清扫等工作交由当地居民组织完成，这样不仅可以节约运行成本，还能促进居民的参与程度，提高居民对污水处理设施重要性的认识。因此，根据韩国的经验，政府的作用和居民的监督参与是农村排水系统建设和管理顺利进行的重要保障。

韩国农村排水系统设施委托管理的特点如下：

① 通常同一管辖区域内的污水处理设施主要采用统一的工艺，且有同一管理业主进行管理（地方自治政府直接管理或委托专业公司管理）。根据韩国《下水道法》（2007 年修订），$50m^3/d$ 以上排水系统须设专人管理。

② 建设以大型污水厂为中心的远程自控系统。目前，在韩国的农村污水处理设施中，尝试采用远程控制实现对小型处理设备的远程操作。通常是以某个大型的污水厂为中央控制中心，而对其周边的各个小型的农村污水处理设施进行统一检测、管理、运行。这样的远程自动控制，使管理人员不用常驻在污水处理设施处，可将分散的、多样化的设施进行标准化、高效率的管理。使得原来需要在每一个设施安装的运行管理设备减至最低，从而大幅度降低成本。

③ 污泥进行统一收集处理。农村排水系统产生的污泥不是由各个污水处理设施自行处理，而是分别贮存后运到指定的污水厂进行统一的污泥处理，这样确保了污泥处理处置

的经济性和安全性。

3.4 英国农村污水处理经验

3.4.1 英国农村污水处理技术发展

200 多年前开始的第一次工业革命促进了钢铁、煤炭、化工和其他行业的繁荣，推动了英国经济和社会的发展。与此同时，对于废料处理和运营管理的疏失，也导致了化学废料流入土壤或者直接排入地下，带来非常严重的土壤及地下水污染问题。英国在污水治理方面走过先污染，后治理的道路。19 世纪中期，英国开始改变直接向河流排放废水的做法。1864 年在伦敦城内由西向东沿泰晤士河各修了一条巨大的下水道，把废水引到泰晤士河入海口处排放，让海潮带走废水。目前仅泰晤士河沿岸 9018 个排放点皆获得了排放许可证，英国环境署根据每个排放点水流稀释程度和污水流入密度不同，为每一个排放点量身制定了特定的水质排放标准。

与大多数其他欧盟成员国不同，英国的供水和污水处理行业都是私人所有，因此利润和环境问题都是改善流程的动力因素。在行业私有化之前，基础设施分散，包括大约 29 个河流管理局，198 个供水公司和 1393 个污水处理机构。1973 年"水法"的通过促进了为英格兰和威尔士服务的 10 个水务局的建立，提供饮用水并提供污水处理和处置。10 个区域水务局的制定允许对水资源管理采取越来越全面的方法，重点是整个流域集水区，而不是孤立的离散水体。大约 98% 的英国家庭与 10 个私人区域供水和污水处理公司拥有和运营的主要污水管网相连。来自这些家庭的污水通过主干道系统运输到 STW，并按照环境监管机构规定的排放许可进行处理。未连接的 2% 家庭的分布目前尚不清楚，但很可能由于人口密度较低和历史上缺乏污水基础设施，许多这些房产将位于农村地区。

当今，英国很多农村采用分流式污水处理办法。一是多样性污水分类处理系统。将污水分为雨水、灰水和黑水，其中灰水指厨房、淋浴和洗衣等家政污水，黑水是指经真空式马桶排放的厕所污水。居住区屋顶和硬质地面上的雨水被雨水管道收集，并汇入附近的地表水或者导入居住区内设置的渗水池。该渗水池属于小区的绿化设施，经过特殊的造型和环境设计，表面看起来是景观的一部分，池底是用砾石等材料，使池中的雨水自然下渗并汇入地下水，在暴雨或者降水量丰富的情况下，还可以把雨水导入相连接的蓄水池，进入自然界的水循环。灰水则通过重力流管道流入居住区内植物净水设施进行净化处理。二是分散市政基础配套设施系统。一些偏远的农村并没有接入市政管网，那就在这些农村建设先进的膜生物反应器，平时把雨水和污水分开收集，污水经过膜生物反应器的处理，达到净化的效果。这个系统大大降低了污水处理的成本，在这个过程中还产生有价值的副产品氮气，增加当地土壤肥力。三是 PKA 湿地系统。这个湿地是由介质层和湿地植物组成，用于农村污水收集到沉淀池后，经过湿地的四层过滤筛化，达到污水变灌溉水的效果，在这个过程中，集合应用了生物、物理和化学三大反应，无需药剂添加，最大程度地保护了环境[23]。

3.4.2 英国农村污水处理相关法律法规

英国对农村和农业环保的重要性的认识是随着历史的发展和经济、科技的进步日益加深的。在英国，第一个明确指出面源污染的官方文件是 1989 年欧盟委员会提出的一个直接建议，提出水质问题是由农田与城市硝酸盐的释放引起的。近年来面源污染研究的基本内容主要集中于农田管理、滨岸流域管理、畜产禽废物管理、农药化肥管理等。

1973 年，英国根据当年通过的《水资源法》设立了 10 个公立水业管理局，负责制定水资源法规、管理水资源利用、提供清洁饮水、处理污水、保护水体。1989 年通过的新版《水资源法》拉开了英国水业私有化序幕，实现管理和经营分家：组建国家河流管理局，负责水资源管理、污染控制、防洪、渔业、航运、环保等；在英格兰和威尔士成立了 10 家水业集团，不仅负责提供清洁饮水，还负责处理污水，这 10 家集团都是上市公司，其下水道总长 35 万公里，每天的废水流量为 1000 万吨。英国与污水处理相关的法律大多数是对欧盟相关指令的解释。在英国最重要的是《水资源法案》（1991）和《环境法案》（1995）。2003 年，通过最新修订的《水资源法》，该法对污水处理标准的规定更加严格。

英国法律规定，工业废水由企业自行处理，在达到规定排放标准后才能排入河流。没有能力自行处理废水的企业可将废水排入污水处理厂集中处理，但要交纳排污费。英国的生活污水及农村污水由水业集团负责处理，居民缴纳的水费包括清洁自来水使用费，以及相等水量的污水处理费。英国水业管理局预测，2007～2008 年度，英国户均水费支出为 312 英镑，其中清洁自来水使用费 150 英镑，污水处理费 162 英镑[24]。

3.4.3 英国农村污水处理项目建设管理

1. 英国农村污水处理项目建设

英国主管污水处理的政府部门是环境、食物和农村事务部，具体负责监管水业公司污水排放情况、记录水污染事件等。采取执法行动的部门是环境署，而水业领域的行业协会是英国水业协会[25]。

2. 英国农村污水处理技术

（1）深井活性污泥处理技术

该处理装置主要由一个直径 5.7m、深 6.0m 的直井组成。直井由一道隔墙均分为二，此外还包括一个用于脱气的二次曝气室和一个最终沉淀池，直井的两部分又被混凝土墙分隔为上下行水道，由这些水道完成水流的初级生物处理。整个井内处理过程如下，经过过滤的井口污水与循环使用后的一部分污泥混合后，进入下行水道，在井下 30～35m 处空气通过可调式喷气管喷入井内，再由循环水流带至井底，污水在井内静水压力作用下与溶解氧接触混合滞留 3 小时后，送入二次曝气室，最后进入最终沉淀池，处理后的水质，可以满足要求，此法有较好的节能效果。

（2）硝化法处理技术

该法是污水首先由设置在地下的充氧器氧化，然后进入硝化生物悬浮床进行硝化处理。此法的运行费用比惯用的活性污泥法高，但基建费用相应减少了一半。

（3）树脂离子交换处理技术

该法是采用强碱基因离子交换器，用树脂中非可溶性离子取代污水中的可溶性离子，可用于城市污水处理的去氮和去磷。

（4）膜渗滤处理技术

该法是采用横流式薄膜渗滤器，主要设备是一个旋转的膜渗滤器，内部有一个高分子材料空心圆桶，桶的侧壁上有无数个直径为 $0.2\mu m$ 的微孔，这些微孔约占滤膜体积的 70%。滤膜可使水分子通过，但将污染物截住，每个滤膜渗滤器大约有总长为 30km 的过滤通道，水分子在泵压作用下通过渗滤器，而水中的污染物被拦截在圆桶内，并用压缩空气排出。

（5）浮式净化处理技术

该法专用于污泥净化，它是利用水能使污水旋转并去除剩余污泥，可用于氧化塘，净化设施由计算机控制操纵，可直接安装于氧化塘内，而不妨碍氧化塘的正常运行[27]。

3. 英国农村污水处理设施管理

（1）泰晤士河治理案例

对于泰晤士河的治理，英国成立了治理专门委员会和水务局（公司），对整个流域进行统一规划与管理，提出水污染控制政策法令。1850～1949 年，英国政府开始第一次泰晤士河治理，主要是建设城市污水排放系统和河坝筑堤。1950 年至今进行了第二次污染治理，不仅重建和延长了伦敦的下水道，还建设大型城市污水处理厂，加强工业污染治理，采取对河流直接充氧等措施治理水污染。目前，全流域建设污水处理厂 470 余座，日处理能力为 360 万吨，几乎与给水量相等。泰晤士河沿岸的生活污水都要经过污水处理厂处理才能排放到河中，污水处理费用计入居民的自来水费中。

在泰晤士河的治理中，科学技术的作用同样得到高度重视，尤其是泰晤士河的第二次治理。科学研究帮助水务局制定合理的、符合生态原理的治理目标，根据水环境容量分配排放指标及时跟踪监测水质变化。经过 100 多年的综合治理，特别是 20 世纪 60～70 年代的高强度治理，泰晤士河已成为国际上治理效果最显著的河流，也是世界上最干净的河系之一。1955～1980 年间，泰晤士河总污染负荷减少了 90%，河流水质已恢复到 17 世纪的原貌，100 多种鱼重返泰晤士河[27]。

（2）默西河治理案例

默西河初期治理方案：第一，修建更大容量的下水道来集中处理污水，加强基础设施的建设满足大规模污水排放的要求；第二，使用工业废水进行农地灌溉，以此替代现有的污水排放方式。当时的工业废物中只含有很少的有毒成分，而且制革的废水和酿酒的酒糟比城镇的污水含有更多的氮，因此委员会把污水灌溉和禁止向河流倾倒生活污水或工业废水结合起来；第三，对生产含有危害人体的有毒化学物质的企业进行严格检查，严禁这类企业的污染源排放进河流。主要是涉及生产肥皂、染料、草酸、苏打碱的化工企业，这些工厂排放的废液中含有砷等有毒元素；第四，用污水渗井系统取代冲水厕所系统，把排泄物粪化，并作为化肥用在农业种植上。

后期，工程建设一条 28km 长的地下污水管道，取代过去从利物浦直接排放到默西河 28 根老旧的下水管道。并且在这条新的排水管道中段，投资 5000 万欧建造桑德码头污水处理厂，其日处理污水的能力达到每天 9 亿 5 千万升，最后排出的水质完全能达到欧盟和英国法律的标准。又在戴维胡姆、沃灵顿、威德尼斯、希尔豪斯、法扎克利、安斯代尔等多地建设多个大型污水处理厂，大幅减少水中氨的指标，保证水中氧气的供应量。在利物浦、伯肯黑德和布朗巴勒大量引入生态工程技术，例如芦苇床处理系统，这是一种人工种植芦苇的湿地污水处理工艺，利用优越的水土气交换能力和芦苇根系发达的净化能力等生态效应，使流经种有芦苇的污水产生自然的去污作用，达到对河水干净的效果[28]。

3.5　德国农村污水处理经验

3.5.1　德国农村污水处理发展历程

德国国土面积 35.7 万平方公里，居民 8200 万，仅柏林、汉堡、慕尼黑三个城市人口超过百万，70％以上的居民生活在人口低于 10 万的城镇，多数居民居住在 1000～2000 人规模的乡村。

根据经合组织（OECD）对"以农业为主的地区"的定义，德国农村地区占全国国土总面积的 29％，占全国总人口的 12％和占全国 GDP 的 9％；根据德国的分类，农村地区占全国国土面积的 59％，占全国总人口的 27％，对 GDP 的贡献率是 21％。德国作为欧盟主要的成员国，农业和农村发展首先需要符合《欧盟共同农业政策》（CAP）的要求[29,30]。

德国政府多年来不遗余力地实施一项旨在缩小城乡差距的村庄更新计划，这项计划重点突出以人为本的理念。早在 1954 年，西德政府颁布《土地整理法》就提出了村庄更新的概念，1976 年，又对该法进行了修订。其后德国在进行新农村建设时，特别重视规划工作，规划一般由地方社区进行引导。由相关人员制定合理的农村综合发展规划，内容包括发展目标、实现途径以及需要优先发展的项目等，规划由相关主管部门审批后实施。德国农村经历了两个转型期，即从最初传统农村的基础设施建设为重点逐渐转向保持活力和特色的现代化新农村建设方向发展，再到生态农村的转型。近年来，在全球重视环境保护的背景下，德国更是将大力发展城镇建设提到重要位置，并将其纳入农业改革发展的六年规划，主要进行农村基础设施改建，整治河道，恢复自然，为居民提供教育、卫生、邮电、交通、能源等多方面的保障，达到与城市相当的水平。

德国农村的面貌基本由森林、草地和别墅群构成，绿化率和生态景观都优于城市，基础设施如上下水、电力、通信、交通等应有尽有。德国乡村型地区土地面积广阔，分布着各类开放空间、个体农场和分散居民点，只有少部分地区（约 20％以下）是集中建设区域。乡村型地区的村庄分布较为分散，规模小、人口密度低。德国农村发展还兼具有保护自然资源（特别是物种的多样性）、水资源、气候和土壤及美化乡村景观、为人们提供舒适的生活、休息场所等功能[29,30]。

3.5.2　德国农村污水处理发展

在德国，基础设施的供应水平一直被作为衡量区域发展是否平等的重要标准。在 20 世纪 90 年代以前，德国农村污水均主要采用的是工业化集中式处理方式，以体现联邦宪法规定的"德国公民应该享受平等的生活条件"原则，即将每家每户的污水通过排水管道连接到镇区下水道主干管上，再将污水收集到中央污水处理厂进行集中处理，这样做除了成本很高以外，还带来污水处理之后的大量沉淀物和废物对环境造成压力，富含营养物质的元素氮、磷、钾持续不断地流入受纳水体，水生物、鱼类因缺氧而衰亡，水和营养物质的自然循环过程被人工技术打断，造成水体富营养化。污水处理系统根据综合规划进行布局，由市政部门统一管理。

分散式污水处理系统早在 20 世纪 80 年代被德国提出，进入 21 世纪以后，分散式污水处理技术逐步成熟，集中式处理开始被分散式污水处理方式所代替。这种污水处理技术尝试着把生活污水按照污水的来源和质量分开，之后针对每个单支的特点选出最适合有效且生态的方法进行处理[31,32]。在具体实施过程中，德国根据自身发展的实际情况因地制宜进行污水处理设施的设计，根据地理位置和地形特征采取上游优先原则，明确划分区域边界，充分考虑进水水质的情况和出水要求，结合集中污水处理设施的优势，加强分散式污水处理系统，处理能力使其更符合时代的需求。同时，分散式污水处理设施的建设也是基于当地条件的原则，例如在平原和高原上使用平流或地下湿地，即清洁水和环境景观的净化；丘陵地区垂直流人工湿地利用率最高，优点是使河道截水和过水区域明显增加，营造了良好和谐的生态环境。与集中式污水处理相比，分散式污水处理降低了污水处理的技术难度，在城镇污水处理的实施中效果最为显著；此外，这种分流处理的设想也完善了住区内营养物质的循环过程、把资源消耗降到最低、避免造成环境压力，并且在工艺方面获得了独到的经验，使得污水处理工艺在城镇污水处理的过程中得到不断的改良。到 20 世纪末，德国已建成地下污水管道干管全长达 40 余万公里，还有 100 多万公里的分散式集污管道，管网覆盖率达 90％以上。

分散式污水处理系统通过每家每户建设小型污水处理设备，或者多户成组建设，实现小范围内收集和循环用水。这种布局能够就近进行污水收集、处理和再利用，减少集中化处理所需要的管线埋设成本。对人口密度低的地区来说，分散式污水处理模式能够降低污水处理设施建设和维护成本，还可以避免集中污水处理厂集中处理产生的大量化学沉淀物和废物，减少对生态环境产生危害（如水体富营养化、引发水生物死亡、干扰自然水循环过程等）。

3.5.3　德国农村污水处理建设管理

德国城镇生活污水处理率大于 90％，资金来源于政府投入和个人参股。政府一般出资 75％～90％，个人出资占 10％～25％，管理模式采用股份制公司，由公司负责污水处理厂的筹建和运行管理，公司对董事会负责，而政府是最大的股东[33-36]。

欧盟在 2000 年颁布的《水框架指令》是水体保护全面的法律框架，同时也是供水保障和污水处理的重要法律基础。德国《联邦水法》（WHG）明确规定，公共水供应和污水处理作为民生保障以及公共任务的权限由州法做进一步规定，这个任务通常由基层政府以及为此而建的公共专业联合会负责。《联邦水法》规定污水排放均须获得官方许可，污水处理厂的建设和运营必须根据现有的最佳技术减少污水污染，只有当污染物保持在最低水平时，才允许将废水排放到水体中。通过分散式处理设施处理的生活污水也符合公共利益。德国《废水条例》和《废水收费条例》中对废水处理和收费作了规定，将废水直接排放到水体中的必须费用，这些费用是由联邦政府征收的，并确保在实践中应用污染者付费原则（PPP），该费用支付给各州必须用于水污染控制措施，当小型污水处理厂符合实践规则时，对于不同的处理等级排放是免费的，如果污水浓度高于规定值，则房主必须支付相应费用。

在德国，标准化研究所（DIN）、水、废水和废物协会（DWA）及结构工程研究所（DIBTd）负责制定小型污水处理厂设计、工艺、运行和维护的行业标准、规范、导则、指南和技术认证规定。分散式污水处理设施[37-39]的建设已经由政府统一规划管理转向了市场配置，居民向小型污水设施建设公司购买服务，成本不再由政府提供。政府部门建立了与污水处理相配套的监督和管理机制，分散式污水处理设施建设必须接受严格监管，监督管理模式主要有业主监管模式、专家监管模式和政府监管模式。要求所有污水处理设施必须符合联邦建设法的建设规定，并通过建筑审核和许可程序。

3.5.4 德国农村污水处理技术

在德国，农村的分散式污水处理技术按照原理通常包括物理化学处理技术、生物处理技术，生态处理技术和组合技术[40-42]，主要有以下几种形式（表 3-5-1）。对于技术的选择方面，德国经过长期探索发现，在生态设计基础上，人工湿地技术能够在造价以及处理效果等方面具有较高的优势。

德国农村污水处理技术　　　　　　　　　　　　　　　　表 3-5-1

技术	生态技术	活性污泥技术	生物膜技术	膜技术	厌氧技术
	湿地	基于污泥再循环的活性污泥过程	滴滤器	反渗透	上流式厌氧污泥毯
	沙滤或土壤渗滤	序列间歇式活性污泥法	浸没式滴滤器	纳滤	厌氧固定床反应器
形式			固定床反应器	超滤	厌氧流化床反应器
	净化塘		流化床反应器	微滤	
			旋转磁盘过滤器		

膜生物反应器：在没有接入排水网的偏远农村建造先进的膜生物反应器，平时把雨水和污水分开收集，然后通过先进的膜生物反应器净化污水。这种分散市镇基础设施系统不仅可以降低污水处理成本，还能在净化污水的过程中获得氮气，能达到使污水变成宝的目的，增强了农村土壤肥力。德国海德堡市郊的诺伊罗特村 2005 年底率先建成该系统。

生物滤池：生物滤池是从间歇渗滤池演变而来的。生物滤池的基本处理过程依赖于填料表面生物黏质层的形成。黏液层的厚度约为 $2\sim3mm$，相当于空气中氧的穿透深度，如果这层膜变厚，则局部形成厌氧会产生气味问题。黏液层厚度受滤池水力负荷的控制，增加水力负荷就可以控制黏液层的厚度。根据水力负荷的不同分成：低负荷滤池、普通负荷滤池、高负荷滤池、超高负荷滤池（即现在称为塔式生物滤池）。前两种属第一代生物滤池，它具有净化效果好（BOD_5 去除率达 $85\%\sim95\%$）、基建投资省、运行费用低等优点，但也存在占地面积大、卫生条件差等缺点，但对污水量较小的中、小城镇，尤其是经济不太发达的城镇，仍然具有较大的应用价值[43,44]。后两种高负荷滤池和塔式生物滤池，有机负荷大、一般为普通生物滤池的 $6\sim8$ 倍或更高一些，因此池体积较小，占地面积也较少，塔式生物滤池的塔内微生物存在分层的特点，能承受较大的有机物和有毒物质的冲击负荷，并产生较少的污泥量。但 BOD_5 去除率较低，一般为 $75\%\sim90\%$，因生物膜生长迅速，在高水力负荷条件下容易脱落引起滤料的堵塞，也存在基建投资较大等缺点。尽管如此，由于生物滤池是填料附着生长生物处理法的经典技术，有较好地处理效果和适应性，被选入环境工程专业著作——德文版的《Karl Imhoff 城市排水和污水处理手册》中，因而融入德国及整个欧洲、美国的最新技术，使之在国外得到广泛的应用。生物滤池处理技术也可能成为农村生活污水处理应用的一种重要技术，包括厌氧和好氧生物膜两种。目前，新型的生物膜反应器和固定化微生物技术也得到了广泛的开发研究。

PKA 湿地：德国 PKA 湿地由介质层和湿地植物两大系统组成，利用这两大系统共同营造的生态系统，综合物理、化学、生物三种放大功效，使污水处理功效达到最大化。该工艺主要将农村生活污水通过水管道，汇集流入沉淀池，经过沉淀池的 4 层筛选之后，再经 PKA 湿地净化处理，然后达标排放或用于农田灌溉。该系统的运转不需要化学药剂，所有的材料都来源于大自然，对周边环境没有二次污染。湿地表面干燥，没有积水，构成景观绿地，日常运行费用很低，工艺流程简单，管理方便。

多样性分类处理系统：2000 年德国吕贝克采用多样性污水分类处理系统，将污水分为雨水、灰水和黑水。其中灰水指厨房、淋浴和洗衣等家政污水，黑水指经真空式马桶排放的厕所污水。居住区屋顶和硬质地面上的雨水被雨水管道收集，并汇入附近的地表水或者导入居住区内设置的渗水池。该渗水池属于小区的绿化设施，经过特殊的造型和环境设计，表面看起来就像景观设计的一部分，池底使用特殊材料如砾石等，使池中的雨水自然下渗并汇入地下水。在暴雨或降水量丰厚的情况下，还可以把多余的雨水导入相连的蓄水池，使雨水自然蒸发或通过沟渠汇入地表水。通过这种处理方式，雨水可下渗或者直接进入自然界水循环。洗菜、洗碗、淋浴和洗衣等家政污水作为灰水，通过重力管道流入居住区内的植物净水设施，进行净化处理。具体流程见图 3-5-1。

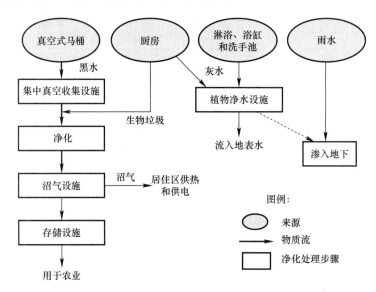

图 3-5-1　多样性分类处理系统流程图

3.6　澳大利亚农村污水处理经验

3.6.1　澳大利亚农村污水处理发展

澳大利亚位于南半球，与我国南北相隔，四面环海，国土面积 769 万 km²，居世界第六位。总人口 1984 万，其中农业人口仅 90 多万，占全国总人口的 5%，农村社区一般为 1000～10000 当量人口。农牧业在澳大利亚国民经济中占重要地位。但分布极不均衡，约有四分之三的人口集中在沿海。澳大利亚既是世界上人口密度最小的国家，平均每平方公里仅 3 人，又是人口城市化程度最高的国家。澳大利亚虽然四面环水，但却是世界降水最少的大陆，年平均降雨量仅为 460mm，平均地表径流总量为 4400 亿 m^3，仅相当于我国黑龙江或珠江的平均径流量。澳大利亚地下水资源分布广泛，含水的沉积层面占整个大陆的 60％以上。年可开采量达 720 亿 m^3，但很大一部分矿化程度高，不适于灌溉。澳大利亚人均水资源量可达 1.8 万 m^3，但由于国土辽阔且蒸发量大相对于国土面积来说，又是一个缺水国家。特别是沿海地区人口集中，工商业高度发达，如何保护和利用好有限的水资源，保障居民生活和工农业生产的需求同样是澳大利亚各级政府的头等大事。

早在 1912 年，澳大利亚新南威尔士等州颁布《水法》，1918 年实行取水许可制度。

1973 年，澳大利亚通过了《水环境管理保护法》和《水环境污染防治法》，针对农村水环境保护制定了严格的制度，同时规定由水务部、林业部、农业部以及环境保护部等多个中央级的政府部门协调推进，实现水环境保护机制的高度的统一和有效协调。自 20 世纪 70 年代，澳洲城市社区开始，用集中的污水处理系统替代分散的化粪池。同时，发展湿地和生物过滤等新技术，保护受纳水体[45]。

从 20 世纪 80 年代开始，在一系列法律法规的协调下，澳大利亚农村水环境保护机制运作良好，每年可以为澳大利亚农村节约大量水资源，有效地保护了水环境。

澳大利亚水资源的粗放利用，造成了诸如地表水质恶化、藻类泛滥等一系列生态环境问题。为此，政府从 1994 年起逐步启动了以控制水需求为主的水改革，制定了一系列行之有效的法律、政策等，大大缓解了国内的水资源水环境危机。经过这些努力，澳大利亚成为当今世界上环境保护工作最富有成效的国家之一。

2007 年，澳大利亚建立了"农村水权交易中心"。按照澳大利亚水环境管理制度的规定，农村地区的水资源属于社会公共财产，农业生产、工业生产和人们生活三方面的用水需要通过水权交易得以实现，体现公平、公开的原则。

2012 年，澳大利亚总结以往农村水环境保护的经验，结合澳大利亚西部、中部地区农村经济发展水平存在差异的现实，颁布《水环境保护差异处理法》。澳大利亚制定了严格的排污收费制度，并且在 2014 年调高费用[46]。

澳大利亚政府结合农村地区的水环境管理实际情况，制定了完善的水体污染预防机制。在农村制定了农村水环境污染物总量控制许可制度，搞好农业面污染监测，建立、健全地下水质的监测网络，探讨建立排污权交易体系，公开环境信息，如披露污染产业的污染环境行为，制定浅薄层淡水、微咸水的利用方案，实施地表水、地下水联合调度，开展地下水回灌，采取各种可能的技术和手段，遏制地下水位的下降态势。建立数量不等的水污染监测站，每周定期有技术人员到站点提取样本，封存到技术中心进行样本化验，对包括大肠杆菌、黄霉素等水体常见细菌以及蓝藻等水污染生物的含量进行检测[47]。

澳大利亚政府每年投入大量资金用于污水处理，污水处理设计受"水敏感城市概念"指导。如约有 150 万人口的布里斯班市，建有 14 个污水处理厂，对生活、工业废水经过逐级处理，尽量做到循环利用，即使是排入大海的废水也要进行无害处理。澳大利亚政府在水价的固定费用部分收取了较高的排污费，使污水得到了有效的控制和治理。部分河流由于早期过度地发放了取水证，致使在偏枯年份河道生态环境用水得不到有效保障，澳大利亚政府则不惜资金向民众回购水权，以保证生态环境用水。在水资源规划阶段，政府将平衡生态环境用水与人类自身用水作为控制指标，生态环境用水是一项必须达到的重要目标。

3.6.2　澳大利亚农村污水处理相关管理制度

澳大利亚水务管理包括水资源、供水和水处理三大部分，实行水行政和流域相结合的管理体系。每个城市都只有一家水务公司，采用城乡统一的法律和标准，国家和地方政府分别制定了相关的政策，并颁布了可以指导具体实施的技术指南。澳大利亚农村水务管理体制遵循"谁污染，谁治理"的基本原则。

为了实现长期有效利用水资源并保护水环境，澳大利亚建立了完善的水资源管理政策和水环境保护机制。水行政管理分为联邦、州和地方三级。联邦政府水资源理事会是全国的咨询机构，负责组织和协调全国范围的研究和规划。联邦政府级主要提供信息和管理的政策指导，并通过流域机构对其流域内的各州进行协调。州政府实施管理、开发建设和分配，并根据联邦政府确定的各州水资源分配额，对州内用户按一定年限发放取水许可证，同时收取费用。地方政府是执行机构，主要执行州政府颁布的水法律、法规，地方水务部门具体负责供水、排水及水环境保护。各级政府分工明确，对水资源进行分级管理，收到较好的成效。

澳大利亚各州都有水资源委员会，对各州的水资源管理具有自主权，负责水资源的评价、规划、监督和开发利用，实施州内所有与水有关的工程，包括供水、灌溉、防洪、排水、河道整治等等。各州的水质管理由水管理机构、环保机构和卫生部门共同负责。水管理局有很大的自主决定权，可以决定取消各种不利于水质保护的活动或控制废水排放。以墨累—达令流域的管理为例，它的成功得益于管理委员会健全的协商机制。该委员会在核定水权水责问题上充分协商、分水分责到州，州内自调的操作办法，使分水方案得以落实。澳大利亚虽然是联邦制，但在水环境保护上实行一条龙管理，一切水事务都在水管理机构，体制合理，职责分明，便于落实。此外，协商机制在流域管理目标的设置中也非常重要，这是有效解决上下游跨行政区污染问题的一个关键[46]。管理机构分布如图 3-6-1 所示。

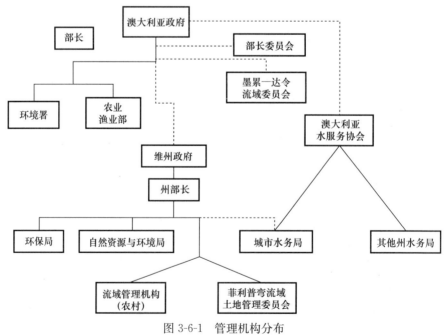

图 3-6-1　管理机构分布

3.6.3 澳大利亚农村污水处理技术

澳大利亚污水处理项目基本上采取政府投资建集中式污水处理设施，承包商按市场化运作的方式经营。由于人口密度低，澳大利亚以家庭/农场为单元的分户污水处理通常采用化粪池，也有采用氧化塘和人工湿地组合的系统。

澳大利亚非常重视污水处理技术方面的科研工作，如FILTER污水处理系统，是一种将过滤、土地处理与暗管排水相结合的污水再利用系统。该系统以土地处理为基础，将污水用来浇灌农作物，污水经农作物和土地处理后，再通过暗管排出。在澳大利亚首都堪培拉，家家户户都安装有小型自动化污水处理设备，这种污水处理设备具有占地少、运行成本低、方便回用等特点，回收的水可以用于灌溉草坪，既节约用水又保护环境[48]。

1. FILTER污水处理系统

澳大利亚科学和工业研究组织（CSIRO）的专家于近几年提出一种"过滤、土地处理与暗管排水相结合的污水再利用系统"，称之为"非尔脱"高效、持续性污水灌溉新技术（图3-6-2）[49]。其目的主要是利用污水进行作物灌溉，通过灌溉土地处理后，再用地下暗管将其汇集和排出。该系统可以满足作物对水分和养分的要求，同时降低污水中的氮、磷等元素的含量，使之达到污水排放标准。其特点是过滤后的污水都汇集到地下暗管排水系统中，并设有水泵，可以控制排水暗管以上的地下水位以及处理后污水的排出量。"非而脱"系统对生活污水的处理效果好，其运行费用低，特别适用于土地资源丰富、可以轮作休耕的地区，或是以种植牧草为主的地区。该系统实质上是以土地处理系统为基础，结合污水灌溉农作物。这种处理方法受作物生长季节的限制，非生长季节作物不灌溉，污水处理系统就不能工作。

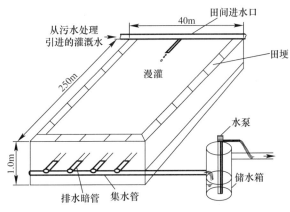

图 3-6-2 "非尔脱"污水处理系统示意图

澳大利亚曾在格林菲斯市进行田间试验。先后两次试验的面积分别为 $8hm^2$ 和 $16hm^2$，种植小麦、玉米、燕麦、粟米和牧草等作物。田间排水暗管的埋深为 1.0m，用初级处理后的城市污水进行格田漫灌，每隔 14 天灌一次。该系统的效果见表 3-6-1[50]。

"非尔脱"系统的污水处理效果   表 3-6-1

污染物	浓度（mg/L）		污染负荷（kg/hm²）		
	进水（污水）	处理出水	进水（污水）	处理出水	削减率（%）
TP	6.1	0.4	46.7	1.7	96

续表

污染物	浓度 (mg/L)		污染负荷 (kg/hm²)		
	进水 (污水)	处理出水	进水 (污水)	处理出水	削减率 (%)
TN	19.2	15.0	131.4	55.8	58
有机物 (以 N)	6.3	1.2	46.3	4.9	90
NH_3-N	12.5	0.2	82.4	0.7	99
BOD_5	10.0	0.9	80.1	3.9	95
SS	71.0	16.9	573.3	88.8	85
Chl-a	0.07	0	0.01	0	100
油和油脂	1.8	0	15.9	0	100

"非尔脱"系统将农村生活污水引入化粪池，经厌氧处理后，上清液进入调节池，用提升泵将水提升到地面好氧反应池，经沉淀后直接进入管道系统，用于绿化或农业灌溉。成本效益：该系统一方面可以满足作物对水分和养分的要求，同时降低污水中的氮、磷等元素的含量，使之达到污水排放标准。其特点是过滤后的污水都汇集到地下暗管排水系统中，并设有水泵，可以控制排水暗管以上的地下水位以及处理后污水的排出量。主要在高蒸发量的夏季运行，污水一般不经初沉而直接灌溉，通过土壤基质使污水得到处理，污水中的物质被土壤吸附，有机物被土壤中的微生物氧化、氮被植物吸收、磷通过化学沉淀及土壤吸附也得到很好的去除。经土壤过滤污水的 50％左右被蒸发，剩余的通过果道收集、灌溉于放牧的草地。

澳大利亚 CSIRO 与我国水利水电科学研究院和天津市水利科学研究所合作，曾在天津市武清区建立试验区，总面积 2hm²，暗管埋深 1.2m，两种处理的暗管间距为 5m 和 10m，引取北京市初级处理后的污水和沿程汇集的乡镇生活污水，灌溉小麦[51]。试验表明，97％～99％的磷通过土壤及作物的吸收而被除去，总氮的去除率达 82％～86％，生物耗氧量的去除率为 93％，化学耗氧量的去除率为 75％～86％。排水暗管的间距小，则去污效率高。"非而脱"系统对生活污水的处理效果好，其运行费用低，特别适用于土地资源丰富、可以轮作休耕的地区，或是以种植牧草为主的地区。该系统实质上是以土地处理系统为基础，结合污水灌溉农作物。人们担心长期使用污水灌溉后污水中的病原体进入土壤，污染农作物。根据大量调查表明，土壤—植物系统可以去除城市污水中的病原体。为慎重起见，国内外一致认为，处理后的城市污水适宜灌溉大田作物（旱作和水稻）。因为大田作物的生长期长，光照时间长，病原体难以生存；而蔬菜等食用作物，生长期短，有的还供人们生食，则不宜采用污水灌溉。此外，这种处理方法受作物生长季节的限制，非生长季节作物不灌溉，污水处理系统就不能工作。暗管排水系统在我国多用于改良盐碱地和农田渍害，一般造价较高，若用于处理生活污水还需修建控制排水量的泵站，则造价更高，推广应用有一定困难。

2. AAA 污水处理方法

这是一种间断性曝气的生物处理过程，通过好氧过程和厌氧过程的交变来消解水中污染物。AAA 是一种带澄清槽和污泥循环的活性污泥系统，连续进、出水，通过传感器检测污水中溶解氧浓度的变化速率来动态地控制曝气量和曝气时间，从而发生硝化和反硝化生物脱氮反应。特点是：曝气能量最小，可连续地控制使 BOD 和氮得到最优化地去除，出水中悬浮污泥少，有溶解氧传感器的失灵报警。用 AAA 对现有工艺进行改进，可降低成本。

3. APT 预发酵生物除磷和氮

APT 是 Activated Primary Tank（活性污泥初级槽）的简称，该法的本质是：污水在活性污泥初级槽中保持适当时间的厌氧过程后，污水中便能最大限度地产生能脱氮、磷的可溶性发酵物，这使得在不用投加化学品的情况下，就能降低水中氮和磷的浓度。例如污水经 APT 过程处理后，氮和磷的浓度从 10mg/L 和 4mg/L 分别降到 5mg/L 和 0.5mg/L 以下，APT 过程既可在常规的初沉槽进行，也可以在单独的发酵槽中进行，实际处理效果很好。

4. SIROFLOC 过程

该技术是一种物化过程，通过向污水中投加细粒磁铁矿和一种无机凝聚剂来分离污水中的胶体和悬浮物。具有巨大表面积的磁铁矿颗粒吸附了被凝聚的杂质，当磁絮凝发生后，污水中的杂质能快速地被去除。该法的特点是：絮凝和吸附过程能在两分钟内完成，沉淀速度大于 10mg/h，澄清时间小于 15 分钟；磁铁矿和无机凝聚剂能够回用，运行成本小；总悬浮物、油脂和磷酸盐能去除 90％以上；细菌群大大地降低；BOD 可去除 50％～70％；产生的污泥的含固量大于 20％，可用厌氧消化和稳定化进一步处理；占地面积小。

参考文献

[1] 夏玉立，夏训峰，王丽君等. 国外农村污水治理经验及对我国的启示 [J]. 小城镇建设，2016，10：20-24.

[2] 范彬，武洁玮，刘超等. 美国和日本乡村污水治理的组织管理与启示 [J]. 中国给水排水，2009，25（10）：6-10，14.

[3] 沈哲，黄劼，刘平养. 治理农村生活污水的国际经验借鉴—基于美国、欧盟和日本模式的比较 [J]. 价格理论与实践，2013，344（2）：49-50.

[4] 李宪法，许京骐. 北京市农村污水处理设施普遍闲置的反思（Ⅱ）——美国污水就地生态处理技术的经验及启示 [J]. 给水排水，2015，41（10）：50-54.

[5] Pipes Jr W O. Basic biology of stabilization ponds [J]. Water and Sewage Works，1961，108（4）：131-136.

[6] Anderson J B，Zweig H P. Biology of waste stabilization ponds [J]. Southwest Water Works Journal，1962，44（2）：15-18.

[7] Oswald W J. Quality Management by Engineered ponds. In：Engineering Management of Water Quality，P. H. McGauhey. McGraw-Hill，New York. NY，1968.

[8] Middlebrooks E J，Reynolds J H，Montgomery J M，et al. Design manual：Municipal wastewater stabilization ponds [R]. Environmental Protection Agency，Cincinnati，OH（USA）. Center for Environmental Research Information，1983.

[9] 李金玲，赵红玲. 浅论国内外农村污水处理技术发展模式和启示 [J]. 农村实用技术，2015（4）：19-21.

[10] 严岩，孙宇飞，董正举，et al. 美国农村污水管理经验及对我国的启示 [J]. 环境保护，2008.

[11] USEPA，etc. Tribal Management of Onsite Wastewater Treatment Systems，2004.

[12] 李爽蓉. 日本乡村污水治理的责任管理及其启示 [J]. 现代农业科技，2016（17）：170-171.

[13] 水落元之，小柳秀明，久山哲雄，et al. 日本分散型生活污水处理技术与设施建设状况分析 [J].

中国给水排水，2012，28（12）.

[14] 日本化槽システム協会. 化槽普及促進ハンドブック［M］. 日本：日本化槽システム協会，2007.

[15] 中央境審議会物・リサイクル部会化槽専門委員会. 今後の化槽のあり方に関する「化槽ビジョン」について［M］. 日本：中央境審議会，2007.

[16] 境省物・リサイクル対策部化槽推進室. 第三回世界水フォーラム化槽分科会要旨集［M］. 日本：日本境省，2003.

[17] 明劲松，林子增. 国内外农村污水处理设施建设运营现状与思考［J］环境科技，2016，29（6）：66-69.

[18] 张洪霞. 中韩两国水污染防治制度比较［J］. 江西金融职工大学学报，2008，21（1）：147-149.

[19] 周律，李秉浩，李佳璘. 韩国农村排水系统的建设和管理［J］. 环境污染与防治，2009（6）：89-91.

[20] 韩国行政自治部，韩国农林部，韩国环境部.［R］. 首尔：韩国环境部，2002.

[21] 韩国环境管理工团. 关于农村下水道综合管理方案的研究［R］. 2005.

[22] 韩国环境部.［R］. 首尔：韩国环境部，2005.

[23] 幸红. 各国农村水污染控制经验和借鉴［J］. 2010.

[24] 住房和城乡建设部城市建设司. 国外和港澳台地区排水与污水处理法规［M］. 2013.

[25] 聂建平. 英国的污水处理新技术［J］. 水电科技情报，2012（9）：15-16.

[26] 王友列. 英国泰晤士河水污染治理及对淮河流域的启示［D］. 2016.

[27] 刘松. 英国默西河污染治理的历史考察［D］. 2017.

[28] 高晴. 德国的农村发展政策［J］. 国土资源情报，2007（10）：26-27.

[29] 李钢. 德国农村改革发展的成功模式［J］. 新农村，2009（09）：29-30.

[30] 聂梦遥，杨贵庆. 德国农村住区更新实践的规划启示［J］. 上海城市规划，2013（05）：81-87.

[31] 刘英杰. 德国农业和农村发展政策特点及其启示［J］. 世界农业，2004（02）：36-39.

[32] 谢辉，余天虹，李亨，Holger Behm，Alexander Schmidt. 农村建设理论与实践—以德国为例［J］. 城市发展研究，2015，22（04）：39-45.

[33] 苏哲. 德国的污水处理状况［J］. 云南科技管理，1999（05）：57-59.

[34] 科克·沃尔夫岗，王海燕，王清军，沈百鑫. 德国城镇水事管理法律的发展—供水保障和污水处理［J］. 环境工程技术学报，2017，7（04）：405-417.

[35] Claudia Wendland，Andrea Albold，Sustainable and cost-effective wastewatersystems for rural and peri-urban communitiesup to 10，000 population equivalents，Guidance paper，www. wecf. eu.

[36] 张鸣. 德国分散式污水处理设计——以 2000 年汉诺威世博会参展实验生态居住区 Flintenbreite 为例［A］. 中国城市规划学会. 生态文明视角下的城乡规划—2008 中国城市规划年会论文集［C］. 中国城市规划学会：中国城市规划学会，2008：9.

[37] 吴善荀. 德国分散式污水处理设施经验借鉴［J］. 资源节约与环保，2017（12）：53-54.

[38] 汪洪生. 德国偏远乡村散居居民生活污水的处理［J］. 环境导报，1998（04）：40-41.

[39] 吴唯佳，唐婧娴. 应对人口减少地区的乡村基础设施建设策略——德国乡村污水治理经验［J］. 国际城市规划，2016，31（04）：135-142.

[40] 张汉明，俞明宏. 政府投资个人参股加快城镇污水处理步伐——德国城镇污水处理厂考察的几点启示［J］. 环境导报，2000（02）：40-41.

[41] Martina Defrain，Decentralized Wastewater Treatmentfor SMEs，Backgroundpaper，Aktenzeichen Z6-00344 1705，English Version，Transnational Industry Workshop，Leipzig，September 2010.

[42] Maintenance regulation of small wastewater treatment facilities，Case studies in Germany，Poland

and Sweden，BONUSOPTITREAT，2/13/2017，www. ivl. se.

[43] 德国农村污水处理办法［J］. 湖南农业，2016（07）：28.

[44] 李文杰. 农村水环境管理体制机制创新：基于澳大利亚经验与本土视角［J］. 世界农业，2016，10（总450）.

[45] 张金锋，郭铁女. 澳大利亚、法国水资源管理经验及启示［J］. 人民长江，2012，43（7）：89-93.

[46] 黄克亮. 城市污水生物处理工艺研究［J］. 科技信息，2010（34）：341-341.

[47] 施庆华. 澳大利亚、新西兰先进的环保理念和建设管理对我区环保事业的启示［J］. 改革发展，2013，5（总110）.

[48] 张亚峰，史会剑，时唯伟等. 澳大利亚生态环境保护的经验与启示［J］. 环境与可持续发展，2018，5.

[49] 陈晓婷，王树堂，李浩婷等. 澳大利亚水环境管理对中国的启示［J］. 环境保护，2014，42（19）.

[50] 王锋，何包钢. 水敏感城市治理模式与实践：澳大利亚的探索［J］. 城市发展研究，2017（10）：92-99.

第4章 农村污水处理特征与技术

我国农村污水呈现出以下特征：

面广、分散、生活污染源多：总量很大，但作为个体而言，水量较小。村庄分散式的地理分布特征，造成污水分散排放、难于收集，基础设施建设薄弱，管网收集污水集中排放经济投入巨大。

有机污染物浓度高、排放系数比城市低：农村污水一般排放量较小，使有机污染物、氮和磷含量偏高；生活污水排放极其不均匀，日变化系数一般高达 3.0～5.0；农村由于庭院、农田对居民一般生活排水和粪尿排水的消纳，其排放系数一般为 0.3～0.6 之间，远低于城镇 0.8 左右的排放系数。

排放不稳定，变化系数大、季节性变化显著：青年人外出务工现象普遍，农户的居住人口发生较大的变化，污水流量的季节性变化特别显著。农村污水排放呈不连续状态，排放量早晚比白天大，夜间排水量小，甚至可能断流。此外，水污染具有流动性，未经处理的污水或有可能造成全面的环境污染。

农村污水类型复杂：农村污水除了来自人粪尿外，还有畜禽粪尿、农产品废弃物、村镇小型工业污染和厨房污水、家庭清洁废水、生活垃圾堆放过程渗滤液高浓度废水等。村落点污染源主要是生活污水和畜禽养殖粪便与污水，村落面污染源主要来自村落地表径流和耕地地表径流。

排放强度和规律的区域差异大：不同地区的自然与经济条件导致各地村镇的污水排放特征差异很大，远远大于不同地区城市之间的差异。我国地域广阔，气候和人们生活习惯不同，污水水质、水量变化大，排放无明显规律。

增长快：我国农村经济发展迅速，随着农民生活水平的提高和生活方式的改变，生活污水的产生量也日益提高；但农村的环境建设与经济发展不同步，污水直排现象普遍，水环境污染严重。

绝大部分污水没有毒性。

这些因素都会影响到水处理工艺和设计参数的选择。

我国对于城镇污水处理的技术政策是：城镇污水处理要根据污染源排放的途径和特点，因地制宜地采取集中处理和分散处理相结合的方式。以湖库为受纳水体的新建城镇污水处理设施，必须采取脱氮、除磷工艺，现有的城镇污水处理设施应逐步完善脱氮、除磷工艺，提高氮和磷等营养物质的去除率，稳定达到国家或地方规定的城镇污水处理厂水污染物排放标准（见《湖库富营养化防治技术政策》点源排放污染防治）。农村污水处理技术与管理不同于城镇，我国地域辽阔，导致不同地区农村污水差异非常大。2010 年住房和城乡建设部印发《分地区农村污水处理技术指南》，针对东北、华北、西北、中南、西南、东南 6 个地区的地理、气候和经济社会发展条件，提出农村污水特征与排放要求，随之出现各种相适应的处理技术。

根据《农村生活污水处理技术指南》，各地区水量呈现区域性差异大的特征，见图 4-1。经济发达地区用水量高于经济落后地区，南方用水量高于北方地区。污水排放量早中晚三个峰值，每天约 10 小时集中排水，其中早中各 3 个小时，晚上 4 小时。早晨排水量最大，约占天排水量的 40％左右。见图 4-2。农村生活污水小时变化系数为 3，是城镇污水处理厂的变化系数的 2 倍。

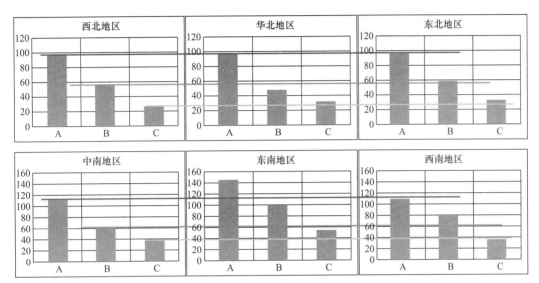

图 4-1　各地区农村污水水量特征［单位：L/(人·d)］
A—早上；B—中午；C—晚上

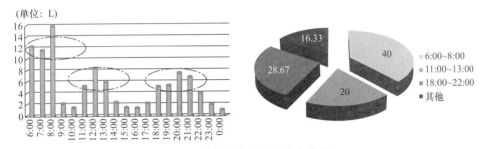

图 4-2　农村污水水量月变化特征

　　水质特征区域差异性不明显，氨氮浓度较高，COD 与 BOD 相关性较好，COD 与 BOD 比值在 2：1 与 3：1 之间，污水生化性能较好。氮磷具有一定的相关性，说明氮磷可能主要均来自人体的排泄物，见图 4-3（夏训峰，农村生活污水排放标准与达标管理）。日变化—早晨峰值、中晚浓度较低，农村生活污水季节变化特征不明显。

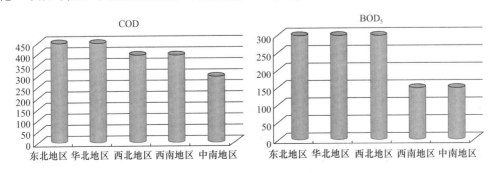

图 4-3　各地区农村污水水质特征（单位：mg/L）（一）

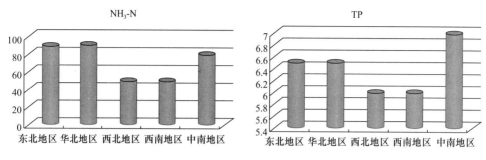

图 4-3 各地区农村污水水质特征（单位：mg/L）（二）

4.1 东北地区农村污水处理特征与技术

东北地区在狭义上包含东北三省，即黑龙江、吉林、辽宁，广义上还包括内蒙古东五盟市。该地区气候条件为中温带和寒温带，四季分明，属温带季风性气候，夏温多雨，冬寒干燥；地形条件既有大小兴安岭、长白山脉，又有三江、松嫩、辽河平原，还包括辽东丘陵。东北地区农村多处在经济不发达地区，污水处理率低（不足50%），沿岸乡镇多数没有污水处理设施，或有污水处理厂但没有正式运行[1]。该地区经济实力雄厚，但发展水平不均衡，资源丰富，多民族融合。

4.1.1 东北地区农村污水水量水质及排放要求

根据《农村生活饮用水量卫生标准》GB 11730—89，东北地区集中给水用水量为 20～35L/（人·d），龙头安装到户的用水量为 30～40L/（人·d），有淋浴设施设备的为 40～70L/（人·d）。近年来，随着新农村建设的推进，农民生活水平日益提高，部分发达地区农村的用水量已接近城市居民用水量，因此，在确定用水量时，可参考表 4-1-1，在调查当地居民的用水现状、生活习惯、经济条件、发展潜力等情况的基础上酌情确定。冬季东北严寒地区基本无淋浴、水冲厕所排水。

东北地区农村居民生活用水量参考取值［单位：L/（人·d）］ 表 4-1-1

村庄类型	用水量
经济条件好，有水冲厕所，淋浴设施	80～135
经济条件较好，有水冲厕所，淋浴设施	40～90
经济条件一般，无水冲厕所，有简易卫生设施	40～70
无水冲厕所和淋浴设施，主要利用地表水、井水	20～40

东北地区村庄生活污水排放量应根据村庄卫生设施水平、排水系统完善程度等因素确定，农村居民的排水量宜根据实地调查结果确定，在没有调查数据的地区，可采取如下方法确定排水量：洗浴和冲厕排水量可按相应用水量的70%～90%计算，洗衣污水为用水量的60%～80%（洗衣污水室外泼洒的农户除外），厨房排水则需要询问村民是否有它用（如喂猪等），如果通过管道排放则按用水量的60%～85%计算。

东北地区农村污水水质随污水来源、有无水冲厕所、季节用水特征等变化，因此，在确定污水水质时，可参考表 4-1-2，在调查当地是否水冲厕所、厨房排水、淋浴排水水质的基础上酌情确定。

东北地区农村居民生活污水水质参考取值（单位：mg/L）　　表 4-1-2

pH	SS	COD	BOD$_5$	NH$_3$-N	TP
6.5～8.0	150～200	200～450	200～300	20～90	2.0～6.5

农村污水的排放要求需满足国家和地方的排放要求；在没有排放要求的农村地区，针对东北地区的特征，建议参考表 4-1-3 按照不同排水去向的排放要求确定。

农村污水排放的相关参照标准　　表 4-1-3

排水用途	直接排放	灌溉用水	渔业用水	景观环境用水
参考标准	《污水综合 排放标准》 GB 8978—1996	《城镇污水处理厂 污染物排放标准》 GB 18918—2002	《农田灌溉 水质标准》 GB 5084—2005	《渔业水质标准》 GB 11607—89	《城市污水再生利用 景观环境用水水质》 GB/T 18921—2019

4.1.2 东北地区农村污水特点

东北地区村屯规模较小，幅员辽阔、分布疏散是影响污水系统收集的主要因素；该区域地理气候冬季低温是影响污水处理技术选择的重要因素；该地区经济发展差异是农村是否有污水处理设施的决定因素[2]。该地区农村污水基本上不含重金属和有毒有害物质，氮（N）、磷（P）含量较高。

东北地区农村污水具有低温和分散两个特点，也是处理的技术难点。随着农村生活模式的转变，污水的成分也日趋复杂，单一处理技术目前已经难以满足污水排放后对环境的环保需求。另外，单一的处理技术自身的优缺点凸显，严重限制了污水的处理效果和该工艺适用的范围，目前较普遍的农村污水处理办法是将多种工艺进行组合，以达到强化系统净化能力的目的。依据农村污水的成分和特征，可以采用两种或多种技术组合处理，充分发挥不同技术的作用机制。

东北地区农村污水处理主要面临以下问题：①现有的城市污水处理系统不适宜在小型分散式农村污水治理中应用；②寒地农村温度偏低，严重影响着污水生化处理过程中微生物的活性。因此，目前可供寒地农村选择的分散污水处理技术大致可分为两类，一种是在自然条件下，利用土壤、水体、植物和微生物相互作用的处理系统，如土壤渗滤、人工湿地等；另一种是人工条件下，改造简化传统的污水处理工艺，利用物理、化学和生物处理为主的除污工艺，如净化槽、化粪池等。但是，寒地农村污水处理设施运行和维护也存在两方面的难题：一是由于寒地运行效果良好的污水处理设施较少，因此缺乏对污水处理设备的管理经验；二是由于寒区农村经济条件相对较差，因此技术人员储备也较薄弱[3]。

4.1.3 东北地区农村污水处理技术

1. 技术选择原则

由于受气候条件、经济水平、技术水平等因素的制约，东北地区农村分散性生活污水处理在技术选用上需遵循一定的原则：

（1）工艺技术低温适应性强，保温性能较好或能有效实施节能保温措施。

（2）建设投资费用低。

（3）运营维护简便、自运行程度高。

（4）出水可实现生态式回用，能对污水中氮、磷等营养物质加以利用[4]。

2. 影响工艺选择的因素

东北地区污水处理设施宜采用冻土下地埋式或冻土上采取保温措施的污水处理方式[5]。实际工程应根据出水水质要求及经济水平等因素，选择生物处理技术、生态处理技术或组合技术为宜。实际上广大农村居住分散、地形复杂、采用排水管网系统收集较难实现，所以对于单户或多户的农村污水宜采用分散式处理。具体选择时应考虑以下因素：

（1）污水处理设施建设满足相应的规划与法规。污水处理设施建设应满足已批准的当地水污染治理规划、国家及地方有关村庄整治相关政策及优美乡村建设规划的要求，考虑综合经济建设与环境保护、排放与利用的关系，充分利用地方条件和设施，尽可能降低工程投资。

（2）污水处理设施建设符合地情、村情、屯情。污水处理设施建设应根据村屯布局、村屯人口、村民收入、地形地貌和地质特点等情况，可选择集中处理或分散处理模式。同时根据水冲厕所建设情况及水冲厕所的数量及运营机制等，选择适宜的污水处理技术与处理设施，做到一地一策、一村一策、一屯一策。

（3）生活污水处理设施建设应不影响环境，操作简单、运行费用低、维护管理方便。

3. 东北地区农村污水处理适用技术

东北地区农村分散性生活污水以有机物污染为主、可生化性较好。东北地区农村分散污水处理技术有两类，一类是生物处理技术，以微生物的好氧、厌氧分解、降解污染物为核心的技术机制；另一类是生态处理技术，主要有地下渗滤、人工湿地、稳定塘等。生态处理工艺原理是利用自然状态下的土壤—植物（动物）—微生物的相互作用对污水中的污染物进行降解和净化。

东北地区农村污水生物处理技术是综合运用多种技术相结合，取长补短，提高污水处理效果。生态处理技术一般建设管理费用低、节能耗，对经济不发达的广大农村地区而言，同种生态技术叠加组合或是不同生态技术的组合有较强的经济可行性。结合当地气候、经济和技术条件，筛选出几种低温适应性强、易于管理维护和运行成本低的实用技术，包括生物厌氧处理工艺、生物好氧处理工艺和生态技术处理工艺等。生态处理技术主要包括人工湿地、生态塘、地下渗滤处理工艺、蚯蚓生态滤池及 ETS 生态污水处理技术等。几种技术的特征、投资费用、运行稳定性比较见表 4-1-4。

技术性能比较表　　　　　　　　　　　　　　　　　表 4-1-4

工艺	特征及适应性	投资费用				运行稳定性		
		COD去除率（%）	氨氮去除率（%）	建设成本（元/t）	运营成本（元/t）	运行管理	低温适应性	抗冲击性能
厌氧生物滤池	装填微生物载体的厌氧生物反应器，适用于不同类型、不同浓度的有机废水的处理，其有机负荷一般为 $0.2\sim16 \cdot kgCOD_{Cr}/(m^3 \cdot d)$	70～80	40～70	1000～2200	0.05～0.3	简便	低	强

续表

工艺	特征及适应性	投资费用				运行稳定性		
		COD去除率（%）	氨氮去除率（%）	建设成本（元/t）	运营成本（元/t）	运行管理	低温适应性	抗冲击性能
生物接触氧化	投加微生物载体的好氧反应器，具有丰富的生物相和较高的污泥浓度，其有机负荷一般为 0.5～3kgBOD5/（m³ 填料·d）	80～90	60～90	1500～2600	0.2～0.6	简便	高	强
人工湿地	利用基质、植物、微生物的物理、化学、生物三重协同作用，具有美化环境、满足景观用水、处理规模设计灵活等优点，适用于资金短缺、土地面积相对丰富的农村地区	75～90	50～95	800～3000	0.25～0.8	简便	中	弱

4. 东北地区农村污水处理技术发展

目前，针对东北高寒气候特点及农村污水成分组成，研发和改进了诸多工艺。有针对活性污泥法工艺 A/O、A²/O、氧化沟和 SBR 工艺；生物膜法生物滤池、生物转盘、生物接触氧化；膜生物反应器 MBR 等工艺进行改良的一体化污水生化处理设备；也有生态工艺。

如李瑾等设计了 A/O 一体化污水处理装置，出水可达《城镇污水处理厂污染物排放标准》GB 18918—2002 一级 B 标准。苏翔研制的 A/O 一体化净化槽装置，对农村污水动植物油去除率较好。裴亮等研发了一体化膜生物反应器（IMBR）工艺处理农村污水出水优于《农田灌溉水质标准》GB 5084—2005 要求。钱盘生等研发的一体化多功能立体循环氧化沟，设有生物除臭装置，集脱氮、除磷、除臭、消毒于一体的分散型污水处理装置。

哈尔滨工业大学庞长泷（2010）对原有人工湿地进行改进，提出复合增强型双层潜流人工湿地系统[6]，采取双层构造，构筑深度远远大于常规湿地，夏季依靠上层植物、微生物、基质的联合净化功能，冬季上层湿地充当保温层，依托地下植物根系、基质吸附和高效功能微生物的代谢作用发挥净化效能。在湿地内部采用生物增强技术：除了种植原有的水生植物，在人工湿地系统中采用新型基质，增加其对污染物的吸附；另外向湿地中投加高效低温功能菌，包括高效降解菌、PSB（光合细菌）、硝化菌等，改善低温期活性物微生物群落，促进水体营养物质的良性循环，同时结合合理的工艺调控，实现人工湿地在低温期的高效稳定运行，从而使系统能够实现全年运行，适合于东北寒冷地区农村污水处理项目。可抵抗低温天气，且出水水质较好。一般冬季人工湿地不运行处理污水，而以储水池形式存在，夏季再对污水进行处理。

孙楠等开发研究的凹凸棒土-稳定塘模式，用以处理寒区农村污水，大大提高了污水的处理效果且降低了能耗，真正实现节能减排，出水稳定达标。

陈鸣等研发了生态温室人工湿地系统，并设计了接触氧化池与温室型人工湿地联合处理农村污水，经研究表明出水水质可达到《城镇污水处理厂污染物排放标准》GB 18918—2002 一级 B 甚至一级 A 标准。

4.2　华北地区农村污水处理特征与技术

华北地区一般包括北京市、天津市、河北省、山西省、山东省大部和河南省北部，是我国重要的工业地区，经济相对发达，水资源匮乏。华北平原也是我国主要的农业区，农村耕地占全国的 1/5，农村人口众多，每年会产生大量的污水，污染物浓度低、人均日产生量小于南方、污水的排放量与收入水平有关。

4.2.1　华北地区农村污水水量水质及排放要求[7]

华北农村地区用水类型包括自来水，井水和河水等。近年来，随着新农村建设的推进，农民生活水平日益提高，部分发达地区农村的用水量已接近城市居民用水量。根据《农村生活饮用水量卫生标准》GB 11730—89，在结合调查当地居民的用水现状、生活习惯、经济条件、发展潜力等情况的基础上酌情确定用水量。华北地区农村居民日用水量标准可参考表 4-2-1 中的数值。

华北地区农村居民生活用水量参考取值　　　　　　　　　　表 4-2-1

村庄类型	用水量 [L/(人·d)]
户内有给水排水卫生设备和淋浴设备	100～145
户内有给水排水卫生设备，无淋浴设备	40～80
户内有给水龙头，无卫生设备	30～50
无户内给水排水设备	20～40

农村居民的排水量宜根据对村庄卫生设施水平、排水系统的组成和完善程度等因素的实地调查情况确定。对北方地区某些镇村污水排放情况进行调研、计算得出，农村污水排水系数为 0.33～0.39，远低于城市居民生活污水的排水系数。其原因是村民生活习惯的影响，如一部分用过后仍然比较清洁的水被直接再利用，没有排入下水道。因此，华北地区农村污水排放量与农户卫生设施水平、用水习惯、排水系统完善程度等因素有关，可根据实测数据确定，或参照表 4-2-1 中的用水量和 4-2-2 中的排水系数确定。

华北地区农村居民生活排水量参考取值　　　　　　　　　　表 4-2-2

排水收集特点	排水系数
全部生活污水混合收集进入污水管网	0.8
只收集全部灰水进入污水管网	0.5
只收集部分混合生活污水进入污水管网	0.4
只收集部分灰水进入污水管道	0.2

农村生活日渐城市化，生活污水主要来自农家的厕所冲洗水、厨房洗涤水、洗衣机排水、淋浴排水及其他排水等。华北地区农村污水水质随污水来源、有无水冲厕所、季节用水特征等变化，因此，在确定用水水质时，可参考表 4-2-3，在调查当地是否使用水冲厕所、以及厨房排水和淋浴排水水质的基础上酌情确定。

华北地区农村居民生活污水水质参考取值（单位：mg/L）　　表 4-2-3

pH	SS	COD	BOD₅	NH₄⁺-N	TP
6.5～8.0	100～200	200～450	200～300	20～90	2.0～6.5

农村污水的排放要满足国家和地方的排放标准。华北地区不同区域对出水水质要求有差异，在未制定污水排放标准的农村地区，建议参考表 4-2-4，根据排水去向确定排放要求。

农村污水排放建议参照标准　　表 4-2-4

排水去向	直接排放		灌溉用水	渔业用水	景观环境用水
参考标准	《污水综合排放标准》GB 8978—1996	《城镇污水处理厂污染物排放标准》GB 18918—2002	《农田灌溉水质标准》GB 5084—2005	《渔业水质标准》GB 11607—89	《城市污水再生利用景观环境用水水质》GB/T 18921—2019

4.2.2 华北地区农村污水现状

王雪峰等通过对华北干旱地区内 9 个村庄调研可知，当地基础配套设施相对落后，无完善的排水收集系统，明排、乱排现象普遍，人居环境较差。各村排放的污水多为厨房及洗浴废水、冲厕水等生活污水，主要含有机物、氮、磷、悬浮物及病菌等，无有毒有害的工业废水。各村庄生活习惯与经济水平相近，污水排放量、污水水质差别不大。华北地区农村污水主要排放特点如下：

通过调查[8-9]显示，在农村由于排水系统不配套的情况下，农村污水主要以排入农户粪坑蒸发、渗漏为主，没有经过处理，对地下水、环境污染比较严重，急需进行改造。其他部分农村居民直接将污水排入到未设任何排水系统的房屋后面，造成雨水、污水蓄积泛滥，滋生了许多蚊蝇、臭气熏天，严重污染了环境。单户经营或联户经营的家庭作坊和养殖业产生的污水，经营者为追求个人方便和生产利益，也往往直接排放。

通过沟渠集中排放到河道。随着改革的不断深入，农村经济的不断发展，农村生产和生活方式发生了明显的变化。一些村庄进行了新农村建设，改造了村庄环境，修建了统一的排水沟，并把生活污水集中起来进行排放。村民通过自家排水渠将洗涤、厨房等废水排入到人行道两侧的明或暗渠，然后排入河中。在这种形式下，冲洗粪便排水途径包括：水冲式厕所所产生的废水直接通过管道进入路边的排水沟；传统简易厕所底部设置化粪池，废水主要通过蒸发、渗漏排出。

分散处理后排放。山东省部分农村农户修建了沼气池，部分生活污水主要排入沼气池处理后再排放。沼气化粪池必须经过后续兼性或好氧滤池处理才能达到国家综合污水排放二级标准。

镇区集中处理后排放。山东省部分镇区铺设了污水管道，而且多采用雨污合流的排水体制，将污水集中到污水处理厂，进行处理之后再排放。

4.2.3 华北地区农村污水处理技术

华北地区为温带大陆性季风气候，属于典型的干旱地区，降水多集中在夏季，暴雨时村庄深受洪涝灾害影响，旱季时村民日常用水供应短缺，在设计排水收集系统时，应立足于当地条件，重点考虑水资源的循环利用。

华北地区农村的生活污水处理的原则是因地制宜分类处理，对于集镇生活污水，应主要采用集中式的污水处理方式，而对于人口分布相对分散的农村，选择适宜的技术运用分散式的污水处理设施则更为合适，另外在选择农村生活污水处理技术时，应该综合考虑土地资源，村庄、地形、投入资金废水水质排放要求等因素[10-11]。

华北农村地区的污水处理技术，宜采用新型的低能耗、低资、低成本和高效率的分散型污水资源化处理技术，应优先考虑人工湿地、土地渗滤、稳定塘等自然生物处理技术和投资运行费用较低的厌氧生物处理技术。人工湿地、土地渗滤、稳定塘等技术在低温条件下，也可达到较好的运行效果[12]。各种技术的适用村庄可按以下原则分类：人工湿地适用于村庄周边有闲置荒地、场地开阔、排放标准要求不高的村庄；A/O—土地处理适用于出水排放标准较高、规模较大和场地宽敞的村庄；厌氧生物滤池适用于经济水平较低、进水污染物浓度较低、有地势高程落差条件、无闲置土地的村庄；生物接触氧化适用于污染程度较高、规模较大的村镇；MBR 适用于污染程度较高且排放标准较严的水源地的村庄。

申颖洁等调查北京市新农村建设试点村污水处理工程，共 13 个区县的 78 个行政村，建设污水处理站 130 座，污水处理工艺包括生物接触氧化、生物转盘、厌氧生物滤池、人工湿地、MBR 等 8 种工艺及组合。人工湿地处理费用最低，MBR 处理效果虽好，但运营费用过高[13]。

河北小关村采用改良化粪池和稳定塘处理系统。利用天然洼地建造稳定塘，仅对原有土地适当修整，依靠稳定塘内生长的微生物对塘中的污水进行污染物的降解与转化，净化后的污水可直接灌溉农田，使污水处理与利用有效结合起来。

鲍振博在天津市周庄村建了沼气池与湿地组合的无动力组合型污水处理系统，处理污水并实现中水回用[14]。

4.3　西北地区农村污水处理特征与技术

按行政区划分，西北地区包括新疆、青海、甘肃、宁夏和陕西五省。干旱是西北地区的主要自然特征，年均降水量和单位面积产生的年均径流量在全国都是最少的，其年降水量从东部的 400mm 左右，往西减少到 200mm，甚至 50mm 以下，且水资源分布不均匀，部分地区人均占有量极低[15]。区内气温冬季较低，就陕北黄土高原而言，多年平均气温 7.9～11.3℃，一月平均气温最低（−7℃左右）。与其他地区相比，西北地区污水量较少，浓度较大[16]。

4.3.1　西北地区农村污水水量水质及排放要求[17]

西北地区气候干旱，平均气温较低，农村居民生活用水量偏少。大部分村庄居民主要使用旱厕，没有淋浴设施。近年来，随着新农村建设的推进，部分经济条件好的村庄的家庭也具有冲水马桶、洗衣机、淋浴间等卫生设施，接近于城市的用水习惯。依据《农村生活饮用水量卫生标准》GB 11730—89 和实地抽样调查，并参考《城市居民生活用水用量标准》GB/T 50331—2002，西北地区农村居民生活用水量可参考表 4-3-1，在调查当地居民的用水现状、生活习惯、经济条件、发展潜力等情况的基础上酌情确定。

居民生活供水和用水设备条件	人均用水量（L/d）
有自来水、水冲厕所、洗衣机、淋浴间等，用水设施齐全	75～140
有自来水、洗衣机等基本用水设施	50～90
有供水龙头，基本用水设施不完善	30～60
无供水龙头，无基本用水设施	20～35

西北地区大部分村庄目前仍以旱厕为主，经济条件好、人口集中的村庄的卫生设施较齐全，农村污水的排水量宜根据村庄卫生设施水平、排水系统的组成和完善程度等因素实地调查或测量来确定。没有实际资料时，可参考表 4-3-2，根据排放量占用水量的百分比确定。

不同村镇生活污水排放情况　　　　　　　　　　　　　　表 4-3-2

村镇居民生活供水和用水设备条件	排放量占用水量的百分比（%）
用水设施齐全，黑水和灰水混合收集	70～90
有基本用水设施，收集黑水和部分灰水	50～80
基本用水设施不完善，收集黑水和部分灰水	30～60
基本用水设施不完善，收集部分灰水	30-50
无基本用水设施，污水不收集	基本无排放

农村居民的排水水质因排水类型不同而差异较大，宜根据实地监测确定。若无条件实地监测，可参考同类地区的调查数据，或表 4-3-3 中的建议取值范围。

西北地区农村污水水质参考值[17]（单位：mg/L）　　　　　　表 4-3-3

COD	BOD_5	SS	NH_4^+-N	TP	pH
100～400	50～300	100～300	3～50	1～6	6.5～8.5

农村污水的排放要求需满足国家和地方的排放要求。在未制定排放要求的农村地区，建议参考表 4-3-4 的相关排放标准，根据排水去向确定排放要求。

农村污水排放的相关参照标准[17]　　　　　　　　　　　表 4-3-4

排水用途	直接排放	·	灌溉用水	景观环境用水
参考标准	《污水综合排放标准》GB 8978—1996	《城镇污水处理厂污染物排放标准》GB 18918—2002	《农田灌溉水质标准》GB 5084—2005	《景观环境用水水质》GB/T 18921—2019

4.3.2　西北地区农村污水特点

西北地区地大物博、土地辽阔，北部地区水资源整体贫乏，常年缺雨多旱，环境生物链简单，生态稳定性差，易受外界因素的影响破坏。目前，西北地区大部分村庄的生活污水处理现状是直接原地排放或排入水体，人工排水系统的基础设施缺乏，间接威胁农村饮用水源的安全。发展较好的村庄即使有人工排水系统，但是普遍建材质量较差，污水和雨水混合严重，排水系统工程"晒太阳"或无人管理。陕南地区潮湿多雨，常年温热，具有典型的南方气候特征，年平均气温低于南方地区。种植条件与南方类似，主要农作物以水稻为主。经济发展水平较南方发达地区落后很多、农村基础设施建设严重滞后、技术力量相对缺乏，排放的生活污水在水质、水量上与南方发达地区存在差异。陕南地区生活污水中氮和磷含量低于发达地区，而有机污染物含量相对高于发达地区，基本上不含重金属、有毒有害物质。这是因为经济欠发达农村地区，用水时有反复使用后再排放的习惯，从而导致有机物浓度较高；同时，由于这些地区农村普遍没有使用卫生洁具，造成生活污水中粪便较少，氮和磷的浓度偏低。村庄分散的地理分布特征，造成污水排放较分散，且涉及范围广难于收集。污水处理设施严重滞后，污水基本属于粗放型排放。

关中地区属温带气候区，降水量为 400～800mm，主要集中于 7～9 月，并多以暴雨形式出现，是典型的干旱半干旱地区。

4.3.3　西北地区农村污水处理技术

西北地区在选择农村污水处理技术时，应满足的原则：经济实用性原则，即处理技术经济适用，达到节能降耗；操作简单化原则，即运行操作简单，便于村民日常维护和管理；资源化原则，以最大化实现回用为目标，争取实现雨污分流制排放，对于一些居住比较集中的区域，考虑出水回用设施的建设，将出水收集回用，尽量减少污泥的产量并进行资源化利用。

西北地区农村污水处理缺乏完善的管网系统和处理系统，加之经济发展滞后，缺乏专业的管理人员，该地区地区农村污水处理目前还不具备规模化，处理技术相对传统落后。除了对污水的直接排放，西北地区对农村污水处理的技术工艺主要有化粪池、厌氧沼气技术、人工湿地、土壤渗滤系统等[17]，农村污水有其独特性，排放量少且不够集中[18-20]。

1. 北部干旱地区适用技术

对于 100 户以上的聚集的居民点，选择了高负荷地下渗滤污水处理复合工艺或沟式土地处理工艺。高负荷地下渗滤污水处理复合工艺处理排水量较多的村庄，占地面积小，冬季受温度影响小且地下渗滤表层可种植，可不改变土地用途，处理后的污水可回用于灌溉，无需排入河流；后者选择的主要原因是该技术较高负荷地下渗滤工艺投资省，对于土地不紧缺的地区可选择此工艺。对于有废弃塘的村庄，可采用低温氧化塘工艺。

对于 30～100 户之间聚集的村庄，可选择沟式土地处理工艺、高负荷地下渗滤复合工艺或低温氧化塘工艺。对于聚集村庄附近无废弃塘或湖泊佳地的，采用沟式土地处理工艺，该工艺的费用比高负荷地下渗滤低，不需要动力，冬季受温度影响小，管理简单，出水效果好；选择高负荷地下渗滤针对村庄土地资源紧缺，比沟式土地处理节约占地；对于村庄附近有废弃塘或湖泊洼地等，可经简单改造变成氧化塘的，可使用低温氧化塘工艺，可大大降低成本，但是由于冬季气温低且排污量小，该工艺的运行机制是丰排枯，设计的氧化塘体积应满足整个冬季污水量的存留。

对于 10～30 之间的农户，排水量相对较少，可采用升流式厌氧生物滤池温室型人工湿地、沟式土地处理工艺或低温氧化塘工艺。对于聚集村庄附近无废弃塘或湖泊洼地的，可采用升流式厌氧生物滤池温室型人工湿地的工艺，运行简单，无需动力，运行费用低，占地较小；对于聚集村庄附近无废弃塘或湖泊洼地的且周围可用地较多的，可采用沟式土地处理工艺；对于村庄附近有废弃塘或湖泊洼地等，经简单改造变成氧化塘，为了节约成本，采用低温下的氧化塘工艺，但是设计的氧化塘的体积应满足整个冬季污水量的存放，待温度上升后可处理后回用。

对于 10 户以下的农户中大多以两、三户聚集居住的形式。对于沟谷区分散的农户，考虑到经济与管理简易问题，最好使用化粪池或沼气池技术，经厌氧发酵后回用于农作物上；对于少数山区的分散农户，自身由于缺水，用水量极少，农村污水排放系数几乎为零，厕所及畜禽废水可采用化粪池或沼气池处理，经长期厌氧发酵后回用农田[21,22]。

2. 关中地区适用技术

关中地区污水处理的技术路线偏重于占地少，出水水质好、可回水利用的处理方案[23-25]。结合关中农村污水排放特征、排放标准和农村实际，以及一些示范应用情况，选用化粪池、生物接触氧化、氧化塘和人工湿地等及其组合处理技术方法。

4.4　中南地区农村污水处理特征与技术

中南地区包括湖北、湖南、安徽和江西，该区域地形地貌复杂，包括山地、丘陵、岗地和平原等。农村人口数量、村镇数量和人口密度均较大，很多行政村位于重要水系（如淮河、巢湖、鄱阳湖、洞庭湖等）流域，大量未经任何处理的农村污水直排，对水环境影响较大。该地区经济总量在全国处于中等偏下水平，区域内经济发展不平衡，农民生活方式、水平差异较大[26]。

中南地区可以秦岭-淮河为界划为秦岭以南和秦岭以北，河南和安徽北部属于秦岭以北，用水量较小且经济欠发达。这些地区农村大部分采用旱厕或有家禽畜养，有利用厩肥施用农田和菜地的习惯，农村污水很少外排，排放的少量污水可考虑采用化粪池或厌氧生物膜反应池进行简单的处理。秦岭-淮河以南农村多傍水而建，池塘往往成为受纳水体。这些地区可利用现有的池塘采用多塘技术或者人工湿地系统[26,27]。

4.4.1　中南地区农村污水水量水质及排放要求

中南地区用水类型包括自来水、地下井水、河水、池塘水、山泉水和水库水等。用水量宜根据当地的调查结果确定；在没有调查数据的地区，可参考同类地区相关经验。

根据《城市居民生活用水量标准》GB/T 50331—2002 和《农村生活饮用水量卫生标准》GB 11730—89，中南地区农村居民日用水量，可参考表 4-4-1 中的数值。

中南地区农村居民日用水量参考值[28] 表 4-4-1

村庄类型	用水量 [L/（人·d）]
经济条件好，有独立淋浴、水冲厕所、洗衣机，旅游区	100～180
经济条件较好，有独立厨房和淋浴设施	60～120
经济条件一般，有简单卫生设施	50～80
无水冲式厕所和淋浴设备，水井较远，需自挑水	40～60

中南地区村镇数目多，各区域村庄人口密度差异大，具体村庄或散户的排水量可根据实地调查结果确定。在没有调查数据的地区，可采取如下方法确定排水量：洗浴和冲厕排水量可按相应用水量的 60%～80% 计算；洗衣污水排水量为用水量的 70%；厨房排水量则需要询问当地村民的厨房排水用途，如是否用于喂猪等，如果通过管道排放则一般按用

水量的 60% 计算。通过排放系数确定的污水排放量可作为污水处理设施进水流量设计的参考值。

农村居民的排水水质因排水类型不同而差异较大。根据排放地点和水质特征不同，排水类型可分为厕所污水、洗衣污水、厨房污水和洗浴污水等。实际调查与监测结果表明：厕所污水污染物浓度最高，同时有臭味产生；洗衣第一遍污水和厨房洗碗刷锅水 COD 也很高，可高达 10000mg/L 以上；对 TP 贡献最大的是厨房的淘米水，其次是含磷洗衣洗涤水；而洗浴、洗澡水相对较干净，各项指标值都较低。

农村污水综合排放后的具体水质情况宜根据实地调查结果确定，在没有调查数据的地区，表 4-4-2 建议取值范围可供参考。

中南地区农村污水水质范围参考表（单位：mg/L）　　　　表 4-4-2

主要指标	pH	SS	COD	BOD$_5$	NH$_4^+$-N	TN	TP
建议取值范围	6.5~8.5	100~200	100~300	60~150	20~80	40~100	2.0~7.0

农村污水的排放需满足国家或地方排放要求。在没有地方排放要求的农村地区，根据中南地区的特征，建议参考表 4-4-3，按照不同排水去向的排放要求确定。

农村污水排放可参考执行的相关标准　　　　表 4-4-3

排水用途	直接排放		灌溉用水	渔业用水	景观环境用水
参考标准	《污水综合排放标准》GB 8978—1996	《城镇污水处理厂污染物排放标准》GB 18918—2002	《农田灌溉水质标准》GB 5084—2005	《渔业水质标准》GB 11607—89	《城市污水再生利用景观环境用水水质》GB/T 18921—2019

4.4.2　中南地区农村污水特征

中南地区除了山地较多，还集中了我国较大的淡水湖巢湖[29,30]和鄱阳湖[31-34]。江西省从 1991~2011 年逐步推进新农村建设，采取了改水、改厕等措施，农村生活污染物排放量也随之增长 12.68%。同时，由于污水管网不齐全，很多污水、化粪池废水直接排入水体，导致鄱阳湖流域严重污染。

1. 巢湖流域水量水质特征

巢湖市位于安徽省中部，南边长江、内含巢湖，东接含山县，西接肥东县，南接无为县。全区面积 2063km²，下辖 17 个乡镇、5 个街道办事处，人口 85 万人。巢湖市地貌特征复杂多样，区域内分布有丘陵、岗地、平原三种不同类型，比例为 1：4：3。区域地势变化较大，高低不平，海拔在 4~675m 之间波动。

巢湖流域河网密布，水系发达，出入河流 33 条，其中主要入湖河流为北部的南舰河、十五里河、派河、拓皋河，西部的丰乐河、杭巧河、白石天河，南部的兆河，8 条河流呈向屯、辐射状汇入巢湖，东经裕溪河流入长江。巢湖流域年均地表水资源总量为 53.6 亿m³，多年平均径流量约有 30 亿 m³，扣除地表水和地下水资源量中的重复计算量后，巢湖流域水资源总量约有 89.2 亿 m³。

巢湖流域农村污水夏、秋季人均日产生量较高，达到 40L/人·d，冬、春季相对较少；生活污水 COD 四季浓度均值冬、春季最高，夏、秋季较低，但四季均值均在 500mg/L 以上；生活污水的全磷四季浓度春、冬季高于4mg/L，夏、秋季低于4mg/L；生活污水的全氮浓度也是冬、春季较高，浓度均值超过30mg/L，夏、秋季浓度均值接近20mg/L。流域人口夏秋季污水产生量明显高于冬春季，由于污水产生量的增加自然稀释了一部分污染物的浓度，导致污染物浓度冬春季高于夏秋季，当然这也跟当地农户冬春季的饮食一般要比夏秋季水平高，因为春节等重要节日都集中在冬春季节。

巢湖流域农村污水污染物浓度很高。农村污水中COD浓度约为800~1200mg/L，TN浓度约为20~40mg/L，TP浓度约为4~6mg/L，氨氮为10mg/L。且月份监测和季节监测得出了相似的污染物浓度规律，即巢湖流域农村污水中COD浓度、TN浓度、TP浓度在冬、春季较高，夏、秋季较低，但均值较高，且季节监测与对应的月份监测规律基本相符。夏、秋季污染物浓度相对较低是由于污水的日产生量较大，污染物浓度相对较低而造成的。

2. 鄱阳湖流域农村污水特征

鄱阳湖流域，生活污水集中收集和处理措施较少，污水基本上是随意排放，排放地点为河流、池塘和下渗到土壤中，是农村生活污染源成为影响水环境的重要因素，且随着生活方式的改变而加剧。据建设部《村庄人居环境现状与问题》调查报告显示，96%的农村没有污水处理及收集系统，生活污水及粪便污水有95%直接排放到地下或江河中，未经处理的生活污水严重影响了居民的居住环境[35]。鄱阳湖流域农村生活污水在时序上也不均匀，白天比晚上水量大，高峰一般集中在早中晚就餐前后，水量时变化系数大，一般时变化系数可达3.0~5.0。鄱阳湖流域农村人口分布及生活污水排放量分析见表4-4-4[25]，水质见表4-4-5[37]。

鄱阳湖区农村人口分布和生活污水排放量[36]   表 4-4-4

地区	乡村总人数（人）	乡村总户数（户）	生活污水排放量（m³/d）	户均生活污水排放量［m³/(d·户)］
南昌	2799075	700051	360521	0.51
景德镇	1026018	267340	132151	0.49
九江	3721422	906926	479319	0.53
新余	754753	222876	97212	0.44
鹰潭	824783	211749	106232	0.5
吉安	3835944	972092	494070	0.51
宜春	4123269	1084008	531077	0.49
抚州	3047644	770820	392537	0.51
上饶	6057809	1467323	780246	0.53
合计	26190717	6603185	3373365	

鄱阳湖流域农村污水水质[37]   表 4-4-5

指标	COD	BOD_5	NH_4^+-N	SS	TN	TP
浓度/mg·L^{-1}	265~510	180~320	20~60	90~225	25~80	1.5~5.0

目前鄱阳湖流域农村污水处理普遍存在三个方面的问题：一是生活污水收集系统不完善，大部分通过农户自建小水沟或暗渠排入就近水体，由于住户相对分散，管网严重缺失，生活污水在空间上比较分散，收集困难；二是排水管网接缝质量较差，污水渗漏严重，大多渗入了村庄的土壤中；三是污水仅经过化粪池预处理后直接排入池塘、沟渠，远

达不到要求的排放标准，同样造成对水环境的污染，没有根本上解决生活污水治理的问题。

4.4.3　中南地区农村污水处理技术

截至 2016 年，巢湖地区 13 个乡镇下属自然村已经建成农村生活污水处理设施 36 座，总处理规模 1915t/d。这些污水处理设施采用的工艺主要有 3 种，分别为 MHBR 技术（微动力高效生物膜处理工艺）、一体化设备＋人工湿地组合工艺、复合生物处理＋人工湿地，其种类远低于太湖流域农村生活污水处理工艺类型。其中 MHBR 技术应用比例达到 50％以上，处理模式相对单一。巢湖位于长江中下游左岸，农村生活污水处理率低，大量生活污水已经成为巢湖水体富营养化的重要贡献来源。该地区建设了农村生活污水典型示范村，主要有分散式厌氧-人工湿地集中处理、三水分离处理、污水收集集中处理和一体化设备集中处理等 4 种模式，对巢湖地区农村污水处理技术的推广起到了示范作用。然而示范村大多经济条件较好，且已建立较完善的污水收集管网，但巢湖流域的大多数地区并没有完善的污水收集管网，所以推广仍存在一定难度。

江西地区处于秦岭-淮河以南，冬季平均气温高于 0℃，适合采用人工湿地技术。向速林等针对鄱阳湖流域农村生活污水的处理设计了生物接触氧化与人工湿地技术相结合的组合工艺，出水水质稳定，达到国家一级排放标准。

中南地区可以秦岭-淮河为界划为秦岭以南和秦岭以北，河南和安徽北部属于秦岭以北，用水量较小且经济欠发达。这些地区农村大部分采用旱厕或有家禽畜养，有利用厩肥施用农田和菜地的习惯，农村污水很少外排，排放的少量污水可考虑采用化粪池或厌氧生物膜反应池进行简单的处理。秦岭-淮河以南农村多傍水而建，池塘往往成为受纳水体。这些地区可利用现有的池塘采用多塘技术或者人工湿地系统。

4.5　西南地区农村污水处理特征与技术

西南地区包括四川省、贵州省、云南省、广西壮族自治区、西藏自治区、重庆直辖市等。西南地区地形结构复杂，主要以高原、山地为主，区域跨度大，包括巴蜀盆地及其周边山地，云贵高原中高山山地丘陵区，青藏高原高山山地区。

西南地区水资源丰富，气候类型多样，地形地貌类型较多，经济发展相对落后：广西和贵州均属亚热带季风气候，雨水丰沛，干湿分明，季节变化不明显，云南和四川则存在更为丰富的气候差异和垂直性变化。西南地区的气候主要分为三类：四川盆地湿润北亚热带季风气候。气候比较柔和，湿度较大，多云雾，加上地势较为平缓，是农业集中发展的区域，人口也较为集中。大城市如重庆、四川成都等都分布于此。云贵高原低纬高原中南亚热带季风气候，四季如春，代表城市有昆明、大理等，山地适合发展林牧业，坝区适宜发展农业、花卉、烟草等产业。高山寒带气候与立体气候分布区。是主要的牧业区。广西境内河流总长约 3.4 万 km，集水面积 1000km² 以上的地表河有 69 条，水域面积约 8026km²，占陆地总面积的 3.4％，喀斯特地下河有 433 条，长度超过 10km 的有 248 条，云南具有大量高原湖泊，河流众多，贵州河流处在长江和珠江两大水系上游交错地带，四川则处于长江和黄河两大水系上游。

4.5.1 西南地区农村污水水量水质及排放要求

用水量宜根据当地的调查结果确定。在没有调查数据的地区，可参考同类地区经验或参考表 4-5-1 推荐的用水量或表 4-5-2 西南各省的调查结果[20]。

西南地区农村居民生活用水量参考取值　　表 4-5-1

农村居民类型	用水量 [L/(人·d)]
经济条件好，有水冲厕所，淋浴设施	80～160
经济条件较好，有水冲厕所，淋浴设施	60～120
经济条件一般，无水冲厕所，简易卫生设施	40～80
无水冲厕所和淋浴设施，主要利用地表水、井水	20～50
游客（住带独立淋浴设施的标间）	150～250
游客（住不带独立淋浴设施的标间）	80～150

注：农村用水量没有具体的标准，仅有城市居民生活用水用量标准 GB/T 50331—2002 可供参考，但由于农村自然、经济和生活习惯等的不同，用水量相差很大，因此，本指南根据住房和城乡建设部收集的《村庄污水处理案例集》和编写单位对农村的实地调查结果（表 4-5-2），得出表 4-5-1 的用水量参考值。

西南地区农村用水量调查结果　　表 4-5-2

调查地点	类型	水量范围	平均值	备注
西南地区		100～140 L/d		GB/T 50331—2002
西南地区		20～180 L/d		GB 11730—89
贵州1	集镇居民		172L/d	根据水表统计
贵州2	农村居民		71L/d	调查结果
四川1	集镇居民		153L/d	根据工程计算
四川2	农村集镇居民		95L/d	根据工程计算
四川3	农村居民		60L/d	根据工程计算
四川4	农村居民		59L/d	调查结果
重庆	农村居民		87L/d	调查结果
广西			120L/d	调查结果
云南1	农村居民	6.25～203.75L/d	85L/d	调查结果
云南2	外来游客（标间）	140～356L/d	193L/d	调查结果
云南3	外来游客（普间）	80～100L/d	85L/d	调查结果
云南4	餐饮用水		95L/d. 人次	调查结果

注：表中"标间"指宾馆房间含有独立的卫浴，"普间"指宾馆房间没有独立的卫浴。"餐饮用水"指将餐厅用水量折算为顾客用水量。

农村居民的排水量宜根据实地调查结果确定，在没有调查数据的地区，可取用水量的 60%～90% 作为排水量。

农村居民生活污水水质宜根据实地调查结果确定，在没有调查数据的地区，可参考同类地区的调查数据，或表 4-5-3 建议取值范围，或表 4-5-4 西南各省的调查结果。

农村污水水质（单位：mg/L）　　表 4-5-3

主要指标	pH	SS	COD	BOD_5	NH_3-N	TP
建议取值范围	6.5～8.0	150～200	150～400	100～150	20～50	2.0～6.0

注：表 4-5-3 根据城市生活排水水质和西南地区农村污水处理工程的监测结果得出。西南地区农村污水处理工程的检测结果见表 4-5-4。

西南地区农村污水处理工程进水水质检测（单位：mg/L） 表 4-5-4

项目	pH	SS	COD	BOD₅	NH₃-N	TP
贵州		150	150～250	60～150	35～50	3～5
云南	7.1～7.3		162～242		28～68	3.9～4.9
四川	6～9	150～200	300～350	100～150	20～40	2.0～3.0
四川		142.0	355.5	118.0	30.4	2.21
重庆			99～413		14～24	1.1～5.7

我国目前还没有专门针对农村污水处理的排放标准，根据西南地区不同区域对出水水质要求的差异，可参考表 4-5-5 有关现行标准以及各个地区对排水水质的具体要求。

农村污水排放执行的相关参照标准 表 4-5-5

排水用途	直接排放		灌溉用水	渔业用水	景观环境用水
参考标准	《污水综合排放标准》GB 8978—1996	《城镇污水处理厂污染物排放标准》GB 18918—2002	《农田灌溉水质标准》GB 5084—2005	《渔业水质标准》GB 11607—89	《城市污水再生利用景观环境用水水质》GB/T 18921—2019

4.5.2 西南地区农村污水特征

西南地区是我国少数民族聚集较为集中的地区，当地居民生活习惯具有丰富的民族特色，同时较为独特的自然风光和人文风光使该区域成为自然风光旅游和人文旅游的热点区域。该地区社会经济发展较慢，民俗习惯差异性较大，尤其是在农村地区，居民卫生环保意识相对薄弱，是水污染防治和控制较为薄弱的地区。随着近年来经济发展、生活习惯的改变以及旅游业的发展，农村污水总量迅速增长。大量未经处理的生活污水直接排放，引起周边环境的污染。近年来随着当地居民生活水平提高及以农家乐为代表的旅游产业发展，农村生活用水总量也迅速增长，生活污水量通常为用水总量的 60%～90%，具有污染物浓度低，水量相对小，日变化量大，氮磷营养元素较高的特点。

李希希[39]等人分别对西南地区的重庆、云南及四川农村地区生活污水处理现状进行调查，结果表明农村地区生活污水处理设施修建已日益完善。但生活污水处理率较低，环境问题依然严峻。谢燕华[40]等调研结果，西南地区农村生活污水主要包括厨房污水、洗涤污水、洗漱污水及厕所污水，大部分直接排放，该结果与韩智勇[41]等人对西藏和四川地区生活污水排放方式的调研结果大致相符。此外，四川、重庆、云南和贵州农村地区的厕所污水主要以排入粪池处理为主[42]。但农村地区厕所污水直接排放的现象依然存在，其中贵州和重庆农村地区厕所污水直接排放比例高达 50.91% 和 36.07%。由于厕所污水含有大量的有机物、氮、磷以及致病微生物和病毒，若不妥善处理，不仅会造成环境污染，还可能威胁人体健康。故建议当地有关部门应酌情考虑配套农村基础设施，修建消纳能力足够且能防止雨水进入的化粪池或者沼气池，减少厕所污水直排现象，同时降低污水处理设施负荷，改善农村生活环境。

1. 滇池流域农村污水特征

以滇池流域农村污水特征为例，昆明市环境科学研究院对昆明市城郊的小城镇和农村的生活污染负荷进行过调查[43]，小城镇人均生活污染负荷值和农村人均生活污染负荷值如表4-5-6所示。表中的小城镇综合排水量和污染物负荷值实际上已不完全是农户的生活污水，还包含了餐饮废水、养殖废水以及未进入工业废水统计的作坊式的非农户生活废水在内。实际上，昆明农村污水各项污染物浓度远远低于城市生活污水的含量。刘忠翰对滇池湖滨地区的斗南村的排放污水调查结果[44]表明，凯氏氮（KN）和氨氮（NH$_3$-N），其浓度含量分别为 14.64±3.63mg/L、9.11±0.83mg/L，是城市污水 KN 和 NH$_3$-N 的 65％和 54％。

滇池流域城郊小城镇和农村人均生活污染负荷值　　　　　　　表 4-5-6

居住类型	综合排水量 L/(d·人)	COD$_{Cr}$ g/(d·人)	TN g/(d·人)	TP g/(d·人)
昆明城郊小城镇（乡、镇）	135	29.7	7.04	0.68
昆明农村的村庄	50	17.4	0.4	0.46

农村的生活污水的浓度存在较大的差异，刘忠翰[44]的滇池流域农村排水调查表明（表4-5-7）：农村污水通常含人畜粪尿，因而排出的生活污水中氮磷含量、特别是磷含量较城市污水高；农村村镇污水一般是明沟收集后，就近排入河道，这种排水方式使污染物含量浓度随季节发生变化，并有地区差异；农村污水的 BOD$_5$ 和 COD$_{Cr}$ 含量虽然比城市污水低，但 BOD$_5$/COD$_{Cr}$ 的比值（0.39～0.92）比城市污水高，说明农村污水有更高的可生化性。

滇池湖滨地区农村污水水质抽样分析结果（单位：mg/L）　　　　　表 4-5-7

采样地点	COD$_{Cr}$	BOD$_5$	SS	KN	NH$_3$-N	TP
古城镇	29.1	11.4	42.0	19.38	2.44	4.24
晋宁县城	26.8	22.9	104.0	17.12	12.09	4.21
新街乡	109.9	79.6	64.0	55.67	38.73	17.44
小梅子村	98.0	88.4	148.0	35.82	22.72	18.88
斗南村	117.6	95.4	10.0	7.11	3.69	2.06
矣六村	231.3	203.6	1146.0	19.70	10.83	15.13
官渡镇	290.1	266.8	191.0	38.40	13.30	10.71

2. 洱海流域农村污水特征

以西南地区另一个典型流域-洱海流域为例，农村污水的特征是污水通过直接泼洒于地面、倒入村落沟渠中、直接入洱海三种方式排放。直接泼洒：多为村中无沟渠或沟渠不完整，且经济条件较差，路面为土路的村落，污水依靠自然蒸发等方法，污水水分消失，污染物沉积，雨天通过雨水携带污染物入沟渠或农田。排入沟渠：多为村镇沟渠完善，经济水平高的村落，村落中的沟渠有两种类型，一类是沟渠内常年有水流动，水沟穿村；另一类沟渠为排污沟，污水流动性差或不流动，雨天形成径流；直接入洱海。沟渠的类型有几种：按砌筑材料划分：土质，水泥砌筑，石板堆砌。按有无盖板划分：分为明沟与暗沟，暗沟主要通过石板或铁丝格栅覆盖。按沟渠级别划分：按照污水的流动途径，排污沟可以分为主渠、支渠，各家各户污水通过支渠汇入主渠，洱海流域村落平均有1～2个主沟渠。有些村落濒临洱海，污水直接排入洱海。

洱海流域农村污水处理往往缺乏脱氮除磷的设计，且均各自分散的进行，使农村污水处理技术并没有形成一个系统的、完整性的统一体，造成以小流域或行政区为单元进行统计时，农村污水整体的收集率和处理率低。存在的问题主要表现在以下三方面：①污染物处理效率较低，尤其是氮、磷去除率很低，氮、磷污染是导致水体富营养化的主要原因；②目前实施的部分污水处理只是初步实现了分散污水的收集、处理和排放，远未实现分散点源的污水处理的再利用目的，即未实现污水就地处理和就地资源化回用；③严重忽视农村集镇或村镇的"暴雨水"及合流制"下水道溢流"的控制，使得农村地区基本没有排水（包括下水）管网系统，村镇废水得不到有效控制；正在城市化的集镇、较大的集镇地区，也未建立有效的集镇地表径流收集（雨水管网）、处理系统，设置初期雨水收集处理设施，使村镇排水管网截流能力低，不能对初期雨水进行有效收集与处理。

4.5.3　西南地区农村污水处理技术

西南地区农村污水工艺选择宜根据建设条件、水量、进出水水质、气候条件、资金条件等综合因素全面考虑，择优选择。

该地区村镇集体经济底子薄、来源单一，多数集体经济的收入仅够维持村级组织的日常运转，无力顾及基础设施建设。资金不足、融资渠道不畅长期制约着村镇基础设施建设，这使得绝大多数村镇污水没有得到收集和处理。另外农村居民的污水处理专业知识较为淡薄，对复杂污水处理工艺的维护管理存在欠缺。农村生活污水处理工艺的选择其建设成本和运营成本必须在可承受范围之内，运行维护相对简单，村寨居民可以自行维护管理。另外根据各个村寨的环境敏感强弱，污水处理工艺的选择必须能够满足相应的出水水质标准[48,49]。

靠近城区、镇区且能够满足城镇污水收集管接入条件的村寨优先考虑建设污水管网收集系统，将村寨污水收集后送入城镇污水处理厂集中处理；住户较为集中且人口较多或旅游业发达且污水收集较为容易的村寨，优先考虑集中式污水处理方式；住户分散或人口分布相对较少的村寨选择分散式污水处理方式。

西南农村地区适用的分散式污水处理技术各有不同：广西、云南两地，生态资源丰富，气候温暖，四季变化不明显，有利于发展人工湿地系统；贵州地区地势陡峭，缺水少雨，可推广跌水式生态工艺，一体式污水处理设施也有较好的应用前景；四川地区地形复杂，气候多样，经济基础条件参差不齐，应考虑将生态工艺与生物工艺联合使用，在经济条件较好的地区，铺设管网修建城镇集中式污水处理厂，在经济条件一般的地区采用厌氧净化与人工湿地的组合工艺，在无充足土地资源或排水要求较高的山区或景区，则考虑微动力曝气的一体化设备。

农村污水处理工艺的选择与出水水质排放标准密切相关。对于出水水质要求不高，收纳水体环境容量较大且村寨用地条件富余的地方，可以选用生物生态类的污水处理工艺；对于出水水质要求高且收纳水体环境较为敏感的区域建议选用生物处理类或者组合工艺。

西南农村污水处理技术时应考虑以下因素：①村落位置与地形：土壤净化槽技术、人工湿地技术均需一定的工程用地，对地形坡降与土壤土质有要求；②用地条件：土壤净化槽技术、人工湿地均需要一定面积的用地，占地面积较大，受到土地利用等条件的制约；③生产生活水平：技术的使用，应当充分考虑工程地区的生产生活水平，避免在工程建设中，尤其在建成后的运营遇到很大的困难，甚至无法正常运行，应按照当地生产生活水平选用处理技术；④污水排放方式：农村污水排放方式，与拟采用的处理技术密切相关，因此要明确排放方式；⑤资金投入的制约：选择有效、投资较低的处理技术是十分重要的，因此在筛选拟采用技术时，必须考虑工程建设与未来运行的成本问题[50-53]。

现阶段四川省农村生活污水处理采用的技术和工艺包括：生物流化床与生物滤池、人工湿地、氧化塘、接触氧化、厌氧生物处理技术、沼气池、化粪池、AO、A²O、人工快渗、沟渠、一体化设备与技术，以及多种处理技术与工艺的组合等[54]。其中厌氧净化、沼气池、人工湿地等为主要技术，以人工湿地、氧化塘等技术作为必要辅助和补充的多种技术相结合的组合工艺，有较多应用。粪便废水等因其具有高的有机物浓度，设置化粪池、沉淀调节池等预处理设施，对于农村生活污水处理效果的实现十分必要。

滇池流域农村分散污水处理现状调查显示，已建成分散污水处理工程的村庄共13个，运营效果好的8个村庄采用的处理技术（工艺），见表4-5-8。

滇池流域农村分散污水处理运行较好的工程现状　　　　表 4-5-8

村庄名称	村庄类型	人口（人）	处理规模（m³/d）	处理工艺	投资费/万元	排放标准	来水构成
宝丰社区	城郊	2976	200	短程沟酸化沉降＋湿地系统＋调控处理	50	一级 A	生活污水
四甲村	城郊	2866	350	人工生态湿地	150	一级 A	生活污水
麻莪村	湖滨	390	40	湿地＋氧化塘处理技术	82	一级 A	生活污水
乌龙村	湖滨	4300	800	水解-藻菌滤池＋水解-光合细菌生物池-藻菌过滤	180	一级 A	生活污水，农田排水
庄子村	盆台迟	1334	105	厌氧＋沟埂湿地生态处理	70	一级 B	生活污水，少量初期雨水
化乐村	湖滨	1626	140	厌氧＋湿地处理系统	70	一级 B	生活污水
月表村	山地	628	100	生态填料土地处理系统	90	一级 B	生活污水
芦柴湾村	湖滨	301	140	生态湿地系统	90	一级 B	生活污水，少量农田排水

洱海流域村镇污水处理技术适用性调查情况，见表4-5-9。

洱海流域村镇污水处理技术适用性调查情况　　　　表 4-5-9

处理技术	村落	服务对象	规模
土壤净化槽	273	21.8 万人的生活污水	10m³/d；30m³/d；60m³/d
人工湿地	79	5.1 万人的生活污水	200m³/d；500m³/d；2000m³/d
沼气池	276	15.1 万人的生活污水及 37857 头牛、107117 头猪、34088 只羊的牲畜粪便	1.5 万口
一体化净化槽	26	3.4 万人的生活污水	10m³/d；30m³/d；60m³/d

4.6　东南地区农村污水处理特征与技术

东南地区指位于中国东南部的区域，包括广东、福建、浙江、江苏、台湾、香港、澳门，地形以山地丘陵为主，总称东南丘陵。东南丘陵以南岭为界，以北是江南丘陵，以南是两广丘陵，东部以武夷山为界，是浙闽丘陵。

4.6.1　东南地区农村污水水量水质与排放要求

东南地区用水类型包括自来水，井水和河水等。根据《城市居民生活用水用量标准》GB/T 50331—2002、《农村生活饮用水量卫生标准》GB 11730—89、江苏省建设厅文件（苏建村〔2008〕154 号）《农村污水处理适用技术指南（2008 年试行版）》和《上海市农村污水处理技术指南》，结合对该地区典型农村的调查结果，东南地区农村居民日用水量可参考表 4-6-1 中的数值[55]。

东南地区农村居民日用水量参考值　　　　　　　　　　表 4-6-1

农村居民类型	用水量 [L/(人·d)]
经济条件很好，有独立淋浴、水冲厕所、洗衣机，旅游区	120～200
经济条件好，室内卫生设施较齐全，旅游区	90～130
经济条件较好，卫生设施较齐全	80～100
经济条件一般，有简单卫生设施	60～90
无水冲式厕所和淋浴设备，无自来水	40～70

农村居民的排水量宜根据实地调查结果确定，在没有调查数据的地区，总排水量可按总用水量的 60%～90% 估算。各分项排水量可采取如下方法取值：洗浴和冲厕排水量可按相应用水量的 70%～90% 计算；洗衣污水为用水量的 60%～80%（洗衣污水室外泼洒的农户除外）；厨房排水则需要询问村民是否有它用（如喂猪等），如果通过管道排放则按用水量的 60%～85% 计算。

农村居民生活排水的水质宜根据实地调查结果确定，若无当地数据，可参考表 4-6-2 和 4-6-3 中对江苏、浙江、上海、广东和福建农村污水水质的调查结果。

东南地区农村污水水质调查结果（单位：mg/L）　　　　表 4-6-2

类别		COD	SS	NH_3-N	TN	TP
浙江平原水网 1# 村	厨房污水 1	10880	2304	18.5	63.9	54.1
	化粪池污水	2370	356	475.0	—	32.4
	厨房污水 2	3440	368	6.1	26.8	6.5
	厨房污水 3	9370	1490	51.2	169.0	50.8
浙江平原水网 2# 村	生活污水 1	150	102	5.8	7.4	2.7
	生活污水 2	168	132	3.3	4.7	1.3
福建农村	生活污水	100～200	100～200	20～30	30～40	3.0～8.0

东南地区农村污水实际工程检测结果　　　　　　　　　表 4-6-3

主要指标	pH	SS(mg/L)	BOD_5(mg/L)	COD(mg/L)	NH_3-N(mg/L)	TP(mg/L)
江苏工程检测	—	—	—	101	29.0	1.2
江苏工程检测	—	—	—	260	32.0	4.65
江苏工程检测	—	—	—	195	68.0	7.2
浙江工程检测	7.2	142.0	325	655	25.9	—
上海工程检测	—	—	—	293～367	15.1～33.2	2.0～3.6
广东工程检测	—	30.06	116	290	59.8	3.24
建议取值范围	6.5～8.5	100～200	70～300	150～450	20～50	1.5～6.0

注：此建议取值范围是根据东南地区部分农村水质实地调查结果和已有农村污水处理工程的进水水质实测值，综合考虑东南地区农村污水的排放规律和村民的生活方式给出的经验值，对缺乏调查数据的地区可参考此数值。

根据东南地区不同区域环境敏感度的差异，应采用相对应的标准。饮用水水源地保护区、自然保护区、风景名胜区、重点流域等环境敏感区域的农村污水，须按照功能区水体相关要求及排放标准处理达标后方可排放。根据东南地区村庄排水的不同要求，可参照表 4-6-4 的相关标准。

农村污水排放执行的相关参照标准　　　　　　　　　　　　　　表 4-6-4

排水用途	直接排放		灌溉用水	渔业用水	景观环境用水
参考标准	《污水综合排放标准》GB 8978—1996	《城镇污水处理厂污染物排放标准》GB 18918—2002	《农田灌溉水质标准》GB 5084—2005	《渔业水质标准》GB 11607—89	《城市污水再生利用景观环境用水水质》GB/T 18921—2002

4.6.2　东南地区农村污水处理现状

东南地区农村污水主要是洗涤、沐浴和部分卫生洁具排水，水量因地区经济程度的差异而不同。用水一般以河水、井水和自来水三者结合使用；污水一般具有排量少，所含有机物浓度相对偏高，日变化系数一般为 3.0～5.0，间歇排放等特点。

太湖流域位于长江三角洲的核心区，是我国人口最稠密和经济发展最具活力的地区。该地区城镇化水平、农村经济和农民收入水平在全国处于前列，然而在农村地区，大多数村庄分散分布，水冲厕所普遍，污水处理设施的普及率与利用率不高，除少部分位于城乡结合处的村庄纳入污水收集管网以外，大多数村庄的生活污水经化粪池简单处理后，直接就近排放到自然水体，所以太湖流域农村生活污水排放量大，难以集中处理[56]。

福建省位于水网密集区，农村人口众多，污水产生量大；同时福建省地处丘陵地带，污水排水管网建设成本较高，早年生活污水大多未经任何处理直接排污附近河道、池湖当中，对农村人居环境及周边流域水体造成污染，是福建省不少农村的"老大难"问题。2010 年，福建省与环保部签订了农村环境连片整治示范协议，将九龙江流域、闽江流域和鳌江流域作为下一批农村环境连片整治示范区域。福建省结合当前国内外农村生活污水处理技术研究应用情况，于 2011 年颁布出台了《福建省农村生活污水处理技术指南》，总结了化粪池、净化沼气池、厌氧生物膜池、接触氧化池、生态滤池、人工湿地、稳定塘等7 种处理技术，提出散户（分散）式和集中式共 6 种推荐工艺组合，并总结整理省内已有9 种工程案例，对每种案例的工艺流程、技术参数、造价及运行管理费用、实际运行情况等作了详细介绍。福建省已经基本实现重点整治区域内污水集中收集，在全省 533 个乡镇建成了污水收集处理设施，覆盖率达到了 58％。但分散式设施建设数量仍然不足，部分偏远山区农村污水未收集，未处理直接排入河道[57]。

江西省农村地区长期以来对农村水环境重视不够，治理资金严重不足，保护意识薄弱，农村生活污水往往不经处理就随意排放至附近水体，导致农村沟渠、河道、门塘等成为污水通道和天然的垃圾场，严重地破坏了农村水体生态系统，使得农村水污染问题日益突出，水环境质量日趋恶化，给农村人居环境带来较大的影响。近年来，江西省实施了新农村建设，采取了改水、改厕等措施，部分解决了排污系统散乱的问题。但受投入资金的限制，江西农村水环境仍然存在污水收集系统不完善、污水管网质量差、污水治理未能达标排放等问题，使得生活污水排放后同样造成水环境的污染，没有根本上解决生活污水治理的问题。现阶段，江西新农村的建设还处于起步阶段，农民新村的建设还在进行试点和规划，大部分农村居民依然处于居住分散的状态。若按城市污水处理的模式，则需要敷设庞大的污水管网，投资巨大且需要长期规划，无法满足目前农村生活污水处理的需要。因此，江西现阶段新农村生活污水较为经济可行的方法是对村落或者居民点的污水进行就地分散式处理。

4.6.3　东南地区农村污水处理技术

东南地区水系湖泊较多，湖泊蓝藻的暴发使得农村污水处理成为研究的热点。太湖地区农村污水处理技术按工作原理分类得到图 4-6-1，从图中可以看出，50％以上采用生物＋生态技术来处理农村污水[56]。

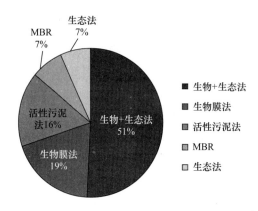

图 4-6-1　太湖地区污水处理设施按规则原理分类[56]

东南地区选择农村污水处理技术的原则如下：

村镇人口较少，分布广而且分散，生活污水水质和水量波动性大，排水管网很不健全。因此，所选污水处理工艺应抗冲击负荷能力强、且宜就近单独处理[56]。

村镇经济力量较为薄弱、且地区间发展极不平衡。因此，污水处理应该充分考虑基建投资低、运行费用低、维护能耗低的处理工艺。

村镇缺乏污水处理专业人员，所选工艺应运行管理简单，维护方便。因此，在选择农村污水处理技术和模式时，应当切实考虑当地自然、经济、社会条件，因地制宜地采用投资省能耗低，维护管理方便，处理效果好的工艺。

生活污水水质和水量波动性大，排水管网很不健全。因此，所选污水处理工艺应抗冲击负荷能力强，且宜就近单独处理。

村镇经济力量较为薄弱且地区间发展极不平衡。因此，污水处理应该充分考虑基建投资低、运行费用低、维护能耗低的处理工艺。

村镇缺乏污水处理专业人员，所选工艺应运行管理简单，维护方便。因此，在选择农村污水处理技术和模式时，应当切实考虑当地自然、经济、社会条件，因地制宜地采用投资省能耗低，维护管理方便，处理效果好的工艺[58-59]。

化粪池是太湖流域农村地区普及使用的初级污水处理设施，平原区高达 94％的农村厕所污水经化粪池处理，在平原区和丘陵山区农村化粪池拥有率分别为 74.4％～91.8％和 81.1％～91.6％。化粪池处理后进一步处理的比例差别很大，上海农村地区处理率

62.6%，江苏农村地区 26.7%，浙江地区处理率 17%，浙江农村地区经化粪池处理后直接排入河流的比例高达 48%～52%[60]。

福建省分散式污水处理多采用高负荷地下渗滤污水处理技术，黄迪等实地考察南平市延平区发现，该区农村污水处理设施应用地下渗滤污水处理技术，已连续运转 6 年，且运转状况依旧良好，出水水质清澈无异味，出水水质达到城镇污水处理一级 A 类排放标准。2014 年之后，部分人口分布密集地区推广一体化污水处理设施，采购安装了多点进水高效生物反应器。曹华提出 8 种不同工艺及其适用性可供参考。化粪池适用于预处理；厌氧生物滤池适用于经济条件较差，规模小，出水水质要求不高的地区；A/O 工艺适用于经济条件一般，出水水质要求一般的地区，生物接触氧化适用于经济条件一般，出水水质要求一般的地区；生物转盘工艺适用于经济条件一般，出水水质要求一般，远离居住区的地点；MBR 工艺适用于经济条件较好，水质要求高的地区；人工湿地适用于土地资源丰富，进水污染负荷不高或对出水需进一步深度处理的地区；CASS 工艺适用于经济条件较好，水质要求较高的地区；A/O＋土地处理适用于土地资源丰富，水质要求高的地区；曝气生物滤池适用于进水 SS 不高，出水要求较高的地区[61]。

参考文献

[1] 韩雅红. 寒冷地区农村小流域污染成因及治理对策 [J]. 乡村科技，2018 (15)：62.

[2] 毛世峰，高雪杉，张勇. 东北寒冷地区农村污水特征及处理技术 [J]. 现代农业科技，2014 (23)：236-237.

[3] 于景洋，齐世华，徐春雨，等. 寒区农村污水治理技术及可持续发展研究 [J]. 安徽农业科学，2018，46 (2)：45-48.

[4] 罗春广，高艳利，赵瑞恒. 寒冷地区分散性生活污水处理适用技术推荐 [J]. 环境与发展，2015 (2015 年 01)：58-60.

[5] 庞长泷，马放，邱珊，等. 寒冷地区中小型城镇污水的处理实用技术 [J]. 环境科学与技术，2010，33 (12F)：192-195.

[6] 朱世见. 人工快渗处理东北地区村镇分散污水试验研究 [D]. 吉林大学，2012.

[7] 华北地区农村生活污水处理技术指南.

[8] 金丽，李佳宁，杨梦林. 山东农村生活排水现状分析及污染治理技术探讨 [J]. 地下水，2018，40 (2)：44-47.

[9] 侯效敏，石晓艳. 山东南四湖流域生态经济与可持续发展研究 [J]. 生态经济，2009，3：151-155.

[10] 王琳，吴召富，杨杰军. 南四湖流域农村污水现状调查及处理措施研究 [J]. 环境工程，2013，31 增刊：37-39.

[11] 吴召富. 南四湖流域农村污水现状调查与处理工艺研究 [D]. 青岛：中国海洋大学环境科学与工程学院，2013.

[12] 谢良林，黄翔峰，刘佳等. 北方地区农村污水治理技术评述 [J]. 安徽农业科学，2008，36 (19)：8267-8269.

[13] 申颖洁，廖日红，黄赟芳等. 京郊生活污水处理技术实例分析与适宜性评价 [J]. 中国给水排水，2009，25 (18)：19-22，26.

[14] 王红强，朱慧杰，张列宇等. 人工湿地工艺在农村生活污水处理中的应用 [J]. 安徽农业科学，2011，39 (22)：13688-13690.

[15] 高意，马俊杰. 西北地区农村生活污水处理研究—以黄陵县为例 [J]. 地下水，2011，33 (3)：a) 73-76.

[16] 冯俊华，吉李娜. 西北地区农村生活污水处理模式探究——基于桑德 SMART 系统 [J]. 现代企业，2017 (10)：57-58.

[17] 西北地区农村生活污水处理技术指南.

[18] 冯俊华，吉李娜. 西北地区农村污水处理模式探究—基于桑德 SMART 系统 [J]. 现代企业，2017 (10)：57-58.

[19] 孙加辉. 基于 ABR 技术的西北村镇分散式生活污水研究 [D]. 兰州交通大学，2017.

[20] 孙加辉. 西北地区农村污水处理技术研究 [J]. 环境科学与管理，2017，42 (5)：90-93.

[21] 薛彦茵，张国珍，徐明飞，等. 西北地区人工湿地组合工艺处理农村污水技术研究 [J]. 绿色科技，2018 (6)：16-17.

[22] 崔晨. 陕南地区农村污水处理技术集成研究 [D]. 西北大学，西安：城市与环境学院，2012.

[23] 聂莉娟. 关中农村污水处理工艺评价与选择 [D]. 西北大学，西安：城市与环境学院，2016.

[24] 张胜利，曹艳. 关中地区村庄排水问题探讨 [J]. 人民黄河，2010，32 (6)：64-66.

[25] 张建锋，黄廷林. 关中地区污水处理工艺选择的系统分析 [J]. 环境工程，1999，17 (3)：61-64.

[26] 高意. 黄土高原地区农村生活污水处理技术研究-以子长县为例 [D]. 西北大学，西安：城市与环境学院，2012.

[27] 金丹越，白献宇，金相灿. 农业资源与环境 [J] 中国农村小康科技，2007，9：96-99.

[28] 中南地区农村生活污水处理技术指南.

[29] 孙兴旺. 巢湖流域农村生活污染源产排污特征与规律研究 [D]. 合肥：安徽农业大学环境学院，2010.

[30] 刘保平. 巢湖市农村环境连片整治技术方案研究 [D]. 合肥：安徽农业大学环境学院，2015.

[31] 刘聚涛，游文苏，丁惠君. 鄱阳湖流域农村水环境污染防治对策研究 [J]. 江西水利科技，2014，6 (2)：97-100.

[32] 张新华，杨期勇，王慧娟. 鄱阳湖区农村污水分散式处理探讨 [J]. 九江学院学报（自然科学版），2012 (4)：3.

[33] 桂双林，王顺发，李浩，等. 鄱阳湖流域农村污水处理技术初探 [J]. 江西科学，2010，28 (4)：564-567.

[34] 王世进，高丽英. 鄱阳湖区农村水污染治理路径探析 [J]. 江西科技师范大学学报，2018，5：50-56.

[35] 李英杰，王亚萍，裴钰. 陕西关中地区农村生活污水处理模式研究 [J]. 环境科学与管理 2016，41 (1)：61-63.

[36] 朱海波，赵敏娟，荆勇. 关中地区农村污水处理的适宜技术研究 [J]. 陕西农业科学 2015，61 (07)：64-66，114.

[37] 闫凯丽，吴德礼，张亚雷. 我国不同区域农村生活污水处理的技术选择 [J]. 江苏农业科学，2017，45 (12)：212-216.

[38] 西南地区农村生活污水处理技术指南

[39] 李希希. 重庆地区农村分散型生活污水处理现状及其技术适宜性研究 [D]. 西南大学，2015.

[40] 谢燕华，刘壮，勾曦，等. 西南地区农村生活污水水质分析及村民意愿调查 [J]. 环境工程，2018，36 (08)：170-174＋193.

[41] 韩智勇，梅自力，孔垂雪，等. 西南地区农村生活垃圾特征与群众环保意识 [J]. 生态与农村环境学报，2015 (3)：314-319.

[42] 高意. 黄土高原地区农村生活污水处理技术研究-以子长县为例 [D]. 西北大学，西安：城市与环

境学院，2012.

[43] 昆明市环境科学研究所. 滇池流域入湖污染物动态总量调查报告. 2003.

[44] 刘忠翰，彭江燕等. 滇池流域农业区排水水质状况的初步调查 [J]. 云南环境科学，1997，16（2）：6-9.

[45] 冉全，吕锡武. 组合工艺处理农村生活污水 [J]. 广西轻工业，2007，1：101-102.

[46] 云南省环境科学研究所等. 昆明市城市污水土地处理系统研究报告. 1990.

[47] 张建，黄霞，施汉昌等. 滇池流域村镇生活污水地下渗滤系统设计 [J]. 给水排水，2004，30（7）：34-36.

[48] 云南省环境科学研究所. 废水人工湿地-塘处理系统养鱼技术研究报告. 1990.

[49] 刘超翔，胡洪营，张建等. 不同深度人工复合生态床处理农村污水的比较 [J]. 环境科学，2003，24（5）：92-96.

[50] 张建. 地下渗滤系统处理村镇生活污水的研究与应用 [D]. 北京：清华大学，2003.

[51] 大理州统计局. 2013. 大理市统计年鉴 [M]. 大理：云南民族出版社.

[52] 庞燕，项颂，储昭升等. 洱海流域城镇化对农村污水排放量的影响 [J]. 环境科学研究，2015，28（8）：1246-1252.

[53] 张思思. 基于灰色理论的洱海流域水污染控制研究 [D]. 武汉：华中师范大学经济管理学院，2011.

[54] 白磊磊. 农村污水处理实用技术 [D]. 成都：西南交通生命科学与工程学院，2011.

[55] 东南地区农村生活污水处理技术指南.

[56] 白永刚，吴浩汀. 太湖地区农村生活污水处理技术初探 [J]. 电力环境保护，2005，21（2）：44-45，61.

[57] 黄迪，陈颖，张磊. 福建省农村生活污水治理经验、问题及未来发展建议 [J]. 小城镇建设. 2016，10：34-37.

[58] 冉全，吕锡武. 组合工艺处理农村污水 [J]. 广西轻工业，2007，1：101-102.

[59] 上海农学院园林环境科学系，上海农科院环境科学研究所. 上海市郊非点源污染综合调查和防治对策研究报告. 1995.

[60] 李新艳，李恒鹏，杨桂山. 江浙沪地区农村生活污水污染调查 [J]. 生态与农村环境学报，2016，32（6）：923-932.

[61] 曹华. 福建省农村生活污水收集处理方式研讨 [J]. 福建建筑，2017，2（总224）：76-79.

第5章 化 粪 池

5.1 工艺原理及组成

5.1.1 工艺原理

　　化粪池作为生活污水的预处理设施，其利用了厌氧发酵和静置分离的原理。在重力作用下，生活污水中的大颗粒物质沉降（形成沉渣）或上浮（形成浮渣），同时通过厌氧发酵作用将有机物进行部分降解，进而实现污水的初步处理，满足简易排水要求，有利于后续排水及污水处理。如图 5-1-1 所示，污水在化粪池内逐渐分离为 3 层：浮渣层、中间层和沉渣层。

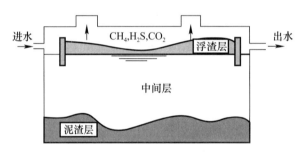

图 5-1-1　化粪池示意图

　　密度轻的物质（油类）或夹带气泡的絮团向上悬浮，形成浮渣层，密度较大的固体沉淀在底层。在兼性/厌氧菌作用下，污水中的污染物质分解产生 CH_4、CO_2 和 H_2S 等气体。经过充分稳定化后，清掏的固体可以作为肥料，中间层的液体在环境要求不高时可以直接排放，否则须进入后续处理单元进行进一步处理。上层浮渣和底层沉渣需定期清掏，以免影响化粪池的处理效果。由于化粪池并不能使污染物彻底矿化，其出水中仍然含有较高的污染指标（包括 COD、氨氮、SS 等），化粪池有时也被视作较为原始的、低效的厌氧污水处理技术。

　　三格化粪池由相连的三个池子组成，中间由过粪管联通，主要是利用厌氧发酵、中层过粪和寄生虫卵密度大于一般混合液密度而易于沉淀的原理，粪便在池内经过 30 天以上的发酵分解，中层粪液依次由 1 池流至 3 池，以达到沉淀或杀灭粪便中寄生虫卵和肠道致病菌的目的，第 3 池粪液成为优质化肥。

　　新鲜粪便由进粪口进入第一池，池内粪便开始发酵分解、因密度不同粪液可自然分为三层，上层为糊状粪皮，下层为块状或颗粒状粪渣，中层为比较澄清的粪液。在上层粪皮和下层粪渣中含细菌和寄生虫卵最多，中层含虫卵最少，初步发酵的中层粪液经过粪管溢流至第二池，而将大部分未经充分发酵的粪皮和粪渣阻留在第一池内继续发酵。流入第二池的粪液进一步发酵分解，虫卵继续下沉，病原体逐渐死亡，粪液得到进一步无害化，产生的粪皮和粪渣厚度比第一池显著减少。流入第三池的粪液一般已经腐熟，其中病菌和寄生虫卵已基本杀灭。第三池功能主要起储存已基本无害化的粪液作用。

5.1.2 结构组成

传统的三格化粪池一般是方池平顶，大多采用砖混墙体、钢筋混凝土现浇或预制顶盖板结构，分别在每格顶盖板上做 1 个作业井口。施工时必须支模，工艺复杂、工期长、造价高。当化粪池容积较大时，施工时，方坑容易塌方，且 3 个作业井口易失盖掉人，存在一定的不安全因素。

国内有一种改进型的砌体圆拱式单井口三格化粪池，采用砌体材料，由圆形筒身和圆底面球形薄壳顶盖两大部分组成（见图 5-1-2）。圆形筒身部分分前池、中池和后池三部分，由池壁、隔墙和空洞组成。圆底面球形薄壳顶盖由圆形薄壳顶、井口、井盖组成。

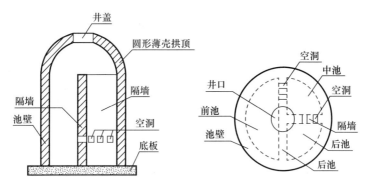

图 5-1-2　砌体圆拱式三格化粪池结构图

圆形筒身部分在前池接进水管，后池接排水管，中池通过设在隔墙上的墙洞分别与前池、后池相连。孔洞分别设在隔墙高度 1/2 处。

三格粪池共用一个拱顶和井口，如果要对化粪池进行检修维护时，只需打开拱顶上井口的活动井盖，便可任意出入三格化粪池。

5.2 类型和发展

5.2.1 化粪池的发展

最早的化粪池起源于十九世纪的欧洲。1860 年，法国研究人员在住宅和集粪坑之间设计了一个"箱"，并且这个"箱"的进水管和出水管均深入水面下以形成水封。1881年，法国《宇宙》杂志报道了这个"箱"，并称之为"MOURAS 池"，其以去除大部分固体污物，还可以产生较清澈的液体用于灌溉土地。这便是现代化粪池的先驱，后来也被认为是人工厌氧生物处理技术的开端。1883 年，美国的研究人员设计两格式池，并利用自动虹吸管进行间歇出水。1895 年，英国研究人员对一种类似于"MOURAS 池"的改进工艺申请了专利，并称之为化粪池（septictank）。随后，化粪池在世界范围内得到了广泛的传播与应用；然而，由于池内产生的气体对底泥的扰动性较大，导致出水中悬浮固体浓度较高，影响其回用于农田，人们开始研究如何有效地分离污水中的液体和固体，因此两格式、三格式化粪池应运而生，并至今仍被广泛应用。1905 年，德国研究人员设计了一种双层沉淀池（imhofftank），池子内部分别完成沉淀和厌氧消化的过程，这就是目前在小型污水处理厂常见的隐化池[1]。

化粪池（septictank）是世界上最普遍应用的一种分散污水处理技术（初级处理），具有结构简单、管理方便和成本低廉等优点，既可以作为临时性的或简易的排水设施，也可以在现代污水处理系统中用作预处理设施，对卫生防疫、降解污染物、截留污水中的大颗粒物质、防止管道堵塞起着积极的作用。化粪池是一种常见的厌氧反应器，最初的作用是去除生活污水中可沉淀的污染物。一直以来都认为化粪池是一种利用沉淀和厌氧发酵原理来去除生活污水中悬浮性有机物的处理设施，属于初级的过渡性生活污水处理构筑物[2]。国外发达国家通常将化粪池作为生活污水处理的一种设施对待，并给予了足够的重视。作为一种简单、无能耗的污水处理构筑物，化粪池在发展中国家的应用比较普遍。在我国尤其在农村地区，由于污水管道和污水处理设施的不完善，化粪池成为居民住宅配套必不可少的设施[3]。因此，对传统化粪池进行优化设计，提高其出水水质并回用于农田灌溉，或减轻后续处理系统的负担，具有现实意义。在中小城市及农村，由于污水管道和污水处理设施配套不完善，化粪池将继续成为单元住宅最普遍且必须配置的设施。因此，优化传统化粪池的设计，提高出水水质是有必要的。它在截流和沉淀污水中的大颗粒杂质、防止污水管道堵塞、减少管道埋深、保护环境上起到积极作用。化粪池能截留生活污水中的粪便、纸屑、病原虫等杂质的 50%，可使 BOD_5 降低 20%[4]，能在一定程度上减轻污水处理厂的污染负荷或水体污染压力。

5.2.2　化粪池类型

1. 三格化粪池

三格化粪池设计的基本原理是利用寄生虫卵的密度大于粪尿混合液而产生的沉淀作用及粪便密闭厌氧发酵、液化、氨化、生物拮抗等原理除去和杀灭寄生虫卵及病菌，控制蚊蝇滋生，从而达到粪便无害化的目的[5]。三格化粪池厕所卫生效果好，在粪便无害化上可以达到卫生标准的要求，无害化粪液是优质肥料，有利于农村居民的身心健康和生态农业的发展。结构简单，易施工，每年只需清池 1～2 次，管理方便，造价适中，其投资在 1000 元左右，农村居民可以接受，在我国大部分农村地区都适用。

三格化粪池厕所工艺流程为"一留、二酵、三贮"。第 1 池主要起截留粪渣、发酵和沉淀虫卵作用，将新鲜粪便和分解发酵的沉渣留下；第 2 池起继续发酵作用，将从第 1 池流入的粪液进一步进行发酵和少量的寄生虫卵沉淀，使粪便进一步进行无害化处理；第 3 池主要起贮存发酵后粪液作用，由连通管相连，贮存达到无害化处理后形成的粪便。连通管形式多样，有倒 U 形、倒 L 形、直接斜插连通管形、直接开孔形等，前一种杀卵灭菌效果较好，直接开孔建造简单，不易堵塞，但卫生效果差。一般连通管以水泥预制、陶管或 PVC 塑料管居多。池上方分别设有清渣口和出粪口。自第 3 池出粪口流出的粪液已经基本上不含寄生虫卵和病原微生物，含有大量易于农作物吸收的营养物质，是优质肥料，可供农田直接使用。

三格化粪池卫生厕所结构（图 5-2-1、图 5-2-2）主要由粪池、便器和其他配套物品等组成。

三格化粪池厕所的地下粪池由 3 池 2 管组成。

粪池容积计算。第 1、2 池的容积是根据家庭使用人口和便器类型来确定。计算方法：粪池容积（m³）＝30（d）×使用人数×每人每天粪尿量及冲水量/1000。不同便器冲水量有很大差别。第 3 池的容积为第 1、2 池之和。

容积比计算。三格化粪池第 1、2、3 池的容积比为 2：1：3。

形状设计。化粪池的形状可为长方形、正方形、三角形和品字形等，长方形的粪池能延长粪便在池内沉淀，有利于无害化处理，应用较普遍。

连通管布置。连通管，也称过粪管，用直径 100mm 以上的塑料管为宜，也可用水泥预制，要求内壁光滑。

便器、盖板、清渣口、出粪口。第 1 格化粪池盖顶留有进粪口和清渣口，进粪口上安装便器，对于直通式便器为防粪水溅下可下接进粪管，管下端插入粪液面上 2～3cm，管要斜放，与水平呈 80°左右为宜。进粪口也可作为清渣口，在安装便器时不用水泥固定死，清渣时将便器起开作为清渣口。用防溅式直通便器和水封便器则不必下接进粪管。第 2 格化粪池盖顶应密闭，但要保留清渣口，第 3 格化粪池盖顶留有出粪口，出粪口用盖密封。

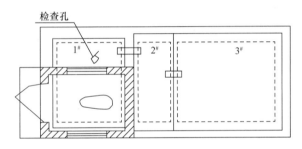

图 5-2-1 三格化粪池卫生厕所平面

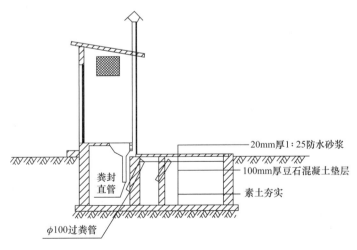

图 5-2-2 三格化粪池卫生厕所剖面

2. 五格化粪池

五格化粪[6]池由腐化槽、沉淀槽、过滤槽、氧化槽和消毒槽组成（图 5-2-3）。污水经腐化槽腐化分离后，再经沉淀、过滤和氧化，最后经消毒后排出，沉淀污泥则定期清掏。

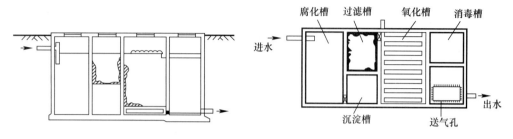

图 5-2-3 改良型化粪池平面及剖面图

3. 立体多槽式化粪池

立体多槽式化粪池[7]是将各槽分格叠置，以节约用地。它又分为合置式和分置式两种。合置式直立化粪池是将各槽设置在同一圆槽内，腐化槽设在氧化槽的上部，污水进入腐化槽腐化分离，经过滤、沉淀，再经过氧化、消毒后排水，其结构如图 5-2-4 所示。分置式直立化粪池是将腐化槽和过滤槽设在一起，氧化槽、消毒槽分别另设（图 5-2-5）。污水进入腐化槽后，污泥下沉，污水则进入沉淀槽，再经过滤、氧化，最后经消毒后排出。

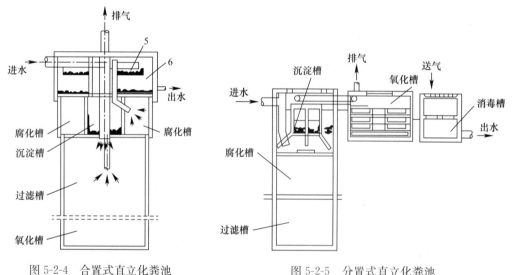

图 5-2-4 合置式直立化粪池　　　　　图 5-2-5 分置式直立化粪池

4. 好氧曝气式化粪池

好氧曝气式化粪池[7]的最大特点是利用好氧曝气的方式来处理有机物。污水首先由污物分离槽进行预处理，将粗大颗粒物分离出去，然后在曝气室中曝气分解有机污染物，再经沉淀分离，最后清液经消毒后排出（图 5-2-6），编号说明略。这种化粪池的污水停留时间很短（一般只有 2~4 小时），出水水质稳定，池子容积较小，但运行和管理费用较高。

西德还有一种类似于好氧曝气式化粪池的小型生活污水处理成套装置，其处理流程包括预处理、曝气和沉淀。三个流程可以合在一起，也可以分开。随装置的尺寸不同，能处理相当于实际使用人数为 12～150 人的生活污水。

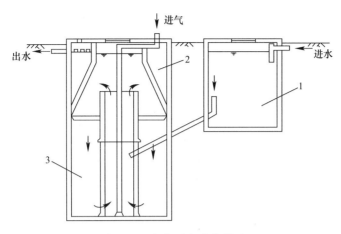

图 5-2-6　好氧曝气式化粪池

5. 灭菌化粪池

灭菌化粪池[7]由工作室、操作室、加热管、闸门和水泵组成（编号说明略，图 5-2-7）。污水首先进入第一工作室进行泥水分离，清水排入排水井，污泥排入第二工作室继续分离。操作室是供加温消毒沉渣用的。关闭闸门、打开气阀，将水和沉积物中的细菌含量降低 60% 左右，并可全部杀死虫卵。消毒后的污泥用水泵排出，第二工作室中未经消毒的污泥再返回第一工作室进行重复处理。

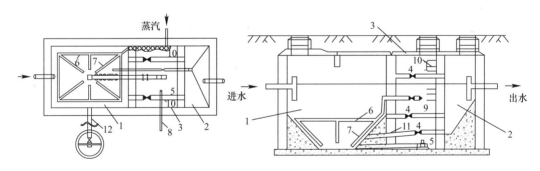

图 5-2-7　灭菌化粪池

灭菌化粪池构造比较复杂，运行管理费用也比较高，但它能够有效地消除病菌、杀死虫卵，对传染病流行地区或医院粪水处理尤其适用。

6. 带提升泵的密封化粪池装置

这种类型的化粪池[7]装置如图 5-2-8 所示，编号说明略。该处理装置本身带有提升泵和密封化粪箱，粪便污水在密封化粪箱中沉淀分离，再由提水泵将清水抽送至城市排水管网。这种装置特别适用于有地下室的构筑或人防工程。

此外，国外还研制出一种用于小区的、简单而又价廉的处理系统。处理系统是由固-液分离器和厌氧过滤的 UASB（上流厌氧污泥床）组成。研究测试表明，污水经该系统处理后，出水水质良好。

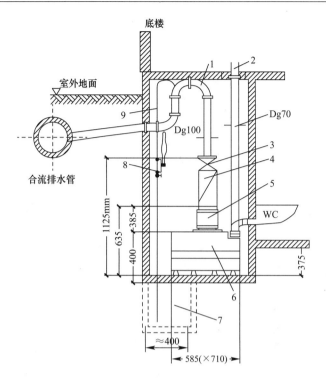

图 5-2-8　带提升泵的密封化粪装置

7. 沼气化粪池

沼气化粪池是在传统化粪池基础上进行改造，使其具备严格的厌氧环境。生活污水中的有机物经过厌氧微生物分解，大部分转换成甲烷和二氧化碳，进而达到部分去除污水中可生化有机物的目的，同时杀死污水的虫卵、病原菌等，还能获得清洁的能源，产生的沼渣、沼液可以用作肥料。调查上海江浙的沼气化粪池和三格化粪池的使用情况，详见表 5-2-1[7,8]。结果显示，沼气化粪池-肥料利用的方法对 COD、TN 和 TP 的去除率分别达 87.36%、78% 和 94%，而三格式化粪池的仅为 48.51%、6.83% 和 24%。然而沼气化粪池只能用于高浓度的粪便污水处理，对于混合排放的常规生活污水则不适用。

"三格式"化粪池与沼气化粪池污染物去除率比较（单位：g/kg）　　表 5-2-1

化粪池种类	地区	进口浓度（mg/L）			出口浓度（mg/L）			去除率（%）		
		COD$_{Cr}$	TN	TP	COD$_{Cr}$	TN	TP	COD$_{Cr}$	TN	TP
沼气化粪池	浙江玉环[6]	1123	—	—	142	—	—	87.36	—	—
	上海崇明[7]	—	161.8①	281.7①	—	35.5①	15.9①	—	78.06	94.36
"三格式"化粪池	江苏	1730	76.1	17.6	891	70.9	13.4	48.51	6.83	23.92

① 该数据单位为 g/kg。

8. UASB 型化粪池

升流式厌氧污泥床反应器（upflow anaerobic sludge blanket，UASB）是目前发展最

快、应用最广泛的厌氧发酵反应器。UASB 型化粪池（UASB-ST），是荷兰 Lettinga 教授在 UASB 的原理基础上，对常规化粪池进行改进，即在常规化粪池的顶部设置气/液/固三相分离器，并且采用上升流式进料，进而提高悬浮固体的去除率，也能提高溶解性组分的生物转化率，如图 5-2-9 所示。UASB 型化粪池较常规化粪池的有机物去除效率更高，可以得到更好的出水水质。UASB 型化粪池反应器的排泥周期较长，1～2 年清掏 1 次即可。Lettinga 等首次在芬兰和印尼周边利用 UASB 型化粪池处理粪便污水[9]。AL-SHAYAH 等和 AL-JAMAL 等在中、低温条件下利用 UASB 型化粪池处理高浓度生活污水，研究发现在 17.3℃条件下可以达到 53% TCOD 和 76% BOD_5 的去除效果；温度越高，处理效果越好[10]。Loustarinen 等在低温条件下利用 UASB 型化粪池处理黑水与厨余垃圾混合物，发现 10℃条件下两相 UASB 型化粪池可以去除 97% 的 TSS 和 91% 的 TCOD。

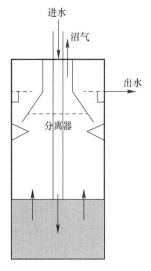

图 5-2-9 UASB-化粪池示意图

近年来，真空厕所技术在全世界各地得到了较为广泛的应用，其利用排污管道内的负压差将粪尿和少量冲洗水吸入到收集箱内，与常规水冲厕所相比可显著节水 80%～90%。与常规生活污水相比，真空厕所收集的黑水属于高浓度粪便污水，其与厨余垃圾统称为家庭生物性废弃物。利用 UASB 型化粪池处理源分离收集的家庭生物性废弃物被证明是可行的，KUJAWA-ROELEVELD 等利用 UASB 型化粪池对真空厕所收集的浓缩黑水进行处理，发现在 15℃ 和 25℃ 条件下，HRT 为 30d 时的 COD 去除率分别为 61% 和 78%；KUJAWA-ROELEVELD 等继续利用 UASB 型化粪池处理浓缩黑水与厨余垃圾混合物，发现 UASB 型化粪池的渣液分离效果较好，在 25℃ 条件下 COD 去除率可达 80%。

9. 填料型化粪池

填料型化粪池是利用填料对常规化粪池进行升级，其中填料可供微生物附着生长，也可起到过滤效果，因此填料型化粪池内形成 2 个独立的单元：化粪池单元和填料单元，如图 5-2-10 所示。化粪池单元内发生沉淀、厌氧发酵作用，随后出水以不同方式通过填料单元，有机物再次被厌氧微生物截留（过滤）、吸附和分解，最后达到稳定化。在化粪池单元填充填料也是填料型化粪池的一种。化粪池单元内装有高效弹性填料，利用隔板分为多格式，微生物在填料上附着生长，从而使污水与微生物的接触面积增加，提高反应效率；出水在沉淀室内澄清后排出。SHARMA 等在印度利用填料型化粪池处理生活污水，以陶粒（10～12mm）作为填料。研究发现在不同有机负荷条件下，COD 去除率为（88.6±3.7）%，TSS 去除率为（91.2±9.7）%，病原菌等也得到了去除（90%），并且发现填料型化粪池对负荷波动具有一定的耐受能力。CHEN 等在我国哈尔滨地区也进行了类似的研究，利用弹性立体填料处理生活污水，在两个不同温度阶段的 COD 去除率均比常规化粪池提高 10%。KAMEL 等设计五格式填料型化粪池处理生活污水，污水依次进入不填充填料的第 1、第 2 室，而后升流式通过填充砾石的第 3、4 室，最后降流式通过填充砾石的第 5 室，并直接排入到土壤中。结果发现第 4 室出水的细菌总数减少了 97% 以上，其中埃希氏大肠菌计数为 10^2～10^3 MPN/100mL，且根据 WHO 污水回用农田指南建议，出水可用于非限制灌溉。填料型化粪池可以作为分散污水处理的备选技术。近年来，我国江苏地区也尝试将三格式化粪池扩增为四格式、五格式化粪池，在新增格子中放上碎石、沙子、土壤，再种上一些根茎植物，强化污水处理效果。

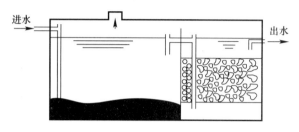

图 5-2-10　填料型化粪池

10. 折流板型化粪池

利用厌氧折流板（anaerobicbafflereactor，ABR）技术对传统化粪池进行改造，可以提高污水与微生物之间的传质效率，进而提高处理效率。根据其进水方式和结构的不同，分为 2 种：ABR 型化粪池（ABR-ST）和升流化粪池-ABR 组合反应器（UST-ABR）。ABR 型化粪池是在常规化粪池内安装折流板，将其分为几个单独的室，并且通过折板形成自下而上的水流，从而提高出水水质，如图 5-2-11 所示。而 UST-ABR 则包含 2 个单元：升流化粪池单元和厌氧折流板单元，如图 5-2-12 所示。在升流化粪池单元内主要发生沉淀和厌氧发酵反应，升流式运行方式可以通过重力沉淀和污泥床截留作用来提高悬浮物的物理去除效果，再进一步被厌氧菌所分解；厌氧折流板单元是强化单元，进一步将剩余挥发性脂肪酸和小分子有机物等转化成沼气。丁慧、陈志强等在我国哈尔滨地区低温条件下利用 ABR 型化粪池处理生活污水，结果发现在不同 HRT 时，与常规化粪池相比 ABR 型化粪池的 COD 去除率提高了 12%～21%[11]。NASR 等也得到了类似的结果。利用折流板对传统化粪池进行改造具有埋地式、施工简单和节能等优点。

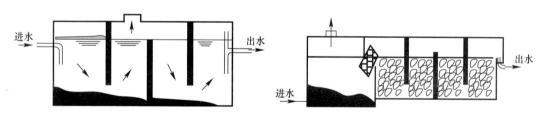

图 5-2-11　ABR 型化粪池示意图　　　图 5-2-12　UST-ABR 示意图

SABRY 等在埃及某村庄利用 UST-ABR 处理生活污水，并在折流板单元填充砾石以增强微生物作用和过滤效果，结果发现出水水质有很大的提升，COD、BOD 和 TSS 去除率分别为 84%、81% 和 89%，并且出水可以达到埃及的直接排放标准。SABRY 等又对埃及分散污水处理技术进行评估，包括活性污泥法、氧化沟、生物滤池、氧化塘、曝气塘和 UST-BR 技术，对比多种处理技术的建设、运行和维护费用。结果表明从占地空间和建设、运行、维护费用方面来说，UST-ABR 是最佳的分散污水处理替代技术。

综上，强化型化粪池在保留传统化粪池简单易行、投资少、耗能低等优点基础上，强化了其对有机污染物、病原菌的去除，而其对氮、磷的去除却几乎不起作用。因此在对脱氮除磷要求较低的地区，可以考虑强化型化粪池；而在我国一些经济条件相对落后、地形条件较为复杂的地区，则可考虑强化型化粪池来取代传统化粪池作为污水处理设施。

5.3 工艺设计及应用

5.3.1 工艺设计

1. 设计参数与有关计算

化粪池处理工艺比较简单，粪便污水进入化粪池后，污水中较大的悬浮颗粒、粪便首先沉降，较小的悬浮颗粒在停留时间内逐步沉降，最后经沉淀处理过的污水排出池外；沉于池底的粪便在缺氧条件下厌氧消化。因此，化粪池实际上是集沉淀池和消化池为一体的构筑物。

基于上述考虑，采用化粪池的池容计算可用下述公式表达[12]：

$$V_t = V_{污水} + V_{污泥} = Nqt_s/24 \times 1000 + a_1\alpha NT_w(1-b)/(1-c) \times 1000 \quad (5\text{-}3\text{-}1)$$

式中，V_t——化粪池的容积（m³）；

N——使用人数（人）；

α——使用百分数；

q——化粪池进水流量（L/人·d）；

t_s——污水停留时间（h）；

T_w——污泥清掏时间（h）；

a_1、b、c——已知常数。

在设计参数计算确定时，要注意以下几点：

（1）化粪池进水流量

因建筑物排水流量是随季节变化的，夏季多、冬季少，显然按最大日排水量确定化粪池池容能满足全年的要求。但在设计过程考虑到下述具体原因：掏粪期（此时停留时间最短）不一定是最大排水日；最大排水日多在夏季，由于水温高，有利于悬浮颗粒的沉降；污水沉降在 2h 内最佳，扣除污泥气对沉淀的影响，所选择的 t_s 往往大大超出污水沉淀所需的时间。因此，化粪池进水流量 q 可按平均日排水量进行设计。

（2）停留时间

随着环保的要求越来越高，考虑到任何建筑排水是以 24h 为一个变化周期，取 t_s＝24 是比较合理的。如果建筑排水集中在某一段时间（T_P）内，其余时间（24－T_P）几乎不排水或排水很小，则选 t_s＝T_P 能满足要求，即使这样 t_s 也不应小于 12h，否则影响沉淀或会冲起化粪池底部的悬浮颗粒，严重影响出水效果。对于分散性大的农户化粪池可采用 t_s＝12h 的停留时间，但对接待人数较多的农家乐而言，t_s＝24h 是比较合理的。但有关资料认为，最大日排水的污水停留时间与平均日排水的污水停留时间的比值（K_b）是 1/1.5 倍。如 t_s 取 24h，则最大日排水时的污水停留时间取 16h(即 24h/1.5＝16h)，仍然符合规定。

（3）污泥清掏时间

污泥清掏时间（T_w）与化粪池内污泥需要的消化时间（T_x）相关，当取 $T_w \leq T_x$ 时，化粪池污泥未达到消化需要的时间，粪便处理效果不好；当 $T_w > T_x$ 时，在 T_x 前进入的粪便，均未转化为熟污泥；只有 T_w 取值相当大（即 $\gg T_x$）时，已消化的熟污泥占全部污泥的比例才会高，化粪池污泥处理效果才会好。但考虑造价、化粪池对污泥处理要求不像污水处理厂那样严格、清掏的污泥并不是立即施于农田，T_w 值可适当缩短，但不应小于90 天。

（4）三格化粪池的功能安排

对于三格化粪池而言，第一格池用于污泥消化和较大颗粒的沉淀，其容积按 $V_{污泥}$ 加 2h 的污水量考虑；第二格池用于较小颗粒的沉淀，其容积按 $t_s = 2h$ 的污水量考虑；第三格存放待排放的污水。分三格的目的是为了避免消化污泥对污水沉淀的影响。

（5）粪便、生活污水的分、合流制排水对化粪池的出水影响分析

分、合流制排水对化粪池出水是有影响。但无论是分流还是合流排水，进入化粪池的粪便污泥量是相同的，而污水量不同。

通过计算，分流系统需要的污水容积与污泥容积几乎相等。在合流系统中，由于 $q >$ 30L/（人·d），污水容积远大于污泥容积。目前化粪池管理比较混乱，不能按期掏粪，粪便污泥积累使得污水实际停留时间小于设计时间。从分析中看出，分流制系统污水的停留时间减小的速度高于合流制系统，水质恶化也快，因而分流制排水系统，化粪池实际选用的容积应大于设计容积。合流制系统中，化粪池污水容积远大于污泥容积，具有一定缓冲额外污泥增加的能力，但其出水水质受季节变化影响；夏季进流量大，停留时间短，出水水质差，而冬季则相反；因此合流制化粪池最好在夏季用水高峰来临前清掏一次，人为地增加污水在化粪池中的停留时间。

在农村污水处理中，化粪池出水是进入土壤渗滤、人工湿地等环境生态工程时，采用合流制系统化粪池的设计更恰当些，有利于降低出水中的 COD、BOD、TN、TP 和 SS 浓度，使之更能满足污水主处理系统的进水水质需求。

2. 化粪池设计阶段要注意的问题

（1）化粪池堵塞控制设计

在化粪池大样通用图中，化粪池第一格的设计水面到进粪管口底的高度 10cm，这个高度在 20 世纪 80 年代前是合理的。因为那时候人们在日用品、如卫生用品和食品包装主要是草纸材质，在自然环境中容易腐烂。20 世纪 80 年代后因塑食品袋和化纤制品的大量使用，一旦化学制品、特别是塑料制品进入化粪池内，而塑料制品垃圾一般浮于水面，粪渣很快就升到了进粪管道口，造成了管道堵塞的现象。熊荣水[13]认为把化粪池第一格的进出口高度加大到 15cm，有条件的加大到 18cm，可避免进粪管道口被堵塞的现象。

（2）化粪池内排水通道尺寸、标高等设计

要符合《建筑给水排水及采暖工程施工质量验收规范》第 10.3.2 条规定[14]：排水检查井、化粪池的底板及进、出水管的标高，必须符合设计，其允许偏差为 ±15mm。若与设计偏差过大会影响化粪池的使用功能。

（3）公用厕所及三格化粪池的结构

在近郊农村中，除农户设置的化粪池外，村内还存在三格化粪池的公用厕所。三格化粪池厕所是将粪便收集和无害化处理建在一起的设施，粪屋部分与普通厕所相似，粪池是无害化处理的关键。

在三格化粪池中，三格粪池的布局、形状、容积、进粪口、出粪口、清渣口、排气管等都与无害化和保肥效果有密切关系。

化粪池布局：粪池可设置在蹲位下面，也可设置在粪屋外，根据情况因地制宜。蹲位多且需两行排列厕所，粪池一般设置在屋内，但要将清渣口设在屋外，以便清渣和防止盖板不严臭气泄漏而污染厕所内的空气。蹲位单行排列的厕所，宜将化粪池建在屋外以方便检修和排渣。

化粪池形状：长方形粪池，盖顶建筑材料易解决，施工方便，且有延长粪便在池内的流程，有利于无害化处理。

化粪池容积：容积要根据粪便在粪池内储存时间的长短等决定。要求杀灭传染病虫卵和病菌的，第一格和第二格的池容积要满足服务人数的 30 天粪便停留时间，其中第一格稍大些、占 18 天；当不做这种考虑时，设计时间可按第三格化粪池的时间进行设计。第三格容积根据用肥，或排水后面水处理设施情况决定，一般在 10～20 天左右。

过粪口：三格池子的格与格之间设有过粪口，它关系粪便流动方向、流程长短，是否有利于厌氧和阻留粪皮、粪渣等问题。较好的过粪口形式是在隔墙上安装（斜放）直径150～200mm 的过粪管。管的下端为入粪口，在第一、二池之间设在隔墙下 1/2 处，在第二、三池之间设在隔墙中部或稍高的位置；管的上端为出粪口，上端均设置在隔墙顶部位，出水口下缘即第一、二池的粪液面，粪便超过这个液面，即溢过下一格。过粪管可用陶管、水泥预制管、PVC 管、砖砌成空心柱等。

进粪口：广东省农村的经验值得借鉴，所建的三格化粪池进粪口，多采用管形粪封式。这种进粪口是借助第一池粪液面把进粪管一端的口封住，可以大大减少臭气，并防止蚊、蝇进出。进粪管是在蹲位下的粪斗（盆）或滑粪道下接一根直径 100mm、管下端插入第一池液面 20～30mm 的管子（如陶管）；为防止进粪时粪水上溅，管道要斜放，斜度以管道中轴线与水平面夹角 70°～80°左右为宜。

出粪口与清渣口：设置在第三池顶部，建筑尺寸为，宽 500～600mm、长 500～1000mm 的出粪口，同时设置活动盖板；第一、第二池顶部设置 500mm 大的清渣口，并设活动盖板。

排气管：粪便在粪池内发酵过程会产生沼气等气体，为保证安全，第一格池顶部可设置一口径 50～100mm 的排气管，管的上段高出厕屋的顶部。

作为农户家庭使用的小型三格化粪池类似上述的公厕化粪池，除排气管等少数结构和布局存在一些差异外，其他的大体相似。

（4）化粪池附属设施的臭气泄漏防护设计

混凝土检查井盖板的提环，现在一般做成能上下活动的钢筋提环。这种做法，一是很难保证提环根部的密封而不泄漏臭气；二是因为提环一部分伸在井池内，受井池内沼气、高湿度环境的影响，会加快提环的锈蚀。若把提环做成环根部固定，提环外露在一个槽底呈棱形、槽高 20mm 的槽上部，就能克服上述的缺点。改造后提环只有一小部分露在外面，又与盖面平整，不会造成行人绊脚的情况，维修起盖时，用一根钢筋钩环、或一段钢丝绳加上一条杆即可。

检查井、雨水井应避免臭气泄漏，污染环境。废水排出管与室外污水管道连接处的检查井，以及雨水管并入污水管道处的检查井，若在来水管端头接一个与来水管大小相同的弯头，可防止臭气由各户的地漏泄出。当然，防止臭气由各户的地漏泄出，也可将各户的地漏装成有防臭功能的地漏。但是，对于不常有水的地漏就不能防臭了。

5.3.2　在农村污水处理中的应用概况

三格式化粪池适用于非水源地，污水量少的村庄。

三格化粪池通常采取地埋式，地下部分结构由便器、进粪管、过粪管、三格化粪池、盖板 5 个部分组成。采用串联结构，新鲜粪便由进粪管进入第一池，池内粪便开始发酵分解、由于密度差异粪液自然分为 3 层，上层为糊状粪皮，下层为块状或颗粒状粪渣，中层为比较澄清的粪液。在上层粪皮和下层粪渣中含细菌和寄生虫卵最多，中层含虫卵最少，初步发酵的中层粪液经过粪管溢流至第二池，而将大部分未经充分发酵的粪皮和粪渣阻留在第一池内继续发酵。流入第二池的粪液进一步发酵分解，虫卵继续下沉，病原体逐渐死亡，粪液得到进一步无害化，产生的粪皮和粪渣厚度比第一池显著减少。第三池贮存发酵后的粪液，流入的粪液一般已经腐熟，成为优质化肥。三格化粪池大多采用"目"字形，有效深度不小于 1m，容积比一般为 2 : 1 : 3。占地面积 $0.5\sim2(m^2/m^3)$，工程投资 1500 元 $/m^3$，没有运行成本，无需维护。

鄱阳湖流域农村实际情况，采用三格式化粪池对粪便污水进行预处理，既可以解决粪便污水污染环境的问题，又可获得优质化肥，同时三格式化粪池易于施工和改造，基建费用低，管理方便且不需运行费用。

发达地区近郊农村地区普遍实施的"三格化粪池"厕所，已成为农户卫生建设的主要类型，取代了过去的"旱厕"或"马桶"，不仅使粪液成分有所改变，而且大大增加排入水体的数量，加重了环境的污染。

1. 三格化粪池的主要问题

（1）化粪池出水中有很高的有机污染物负荷，TN、NH_3-N、TP、细菌和病毒含量高，使后续处理工艺将它作为比城市生活污水水质更差的污水看待。

（2）不同季节化粪池出水的水质和水量差异极大，造成冲击负荷大。

（3）化粪池的建设质量普遍较差，渗漏现象严重、容积偏小、化粪和发酵的效果差。

（4）化粪池接纳的不完全是厕所污水，含其他生活用水在内，使水质的波动性大，且 BOD_5/TN 和 BOD_5/COD_{Cr} 比值低。

所以在引进消化国外的"生活污水→化粪池→土壤渗滤→出水"、"生活污水→化粪池→人工湿地→出水"工艺时，必须分析国内与国外化粪池出水的差异（表 5-3-1）。从表中可看出：在国内化粪池出水水质中，各种污染物普遍比国外的高得多。这主要取决于两方面的原因：一是国内农户的人均用水量大大低于国外的用量，二是与化粪池的防渗质量、土壤浅水层的埋深深度密切相关。

国内外化粪池出水水质的比较　　　　　　　　　　　　　　　　表 5-3-1

地点	有机污染物	SS	TN	NH_3-N	TP	细菌	病毒
国外	140~200*	50~90	25~60	20~60	10~27	0~10^2	0~10^3
上海	510.4~640.1**	78.0~470.0	—	52.58~158.6	12.09	1750~3604	—
昆明	338.3~782.4**	71.3~253	29.9~160.7	—	5.24~12.2	—	—

注：* 用 BOD_5 含量表示、** 用 COD_{Cr} 含量表示。上海的细菌数值实际是粪大肠菌群的数值。

2. 化粪池应用中存在的问题

化粪池的设计已标准化、系列化，但它作为一个建筑物的简单附属物，并未引起设计、施工、管理人员的重视。往往是先由设计人员选用标准图，再由施工人员照图建造。有时还发生偷工减料、建设不到位的情况。由于在市政管理方面缺乏有关的规定和相应的措施，使用单位也疏于管理，放任自流，最终化粪池不仅失去其应有的作用，而且还引发诸多的新的问题[9]：①化粪池渗漏严重。据有关资料报道，95％以上的普通砖混化粪池在使用1～2年后开始出现严重渗漏。由于问题没有得到重视，有些地区现在已严重污染了地下水源或城市地下供水管道。②投资大、效果差，出水水质难以保证。传统化粪池自身的弊端是缺乏技术含量，有机物去除率低，沉淀和厌氧消化同在一个池内进行，污水与污泥直接接触，致使出水呈酸性，有恶臭[2]。因疏于管理，本该一年清淘一次化粪池，但建成后多年或一直不进行清淘。化粪池内堆满沉渣，有效容积日趋减少，实际上使化粪池已变成过流池。在无市政管网的地区，排出的污水未经处理直接排入河库，给周边的水环境带来严重污染。③污水外溢，影响环境卫生。粪便满溢分为构造性满溢和突发性满溢两种。

5.3.3 化粪池管理应注意的问题

1. 化粪池施工建设管理要注意问题

选址：无论公厕还是家庭化粪池，要选择距村庄内饮用水源、包括饮用水管30m以上、地下水位较低、不容易被洪水淹没、在上风方向和方便使用的地方建设。

粪池要注意防渗漏：池壁、池底要用不透水材料构筑，严密勾缝，内壁要用符合规范的水泥砂浆粉抹。粪池建成后，注入清水观察证明不漏水才能使用。

进粪口粪封线的掌握：进粪口要达到粪封要求，需注意准确测定粪池的粪液面。其粪液面是过粪管（第一、第二池之间）上端下缘的水平线位置，进粪管下端要低于此水平线下20～30mm。

2. 化粪池建成后的日常维护管理

要加强管理，健全管理制度。化粪池日常管理工作包括：防止进粪口的堵塞；定期检查第三格的粪液水质状况（COD、SS、TN、TP等），特别要关注悬浮物含量，过高时要求在预处理过程给予特殊处理；定期清理第一、第二格粪池粪皮、粪渣，清除的粪皮、粪渣及时与垃圾等混合高温堆肥或者清运作卫生填埋；经常检查出粪口与清渣口的盖板是否盖好，池子损坏与否、管道堵塞等情况，并及时做好维修工作。

5.3.4 化粪池性能的总体评估

吴慧芳、孔火良等[15]认为：化粪池能够降低SS的70％～75％和BOD_5的30％～35％，但是无法达标排放；能截留生活污水中的粪便、纸屑、病原虫等杂质的50％。与城镇社区化粪池相比较，目前农村化粪池的建设更不规范，化粪池容积、水力停留时间、污泥消化的设计参数均存在质疑。化粪池实际效果也不尽人意，化粪池出水的COD、SS、TN、TP等含量十分的高，不能满足土壤渗滤、人工湿地等环境生态工程设计规定的进水水质要求。同时，化粪池的渗漏现象严重，不仅造成工程处理的污水收集，还会对地下水污染造成严重的影响。化粪池的维护管理混乱，污泥消化不彻底，并大量溢入后面二格池内，造成出水SS含量高，对土壤渗滤、人工湿地等系统的堵塞构成严重威胁。

5.4 处理效果

翟永彬[16]等随机调查了上海市有关单位 15 只化粪池，化粪池出水水质（表 5-4-1）说明：化粪池污水排放规律表现为，居民起床后至上班前一段时间，排放量最大；中午和晚上的一段时间内排放量其次；晚间 8 时至凌晨 4 时污水量最小。翟永彬统计出的 COD_{Cr} 与 BOD_5 线性回归方程为 $BOD_5 = 0.71COD_{Cr} - 150.6$；其回归方程的相关系数 $r = 0.78$，符合我国化粪池出水 COD_{Cr} 与 BOD_5 之间的相关性好，且两者线性回归方程相关系数 r 值在 $1 > r > 0.6$ 之间的结论。由此计算出的人均排放量负荷为 17.8gCOD_{Cr}/（人·d），7.77g BOD_5/（人·d），6.00g NH_3-N/（人·d），6.98gSS/（人·d）。COD_{Cr}/BOD_5 比值为 0.33～0.56，平均值为 0.43，表明化粪池出水的可生化性较好。上述调查实际是上海城镇区的化粪池系统出水情况，与上海市郊农村的三格化粪池出水水质有较大的差异，通常农村的人均日排放污染物负荷低于城镇的。

上海市居住小区化粪池出水水质　　　　　　　　　　　　　　　表 5-4-1

项目	1.9.(1天) 含量	5.4.～7.10.(48天) 含量范围	5.4.～7.10.(48天) 平均含量
污水量（m³/d）	3.05	2.34～5.51	3.42
排水率 [L/（人·d）]	30.00	22.5～53.9	33.5
COD_{Cr}(mg/L)	592.2	315.0～723.7	539.3
BOD_5(mg/L)	262.8	153.6～313.7	231.8
NH_3-N(mg/L)	222.4	86.1～241.3	179.2
SS(mg/L)	110.3	78.0～470.0	208.4

上海农村的化粪池与市区内的居住小区的情况还不相同，目前普遍建成"三格化粪池"类型。宋伟民等[8]调查的松江区春申村一户 5 口之家冲水式厕所，认为每日粪便污水量约为 0.1m³。化粪池试验采用容积 2.3m³ 的小型三格化粪池，其一、二、三格容积分别为 0.8、0.5、1.0m³。在进行三格化粪池污水坑式土壤渗滤处理效果试验研究中，统计出不同季节不同地点的三格化粪池污水水质情况如表 5-4-2 所示。2008 年，曾对上海近郊的农村入上海金山区等地区的化粪池出水做过实际调查，测定的出水水质结果表示如表 5-4-3 中。与表 5-4-2 相比较，其中 NH_3-N 较为接近，但 COD_{Cr} 和 BOD_5 的浓度与上海市居民小区的化粪池结果相差较大。TP 因只有一个调查数据，无法进行相对比较。看来，有必要继续对农村化粪池的出水水质进行更多的实际测定，弄清真实、可靠的平均值和范围值，对科学的设计有好处。

不同季节不同地点三格化粪池出水水质统计值（单位：mg/L）　　　　表 5-4-2

项目	寒季			暖季			全年		
	X	S	n	X	S	n	X	S	n
NH_3-N	158.57	25.03	15	134.35	36.45	14	122.33	31.65	29
NO_3-N	0.72	0.21	15	0.71	0.19	14	0.71	0.20	29
COD_{Mn}	55.5	9.6	15	76.7	13.8	14	65.7	15.8	29
粪大肠菌群	1750	982	15	3604	3255	14	2893	2811	29

注：X 为算术平均值，S 为标准差，n 为调查的化粪池数量；粪大肠菌群单位为个/mL。

上海近郊农村化粪池出水水质统计值　　　　　　　　　　　　表 5-4-3

项目	COD$_{Cr}$	BOD$_5$	NH$_3$-N	TP
平均值（mg/L）	600.1	219.5	94.33	12.09
标准差（mg/L）	51.6	28.2	30.99	5.646
范围值（mg/L）	510.4～640.1	170.9～240.4	52.58～131.97	5.711～18.26

注：表中的统计值是依据 6 只化粪池的 1 次测定结果获得。

江苏省不同地区三格式化粪池进、出口水样中 COD$_{Cr}$、TN、TP 浓度及三格式化粪池对 COD$_{Cr}$、TN、TP 的去除率见表 5-4-4[7]。

江苏省不同地区"三格式"化粪池进、出口水样浓度及去除率　　　　表 5-4-4

地区		进口浓度（mg/L）			出口浓度（mg/L）			去除率（%）		
		COD$_{Cr}$	TN	TP	COD$_{Cr}$	TN	TP	COD$_{Cr}$	TN	TP
苏南	A 县	1286.1	71.2	13.4	553.4	64.7	5.4	57.0	9.1	59.7
	B 县	1427.3	117.7	16.0	461.5	104.0	7.8	67.7	11.6	51.3
	C 县	1398.0	56.6	16.2	910.1	50.9	9.9	34.9	10.1	38.9
苏中	D 县	3920.6	71.1	22.9	1590.4	70.4	20.1	59.4	0.9	12.2
	E 县	1420.8	71.5	23.7	878.7	69.0	19.7	38.2	3.5	16.9
	F 县	2070.1	72.0	15.7	881.4	68.9	13.9	57.4	4.2	11.5
苏北	G 县	1259.2	75.1	16.5	877.3	70.4	13.7	30.3	6.3	17.0
	H 县	1130.3	72.7	11.7	625.3	68.4	10.4	44.7	5.9	11.1
	I 县	1660.5	77.2	21.9	1240.2	71.6	19.3	25.3	7.3	11.9

江苏省 3 个地区三格式化粪池进、出口水样中 COD$_{Cr}$、TN、TP 的平均浓度及三格式化粪池对 COD$_{Cr}$、TN、TP 的去除率平均值见表 5-4-5[7]。

江苏省"三格式"化粪池进、出口水样浓度及去除率平均值　　　　表 5-4-5

地区	进口浓度(mg/L)			出口浓度（mg/L）			去除率（%）		
	COD$_{Cr}$	TN	TP	COD$_{Cr}$	TN	TP	COD$_{Cr}$	TN	TP
苏南	1370.5a	81.8a	15.2a	641.7b	73.2a	7.7b	53.18a	10.55a	49.34a
苏中	2470.5a	71.5a	20.8a	1116.8a	69.4a	17.9a	54.80a	2.94c	13.80b
苏北	1350.0a	75.0a	16.7a	914.3a	70.1a	14.5ab	32.28a	6.49b	13.37b
全省平均	1730.3	76.1	17.6	890.9	70.9	13.4	48.51	6.83	23.92

三格式化粪池是一个简单的粪便沉淀预处理装置，能从液体中分离出固体粪便，并对有机物进行一定的厌氧消化，具有施工工程量比较小、投资小、易于推广、能去除 COD$_{Cr}$ 和虫卵、不耗能、日常管理方便、不占用耕地等优点。但是三格式化粪池对污水处理的效果十分有限，除了对 COD$_{Cr}$ 去除效果比较明显外，对 TP 和 TN 去除效果不明显，一般化粪池的出水还很难到排放标准，COD 去除率一般不超过 60%，TN 和 TP 的去除率则更低，一般不超过 20%[7,14]。排入环境中的污水水质明显达不到国家排放标准，而且污水处理量比较小，需要每半年清掏 1 次污泥，费时费工。在排水系统尚不健全的农村广大地区，化粪池作为初级污水处理手段还将长期存在，但是必须对化粪池进行有效的管理，要定期清掏污泥。鉴于三格式化粪池出水不能达到污水排放标准和农田灌溉水质标准，在其

排入环境前，因地制宜地采取一些资源化、生态化的处理措施很有必要，如一些地区已开始尝试在三格式后再增加一格生态处理系统，从而变成四格式，以求进一步提高出水水质，减轻对农村水环境的污染。

参考文献

[1] 范彬，王洪良，张玉等. 化粪池技术在分散污水治理中的应用与发展 [J]. 环境工程学报，2017，11（3）：1314-1321.

[2] 韦昆，傅大放，王亚军. 新型化粪池处理分散农户生活污水的试验研究 [J]. 中国给水排水，2017，33（19）：59-62.

[3] 陈志强，关华滨. 新型化粪池处理生活污水启动阶段的实验 [J]. 环境工程学报，2013，7（4）：1267-1272.

[4] 王增长. 建筑给水排水工程 [M]. 北京：高等教育出版社，2004.

[5] 朱萌，王强. 农村三格化粪池卫生厕所建造技术与改进研究 [J]. 安徽农业科学，2011，39（11）：6704-6705，6708.

[6] 胥传喜. 国外化粪池种种 [J]. 住宅科技，1990，6：39-41.

[7] 王玉华，方颖，焦隽. 江苏农村"三格式"化粪池污水处理效果评价 [J]. 生态与农村环境学报，2008，24（2）：80-83.

[8] 宋伟民，卢纯惠，李锦梅. 土壤渗滤处理三格化粪池粪液的可行性论证 [J]. 上海环境科学，1997，16（3）：36-37.

[9] Lettinga G，Rebac S，Zeeman G. Challenge of psychrophilic anaerobic wastewater treatment [J]. Trends in Biotechnology，2001，19（9）：363-370.

[10] Al-Jamal W，Mahmoud N. Community forestry：Conserving forests，sustaining livelihoods and strengthening democracy [J]. Journal of Forest & Livelihood，2007，6（3）：1061-8.

[11] 丁慧，关华滨，陈志强. 寒冷地区化粪池的效果评价和探讨 [J]. 环境科学与管理，2012，37（8）.

[12] 熊荣水. 室外排水管网工程的若干施工技术. 韶关学院学报，2004，25（6）：63-65.

[13] 建设部. 建筑给水排水及采暖工程施工质量验收规范 [S]. 中国建筑工业出版社，2002.

[14] 吴慧芳，孔火良，金杭. 城镇小型生活污水处理设备及其展望 [J]. 工业安全与环保，2003，29（5）：17-20.

[15] 翟永彬. 化粪池水量调查和污染物计算 [J]. 环境卫生工程，1999，7（1）：3-5.

第6章 土壤渗滤

6.1 技术原理及分类

6.1.1 技术发展现状

地下渗滤技术因其优良的经济和环境效益成为许多发达国家污水分散处理的首选技术[1]。在70年代的日本即得到应用，日本的Niimi和Masaaki在20世纪80年代开发出土壤毛管浸润沟污水净化工艺，处理生活污水的出水水质优于二级处理出水。1976年2月美国颁发的文件对慢速渗滤、人工快速渗滤和地表漫流这三种土壤渗滤的技术要领作了明确的规定[2]。1981年美国环境保护局等公布了城市污水土地处理工艺设计指南，使该技术的设计施工进入规范化阶段，在短短的十多年的时间里，修建了数千个三种类型的污水土壤渗滤处理系统，美国大约有36%的农村及零星分散建造的家庭住宅采用了此类技术处理生活污水。2002年，美国环保署再版了原位污水土地处理系统应用手册，全面介绍了原位污水土地处理系统及其优化替代方案的特点、设计指南和运行管理，对环境风险和健康卫生管理策略给予了很大的关注。此外，在各个州和地方以及各种机构还制定了适合当地气候土壤条件、更有针对性的指南和宣传材料，指导本地原位污水土地处理系统选址、设计和应用，以及公众教育（USEPA，2002）。苏联、澳大利亚、加拿大、波兰、德国、印度、英国、墨西哥、南非、以色列等国家也都积极研究和大力推行与土壤渗滤技术相关的土地处理与利用，从而替代三级处理。其中，最典型、最著名的工程是澳大利亚威里比（Werribee）土地处理系统，自1890年建立至今已有118年的历史，现已发展成土地处理-氧化塘复合系统，依然承担墨尔本市西部258.5万人口、55万 m^3/d 的生活污水的处理。此外，这些国家还将与土壤渗滤工艺相关的土壤渗滤技术应用于市政污水的深度处理，如以色列将污水处理厂的二级处理出水经过自然土壤层的渗滤后回灌于地下含水层中，以便在旱季抽出回用。在挪威，土地渗滤技术是在农村地区应用最广泛的污水处理技术，多年运行后，取得了稳定、满意的处理效果[3]。

我国自20世纪90年代初，其在污水处理特别是在分散生活污水处理中的应用研究受到越来越多的关注。1992年北京市环境保护科学研究院建造了一个实际规模的污水地下毛管渗滤系统；中科院沈阳生态研究所在"八五"科技攻关项目中对土壤渗滤系统应用于中水回用进行了探讨。2001年，清华大学在国家"十五"科技攻关项目中，对土壤渗滤系统处理滇池流域面源污染中的村镇生活污水进行了研究，并建造了日处理水量35m^3的土壤渗滤系统示范工程，取得了良好的生活污水脱氮除磷效果。近年来，国内外对地下系统的研究主要集中在填充介质、污染物净化机理、运行调控等方面，但对系统结构、污染物迁移转化规律、微生物学特征、病原微生物的去除等关键因素还缺乏统一的认识，仍存在着结构单一、脱氮效果差、运行不稳定、土壤孔隙易堵塞等问题。河北农业大学研究成果显示，北方地区利用农村地区普遍存在的粉煤灰和腐熟牛粪分别与土壤混合作为填料，有利于提高系统的去除效果，尤其是对于总氮的去除，腐熟牛粪添加量越多，去除效果越好[4]。

随着对 SWIS 的深入研究和工程应用反馈的信息，它的不足也逐渐被认识。选址和设计不当、疏于管理，都会造成 SWIS 污水溢出和污染地下水（USEPA，1997；USEPA，2002）。氮是 SWIS 处理的难点，一方面要强化脱氮，另一方面要考虑避免设计和管理不当带来的环境风险。在借鉴国外经验的同时要结合我国国情，进一步开展深入、系统的研究，并进行工程示范和验证。

6.1.2　技术原理和分类

1. 地下毛管渗滤（SI）

地下毛管是一种利用土壤-植物系统的自然净化功能，它充分利用在地表下面的土壤中栖息的土壤动物、土壤微生物、植物根系以及土壤所具有的物理、化学特性使污水有机污染物降解、污水含有的营养物质进行多级利用，或被土壤吸附、沉淀和分解，从而实现污水的无害化、资源化和再利用，并担负污水处理过程中的曝气、厌氧、污泥分解、有机物生物降解和氮磷去除的多种功能。由于传统土壤的渗滤速率低、占地面积大而限制了它的广泛使用；利用有高渗滤速率、保持传统土壤-植物系统的自然净化功能的人工土壤，可克服土壤渗滤处理系统的缺陷。土壤渗滤污水处理工艺是将污水有控制地投、配到经一定构造距地面约 50cm 深和具有良好扩散性能的土层中，污水经毛管浸润在土壤渗滤作用下周围运动且达到处理利用要求的一种土壤处理方式。在处理过程中，投配污水在土壤中扩散时得到净化，大部分水量被植被吸收或经蒸散作用损失掉，小部分渗入地下。这是一种人工强化的污水生态工程处理技术，属于小型的污水土地处理系统。见图 6-1-1。

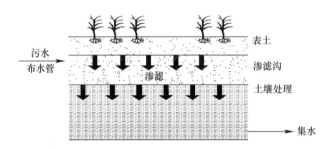

图 6-1-1　地下毛管渗滤污水处理系统

2. 人工快速渗滤（CRI）

人工快速渗滤系统是在快渗池内填充一定级配的人工改性滤料，滤料表面生长丰富的生物膜，当污水自上而下流经滤料层时，污染物去除通过多种作用协同完成，包括土壤的过滤截留，物理和化学的吸附，化学分解和沉淀，植物和微生物的摄取，微生物氧化降解以及蒸发等。过滤截流和吸附作用在 CRI 系统中主要起调节机制，而有机污染物的真正去除主要靠好氧生物降解。

CRI 系统采用干湿交替的运行方式，淹水期和落干期构成一个水力负荷周期。当污水流经时，由于滤料呈压实状态，利用滤料粒径较小的特点，滤料中黏土性矿物和有机质的吸附作用以及生物膜的生物微絮凝作用，截流和吸附污水中的悬浮物和溶解性物质；在落干期，系统内处于充分好氧状态，滤料的高比表面积，带来高浓度生物膜，对附着于其表面的污染物进行好氧生物降解，使污染物得到最终去除。CRI工艺的显著优势是可保证终年运行，即使在寒冷的北方地区也是如此。CRI系统对COD、BOD都有较高的去除率。

优点：生活污水和受污染河流水净化效果良好，与传统的污水处理方法相比较，该技术有成本低（包括建设和运行成本）、出水效果好、不产生活性污泥，操作简单、抗冲击负荷强、运行稳定。该技术在广大南方地区一般不受地质地理因素影响可以自由使用，而北方地区需要做较为规范的保温设施。

缺点：高磷污水处理不宜采用人工快渗技术。在温带地区时，其水力负荷工艺参数可取 $1m^3/(m^2 \cdot d)$ 以上，受有机负荷限制，处理负荷一般不超过 $1.5m^3/(m^2 \cdot d)$。

适用条件：比较适合我国广大的农村地区使用，非常适合于技术管理薄弱的中小城镇使用，非常适合于生活类污水处理厂的使用。

3. 慢速渗滤（SR）

SR处理系统是将污水有效地投配到土壤或种有植物的土壤表面，污水在流经土壤表面及土壤-植物系统内部时，垂直渗滤并得到净化的土地处理工艺。SR系统必须经过周密的设计才能为系统的安全运行打下良好的工程基础，其中水力负荷和有机负荷是重要的设计参数，也是目前国内外在进行工程设计时比较关注的参数；水力负荷大小的选用，除了与污水本身的水质因素有关外，主要依赖于土壤性能和选择作物的耐氮性能。与传统污水灌溉相比，该系统不仅利用污水中的水肥资源，而且通过对单位面积污染负荷与同化容量的严格计算，确定最低限制因子，同时采用多样化的生态结构，将污水有控制地投配到土地上；针对不同污染负荷设计不同的水力负荷的有效分配，保证系统在最佳状态下连续运行。从国内外实际运行的工程实例来看，慢滤系统对污水的净化效果较好，主要是因为土壤-植物系统包含了过滤、吸附和生物氧化等十分复杂的综合过程。由于土壤是多相、多孔，高度分散的体系，所以它有使污水得到净化的特殊功能。慢速渗滤系统的污水投配负荷一般较低，渗滤速度慢，故污水净化效率高，出水水质优良。在SR处理系统中，投配的污水一部分被作物吸收，一部分渗入地下。慢渗土地处理的布水可采用畦灌、沟灌以及可移动的喷灌系统。SR处理工艺的目标包括：处理污水；利用水资源及营养物质生产商品性农作物；在干旱和半干旱地区，用污水代替清洁水灌溉，节约水资源防止荒漠化；开发荒地，发展挚地和林地。系统的水流途径取决于污水在土壤中的迁移以及处理场地下水的流向。

优点：慢速渗滤处理要求工艺水和污染物的负荷较低，再生水质好，渗滤水缓慢补给地下水，基本不产生二次污染；处理污水；利用水资源及营养物质生产商品性农作物；在干旱和半干旱地区，用污水代替清洁水灌溉，节约水资源防止荒漠化；开发荒地，发展植被和林地。

缺点：受气候和植物的限制，在冬季、雨季和作物播种、收割期不能投配污水，污水需要贮存或采取其他辅助处理措施；水质预处理程度相对其他类型土地处理要高。

适用条件：适宜慢速渗滤处理系统的场地，土层厚度应大于0.60m，地下水埋深应大于1.2m，土壤渗透系数应大于0.15cm/h。根据土壤、气候和污水特点选择适宜的植物。与其他类型土地处理系统相比较，植物是更重要的组成部分，它能充分利用水和营养物资源，可获得的生物量大。该系统中的植物以选择经济作物为主。

4. 地表漫流（OF）

土地处理系统是将污水定量地投配到生长着茂密植物、具有和缓坡度且土壤渗透性较低的土地表面上，污水呈薄层缓慢而均匀地在地表上流动，经一段距离后得到净化的一种污水处理工艺类型。该系统的净化机理是利用"土壤-植物-水"体系对污染物的巨大容纳、缓冲和降解能力，分布于地表的生物膜对污染物有吸附、降解和再生的作用，植物起到了均匀布水的作用，阳光既可以提高系统活力，又可以杀灭病原体及促进污染物的分解，大气给了微生物良好的呼吸条件，即污水地表漫流土地处理系统构成了一个"有活力"的生物反应器。

地表漫流处理是用喷洒或其他方式将废水有控制地排放到土地上。适于地表漫流的土壤为透水性差的黏土和黏质土壤。地表漫流处理场的土地应平坦并有均匀而适宜的坡度，使污水能顺坡度成片地流动。地面上通常播种青草以供微生物栖息和防止土壤被冲刷流失。污水顺坡流下，一部分渗入土壤中，有少量蒸发掉，其余流入汇集沟。污水在流动过程中，悬浮固体被滤掉，有机物被草上和土壤表层中的微生物氧化降解。这种方法主要用于处理高浓度的有机废水。

5. 复合渗滤

复合渗滤可以解决单一系统水力负荷提升有限的问题，改善滤床堵塞，提高污水中污染物的综合去除效果，有利于工艺的稳定运行[5,6]。

针对我国村镇缺少适用的小规模生活污水处理技术的困境，陈繁荣等通过系统结构和运行模式创新、滤料配方优化、微生物强化和系统集成创新，研发了高负荷地下渗滤污水处理复合技术。该系统的污水经过格栅、沉淀和厌氧酸化水解后进入调节池，然后定时定量地被输送到高负荷地下渗滤单元，使污水在不同功能结构层中横向运移和竖向渗滤，其中的污染物被填料拦截、吸附，并最终被附着于滤料表面的微生物分解转化而去除。为保障氧气供给，落干期间对高负荷地下渗滤单元进行间歇供氧（换气）。污水经过缺氧深度处理单元，进一步提高脱氮除磷效果，达标后排放。

系统出水水质好。该系统具有脱氮除磷功能，出水水质可达城镇污水处理厂一级 A 类排放标准（GB 18918—2002），且运行稳定。

系统运行几乎不受气候条件影响。系统设置于地下，可以人为调节生物膜温度，确保系统出水全年均可达标排放。可以在冬季低温条件下正常运行，通过节能供氧体系调节渗滤田中的温度，从而使得系统在冬季中高效运转。

维护管理简便：系统日常运转由全自动控制系统自行调节，无需任何人为操作。系统维护项目仅涉及格栅垃圾的定期清理一项。系统建立了"一站式"处理体系，污水自进入该系统后不再产生任何可能造成二次污染的副产物。

污水处理系统地表可二次利用，如规划为公园、绿地、停车等。因此，该系统适用于城镇小区、农村、休闲度假村等各类人群聚居地生活污水的分散处理和回用。适用范围广，可根据不同环境，调整方案。

缺点：前期工程投入大，工程较一般工艺复杂。

适用条件：适用于大部分地区，在广东、广西、江苏、江西、浙江、四川、吉林、湖南、福建、安徽等全国 15 个省市（自治区）有广泛应用，该技术可因地制宜，根据不同地区需求，构成相应的工程结构。适用规模为 15～3000t/d，尤其适用于小规模农村生活污水处理，中试系统已稳定运行 10 年，浙江省嵊州市甘霖镇黄胜堂村等一批污水处理系统更实现了零故障的目标。

6.2 工艺设计及处理效果

美国 EPA 给出了土壤渗滤处理工艺设计性能，见表 6-2-1。

土壤渗滤处理工艺的典型设计性能对比[2]　　　　　　表 6-2-1

性能	慢速渗滤	人工快速渗滤	地表漫流
投配方式	人工降雨器或地表投配①	常用地表投配	人工降雨器或地表投配
年负荷率（m）	0.5～6	6～125	3～20
要求的灌溉田面积（hm²）②	23～280	3～23	6.5～44
典型的周负荷率（cm）	1.3～10	10～240	6～40③
美国最低限度的预处理	初次沉淀④	初次沉淀	除沙和粉碎⑤
投配污水的去向	蒸发和渗滤	主要是渗滤	地表径流、蒸发和少量渗滤
是否需要种植植物	需要	随便	需要

① 包括垄沟和坡畦灌水。
② 灌溉面积以公顷计，不包括缓冲区、道路和沟渠等，表中数值是处理 3785m³/d（100 万加仑/d）的污水流量所需面积。
③ 范围包括原污水到二级处理的出水，对于较高的预处理水平，其负荷率也较高。
④ 限制公众出入，作物不直接供人类消费。
⑤ 限制公众出入。

在三种土壤渗滤处理类型中，需要的工艺运行条件和典型设计参数存在一定的差异。通常认为：三种处理工艺对有机污染物（BOD 和 COD）和 SS 都具有很高的去除能力；对氮、磷的去除性能而言，慢速渗滤有更高的去除效果。从占地面积看，慢速渗滤占地面积最大，只适合土地资源丰富的地区使用；与传统的污水处理厂相比较，人工快速渗滤有最经济的单位面积处理能力，地表漫流次之。污染物去除途径，投配污水的去向在三种工艺类型中还是有所不同，但不管土壤水分的蒸发、土壤的渗滤、还是地表径流的方式，在设计过程都要考虑将土壤-植物系统不能消耗的处理水，处理达标后集中收集，排放至水体。

不管何种土壤渗滤处理工艺，都必须设置预处理单元，以满足土地处理的进水要求，以保证处理系统的长效稳定运行。

美国的典型 RI 系统渗滤出水水质与 SR 系统的效果相当，BOD 达到 0～8mg/L。美国曾经对建成投产运行的污水土地处理系统做过大量的深入调查，认为只要严格按照工艺要求的场地条件进行设计，三种土壤渗滤处理类型通常有较好的去除有机污染物、氮、磷等的净化能力，具体效果如表 6-2-2 所示。

土壤渗滤处理不同工艺对几种污水成分的去除效率（%）[2]　　　　　表 6-2-2

项目	慢速渗滤	人工快速渗滤	地表漫流
BOD	80～99	85～95	>92
COD	>80	>50	>80
SS	80～99	>98	>92
TN	80～99	80	70～90
TP	80～99	70～90	40～80
细菌	>95	50～95	>50

挪威的 ArveHeistad 研究显示，预处理采用好氧生物滤池的土壤渗滤系统，处理农村污水，经过 3 年的稳定运行，对 BOD、N、P 的去除率分别达 97%、33% 和 99.4%[3]。

119

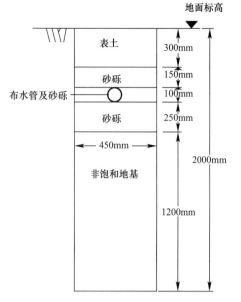

图 6-2-1 地下毛管渗滤系统断面图

经验表明，经过良好驯化的 RI 系统可接纳 COD 为 $1.12 \times 10^3 kg/(hm^2 \cdot d)$，BOD 为 $145 \sim 1000 kg/(hm^2 \cdot d)$ 的负荷。Bouwer[7] 等对 RI 系统的研究显示，二级处理出水经过 3.3m 的非饱和带的净化后，COD、BOD 的去除率几乎可达到 100%。对于 RI 系统来说，选择最佳的运行参数是达到理想处理效果的关键。影响系统运行的因素有很多，但主要表现在渗透系数、水力负荷、运行周期（湿干比）三个方面。三者共同作用决定 RI 系统的运行方式，土壤的质地和结构影响着 RI 系统的渗透系数。以下分别叙述几种土壤渗滤处理工艺设计参数及处理效果：

6.2.1 地下毛管渗滤

地下毛管渗滤系统推荐参数见表 6-2-3[8]，断面见图 6-2-1。设计参数详见表 6-2-4、表 6-2-5[8]。

地下毛管渗滤系统推荐参数 表 6-2-3

渗滤沟特征	推荐参数
在所有渗透沟槽底部以下的不饱和底土到基岩的最小深度	1.2m
在所有渗透沟槽底部以下的最小的水位深度*	1.2m
非饱和土壤/底土纹理	沙（中等细砂），壤砂（粉砂浆），壤土和淤泥土壤（沙质淤泥）
非饱和土/底土的结构	颗粒状，块状；无结构的单粒
非饱和土/底土的颜色	灰棕色，红棕色和黄棕色；存在许多自由排水的情况下，石灰岩质土壤为灰色。
在渗透沟槽的墙壁中或在其底部进行分层	不应存在砾石或黏土层
非饱和土/底土的堆积密度	低至中等

* 渗透沟槽和非饱和土壤的尺寸如图 6-2-1 所示，地下水位的最小深度为圆形表面以下 2m。

所需地下渗滤沟最小长度 表 6-2-4

设计人数	所需地下渗滤沟长度（m）
3	60
4	80
5	100
6	120
7	140
8	160
9	180
10	200

渗滤沟特征	推荐参数
	地下渗滤沟设计参数　　　　表 6-2-5
沟槽中的分配管长度	≤20m
渗滤沟之间最小间距	2m（中心间距为 2.45m）
化粪池管道直径	100mm
从油箱到配电箱的管道坡度	陶器或混凝土材质的管道为 1/40 坡度，uPVC 管道为 1/60 坡度
从配电箱到渗流沟的斜坡	1/200
分配（渗透）管	100mm 孔，PVC 排水管穿孔直径为 8mm，沿管道中心约 75mm；或与上述具有类似水力特性的管道
渗滤沟宽度*	450mm
渗滤沟渗滤深度	地面以下约 800mm，根据地点而定
渗滤沟回填	倒置 250mm 的 20～30mm 水洗碎石或碎石骨料；管道铺设在 1/200 斜坡上，周围铺设 20～30mm 干净的水洗碎石或破碎的石料骨料，管道上铺设 150mm 的类似骨料；土工织物层，最后是铺设表土到地面

* 沟槽中土壤表面压实或上釉的部分，需使用钢耙或抹子等工具进行去除，露出土壤表面。

例如，处理一户人家（以 4 人计）排放的污水，水量按 180L/d 计算，水力负荷为 20L/m^2，需面积 36m^2，若渗滤沟宽 460mm，则需渗滤沟长 80m。

目前，国内外已有很多地下毛管渗滤系统的研究和工程应用。挪威的 Arve Heistad 采用好氧生物滤池预处理的毛管渗滤系统处理农村污水，经过 3 年的稳定运行，系统对 BOD、N、P 的去除率分别达 97%、33% 和 99.4%。王书武采用毛细管润湿式土地处理法，以青岛崂山区某村为基地进行农村污水处理的研究表明，经厌氧生物滤池和砂滤池预处理后，强化了系统的污水处理效果，经过 1 年的运行，农村生活污水中 COD$_{Cr}$、BOD$_5$ 和 SS 的去除率分别达 86%、85% 和 91%[8]，而且将处理水灌溉村庄的草地和果园，实现了污水净化与利用的双重目的。张建等在地下毛管渗滤处理村镇生活污水的研究中，以红壤土作为填充土壤，在 2cm/d 的水力负荷下，采用地下毛管渗滤系统处理村镇生活污水。研究结果表明，地下毛管渗滤系统对 COD、氨氮、总磷和总氮有着良好的去除效果，去除率分别达到 84.7%、70.0%、98.0% 和 77.7%。出水 COD、氨氮、总磷和总氮的平均浓度分别为 11.7、4.0、0.04、4.7mg/L[9,10]，达到建设部颁发的生活杂用水水质标准。

地下毛管渗滤系统处理出水：BOD<20mg/L，COD<70mg/L，SS<20mg/L。建设一次性投资相当于二级生化处理工程的 1/2，运营费仅为其 1/5。

6.2.2 人工快速渗滤

1. 工艺设计

水力负荷每年约为 3.3～150m。快渗池一般是间歇地接受污水，以保持高渗透率。工艺流程，如图 6-2-2 所示。

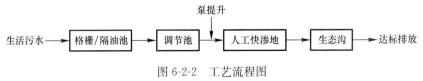

图 6-2-2 工艺流程图

2. 设计条件和设计参数

（1）设计条件

适宜人工快速渗滤处理的场地，土层厚度应大于 1.5m，地下水埋深应大于 2.5m，土壤渗透系数大于 0.5cm/h，地面坡度小于 15%。

（2）工艺参数

人工快速渗滤应用于农村污水处理时的主要设计参数如下：

采用经济流速 50L/h。

滤层厚度：0.8～1.2m。

水力负荷：1.2～1.5m³/m²·d。

3. 处理效果

渗滤填料选择根据污染物去除率，也可就地取材采用天然河砂，经济流速下五种滤料对污染物的去除效果见表 6-2-6。

五种滤料对污染物的去除效果表　　　　　　　　　　表 6-2-6

分类		天然河砂	陶粒	火山岩	石英砂	沸石
进水平均浓度（mg/L）	CODCr			124.7		
	氨氮			35.0		
	TP			5.3		
出水平均浓度（mg/L）	CODCr	35.2	35.7	36.9	38.6	23.8
	氨氮	18.9	15.2	15.8	28.3	3.0
	TP	2.34	3.41	3.02	4.82	0.36
去除率（%）	CODCr	71.8	71.4	70.4	69.0	80.9
	氨氮	46.0	56.6	54.9	19.1	91.4
	TP	55.85	35.66	43.02	9.06	93.21

6.2.3　慢速渗滤

1. 工艺设计

慢速渗滤系统包括地埋式系统及开放式系统两种（图 6-2-3）。

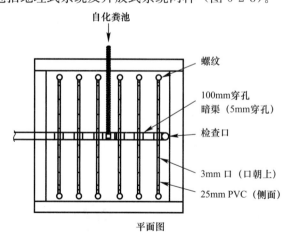

平面图

图 6-2-3　慢速渗滤系统（一）

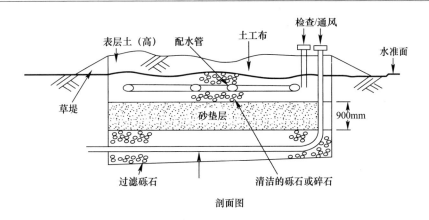

图 6-2-3 慢速渗滤系统（二）

设计时一般要求流出场地的水量为零。应用时常常将 A/O 处理技术和土地慢速渗透技术结合使用。工艺流程见图 6-2-4。

2. 设计条件和设计参数

适宜慢速渗滤处理的场地，土层厚度应大于 0.6m，地下水埋深应大于 1.2m，土壤渗透系数应在 0.15～1.5cm/h，地面坡度小于 30%。滤料有效粒径 D_{60}、D_{10} 分别为 0.7～1.0mm、0.4～1.0mm，且 $D_{60}/D_{10}<4$。设计参数详见表 6-2-7。

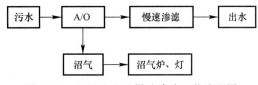

图 6-2-4 A/O＋土地慢速渗滤工艺流程图

慢速渗滤系统设计参数		表 6-2-7
设计影响因素	土壤覆盖	开放式
有效粒度（D_{10}）（mm）	0.7～1.0	0.4～1.0
平均系数（D_{60}/D_{10}）	<4.0	<4.0
渗滤深度（m）	0.6～0.9	0.6～0.9
液压装载 [l/(m² · d)]	40～60	50～100
加药频率（次/d）	2～4	1～4

3. 处理效果

该工艺通过 A/O 工艺的前置处理，来降低土地慢速渗滤技术对土地渗滤处理负荷和对土地通透性的要求，缓解了土地慢速渗滤技术易产生土地渗滤堵塞的问题。同时还能产生沼气为农户带来一定的经济效益，而且土地慢速渗透系统能够高效稳定的去除水中的有机物、氮、磷及 SS 等，处理效果见表 6-2-8。

慢速渗滤处理农村污水平均去除（单位：mg/L）					表 6-2-8
项目	COD	BOD	SS	TOC	TN	NH₃-H
去除率（%）	88	98	94	84	82	92

结果表明，TN 的去除率稳定在 82% 左右，COD_{Cr} 的去除率在 85% 左右，氨氮的去除率在 90% 左右，BOD 的去除率稳定在 95% 左右，SS 的去除率稳定在 95% 左右。

6.2.4　地表漫流

主要设计参数：适宜地表漫流处理的场地，土层厚度应大于 0.3m，土壤渗透系数小于等于 0.5cm/h，地面坡度小于 15%（一般常用 2%～8%）。土地的水力负荷每年为 1.5～7.5m。地表漫流系数设计参数见表 6-2-9。

地表漫流系数设计参数　　　　　　　　　　　　　表 6-2-9

预处理方式	水力负荷（cm/d）	投配速率 [m³/(m·h)]	投配时间（h/d）	投配频率（d/周）	斜面长度（m）
格栅	0.9～3.0	0.07～0.12	8～12	5～7	36～45
初次沉淀	0.4～4.0	0.08～0.12	8～12	5～7	30～36
稳定塘	1.3～3.3	0.03～0.10	8～12	5～7	45
二级生化	2.8～6.7	0.10～0.20	8～12	5～7	30～36

6.2.5　复合渗滤

1. 新型化粪池＋慢速渗滤

新型化粪池＋慢速渗滤工艺是将厌氧处理技术和普通渗滤技术联合使用。工艺流程见图 6-2-5。

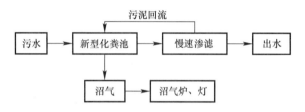

图 6-2-5　新型化粪池＋慢速渗滤工艺流程图

污水经过新型化粪池做预处理，该化粪池是基于传统化粪池将水流状态转变为折流式的推流模式，缓解了堵塞、低效、管理不便的弊端。预处理不仅可以克服渗滤对病原体处理效果不佳的缺点，而且能够得到沼气，为农户带来经济效益。工艺中污泥回流到厌氧发酵池，这样即达到了增加滤床高度提高负荷，同时也对进水的质与量的波动有所调节，有利于工艺的稳定运行，其对洗浴污水处理效果见表 6-2-10。

慢速渗滤处理农村洗浴污水平均去除率　　　　　　　表 6-2-10

项目	COD(mg/L)	BOD(mg/L)	SS(mg/L)	LAS
去除率（%）	80.33	82.44	99.95	90.86

组合处理工艺，COD、BOD_5、TOC、SS、TN、NH_3-N 和 TP 均比单一类型的处理工艺，处理效果要好。

2. 水解酸化-土壤渗滤

水解酸化工艺是从污水厌氧生物处理演变过来的一种水处理技术。通常，可将厌氧发酵产生沼气的过程分为水解阶段、酸化阶段和甲烷化阶段等三个阶段，而水解酸化工艺将反应控制在第二个阶段完成之前。水解酸化工艺考虑到产甲烷细菌与水解酸化细菌的生长速度的不同，在反应器中利用水流动的淘洗作用造成甲烷菌在反应器内难于繁殖，将厌氧处理控制在反应时间短的厌氧处理第一阶段、即在大量水解细菌和产酸细菌作用下，将不溶性有机物水解成为溶解性有机物，将难降解的大分子化合物转化为易生物降解的小分子化合物。水解酸化的效能体现在：提高废水的可生化性，去除一部分有机污染物，减少后继处理设备的曝气量，降低污泥产率，具有明显的节能效果。

赵大传等人[11]的研究表明，酸化水解反应器对 COD_{Cr}、BOD_5 和 SS 的去除率可分别达到 73.2%、58.3% 和 24.2%，BOD_5/COD_{Cr} 比值可由 0.42 提高到 0.67，确定的最佳水力停留时间为 3h。

水解酸化的效能大致有五点：一是可以提高废水的可生化性，二是可以去除一部分有机污染物，三是减少后继处理设备的曝气量，四是降低污泥产率，五是具有明显的节能效果[12,13]。

工程实践证明，即使受到山泉水和地下水稀释作用的影响，处理单元的进水浓度不是太高的时候，其污染物的去除效果也较高，且产生的污泥量少。经水解酸化处理的出水，更符合土壤渗滤系统和人工湿地系统的进水水质条件，有利于提高处理系统的整体处理效果。

3. 高负荷地下渗滤

中国科学院广州地球化学研究所杨永强等，在其研究所生活小区内建了一个高负荷地下渗滤污水处理系统，结构示意见图 6-2-6。

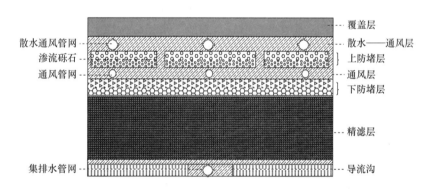

图 6-2-6　高负荷地下渗滤系统结构示意图

渗滤面积为 20m²，污水处理量约 8t/天，系统出水 TSS、COD、BOD、氨氮、总磷等指标低于国家城镇污水处理厂一级 A 类排放标准（GB 18918—2002）限值，系统运行 3 年多，稳定正常。3 年后对该系统进行了局部分层剥离开挖，即使在散水孔周围也未发现有机物累积发黑的现象，表明在所运行的污水负荷条件下，系统不会堵塞。现有技术的防堵性能更强，其污染物负荷能力提高 70% 以上。

理论上，如果达到污泥平衡时渗滤系统没有被堵塞，则该系统永远不会因有机物的累积而堵塞。通过可控条件下的模拟，拟合出有关参数，并对各主要参数进行了模型敏感性分析。结果表明，当污水的 COD 为 250～300mg/L，悬浮有机物的浓度为 80mg/L，渗滤系统的污水负荷能力可以达到每平方米 1.1t/天（超强系统可达到 1.4t/d），而永久不被堵塞[9,10]。

4. 快速渗滤＋人工湿地

吴昌智等研究结果显示，快速渗滤和生物湿地综合系统在各季节内均运行良好，并有效去除水体中的各种污染物，改善水质环境，适宜在农村地区推广应用。各季节 WRSIS 系统对试验污水 COD、TN、TP 的去除率高低均表现为：夏季＞秋季＞春季＞冬季，说明人工生物湿地系统运行效果与水生植物、微生物的季节性变化周期相吻合。虽然系统在冬季的去污能力相对较差，但对 COD、TN、TP 仍达到 81.8％、76.1％ 和 70.4％ 的平均去除水平。试验结果表明，在冬季低温条件下，即使植物水上部分枯萎凋零，污水中各类微生物仍能依靠摄食残枝碎叶来维持基本的数量和较高的活性，从而保障湿地系统的正常运行[13]。

6.3　建设与运营管理

6.3.1　建设模式

在分散型农村污水处理工程模式上，不提倡独家独户的水解酸化-土壤渗滤处理方式，相对的集中方式有利于降低单位建设费用和运行费用。在一定距离范围内的集中处理方式与基建投资和运行费用还有待于在更多的工程建设实践过程中进行比较分析。

酸化水解-土壤渗滤处理工艺技术上是可靠的，比常规土壤渗滤工程，工艺流程有重要的改进，增加了水解酸化池。水解酸化池更加适合处理高有机污染物、高氮磷含量的污水。同时，工程实践还证明：即使受到山泉水和地下水稀释作用的影响，处理单元的进水浓度不是太高的时候，其污染物的去除效果也较高，且产生的污泥量少。经水解酸化处理的出水，更符合（人工）土壤渗滤系统和人工湿地系统的进水水质条件，有利于提高处理系统的整体处理效果。

在生产性工程建设中，防渗处理的工程措施由大开挖、大回填方式（即建设钢筋混凝土池后回填渗滤土壤，或人工土壤方式），建设模式改变成：在处理场地的四周，设置不透水土工布作为防侧渗的隔离墙；在处理场地的底部 1.2～1.5m 深处，设置排水暗管并将收集到的经过处理的土壤渗滤水排至排水明渠，或排水井，最终作为地表水排至河道，最为清洁的生态补给水。这种改造节省的工程费用，远远高于酸化水解池的建设费用，对降低基建投资会起到重要的作用。

同时，在分散型农村污水处理工程模式上，不提倡独家独户的水解酸化-土壤渗滤处理方式以及水解酸化-人工湿地处理方式，相对的集中方式有利于降低单位建设费用和运行费用。在一定距离范围内的集中处理方式与基建投资和运行费用还有待于在更多的工程建设实践过程中进行比较分析。

上述这些措施的叠加效应，必然会将水解酸化-土壤渗滤处理工艺的基建投资有显著的降低。

6.3.2　运营管理

土壤毛管渗滤系统正常运行的关键性问题是：

1. 土壤的选择与配比

土壤的颗粒组成、结构等性质和渗滤土层厚度决定了地下渗滤系统的处理能力和净化效果，因此，正确的土壤选配措施是地下渗滤系统成功的前提；国外各国对土壤配比的配方通常采用专利进行保护。

2. 水力负荷的选取

合适的水力负荷可以维持土壤中污染物质的投配和降解之间良好的平衡，保证系统连续运行状态下的处理效果，防止土壤的堵塞。地下渗滤系统一般根据经验数值确定设计水力负荷，而由此方法确定的水力负荷还应用以下方程式进行校核[14]。

在湿润地区，计算公式为：

$$L_{\mathrm{W}} = ET - Pr + PW \tag{6-3-1}$$

式中，L_{W}——最大允许污水水力负荷率，cm/a；

　　ET——土壤水分蒸发损失率，cm/a；

　　PW——最大允许渗透速率，cm/a，一般取土壤限制性渗透速率的 $4\%\sim10\%$；

　　Pr——降水量，cm/a。

在干旱和半干旱地区，依据覆盖植被对灌溉的要求，即地下渗滤系统应以灌溉为主要目的时，最大允许污水水力负荷率计算公式为：

$$L_{\mathrm{W}} = (ET - Pr)[1 + L_{\mathrm{R}}/100] \tag{6-3-2}$$

式中，L_{R} 为种植作物的年淋溶率，其他参数同公式 6-3-1 的说明。

基于土壤-植物对污染负荷同化容量的水力负荷的确定：对于城镇污水，在保证没有土壤堵塞问题的前提下，基于 BOD、P 和 SS 的负荷率都不会成为水力负荷的限制因素[15]，氮的去除率和负荷率通常是地下渗滤系统的限制设计参数，并决定系统所需的土地面积。基于氮负荷的最大允许水力负荷率可用下式较精确地计算：

$$L_{\mathrm{W}}(N) = [Cp(Pr - ET) + 10U]/[(1 - f)Cn - Cp] \tag{6-3-3}$$

式中，$L_{\mathrm{W}}(N)$——基于氮负荷的最大允许污水水力负荷率，cm/a；

　　Cp——渗滤出水中氮的浓度，mg/L；

　　Cn——进水的氮浓度，mg/L；

　　U——植物吸收的氮量，kg/(hm² · a)；

　　f——投配污水中氮素的损失系数，投配污水为一级处理出水时 f 约为 0.8，二级处理出水时为 0.1~0.2；

ET 和 Pr 同公式 6-3-1。

3. 保持土壤良好的理化性质

Van Cuyk 等发现[16]：土壤不同深度，其土壤含水量、Eh、颗粒的比表面积均不同，保持一定厚度的土壤层对地下土壤渗滤系统的净化效果是非常必要的。不同土壤的固定磷素的能力也是极不相同的，通过改良土壤可增加其对磷的吸附与固定能力。Johansson 等[17]研究证明在原土中掺加适量富含 Fe、Al 物质不仅可增强除磷的效果，还能增加系统吸附磷的容量。Stevil 等[18]证明土壤粒径、土壤比表面积等对病原菌去除效率影响较大，而土壤的 pH、CEC 等离子交换能力等对其去除效率影响不大。在土壤有机质方面，Adelman 等[19]证明高 C/N 比土壤有利于提高氮的去除率。

6.4 应用案例

6.4.1 地下毛管渗滤 (SI)

某示范村生活污水处理地下渗滤系统的工艺流程，见图 6-4-1。经村内污水沟渠收集系统汇集的生活污水依靠重力流入污水处理系统。由于村里的生活污水多数为明渠收集，容易混入垃圾，因此在进水渠中设置格栅拦截水中的大块物体。然后，污水进入预沉池，通过沉淀作用去除污水中的悬浮物和部分有机物，以防止后续地下渗滤系统中土壤孔敞的堵塞。在该地区的 6～9 月份降雨量很大，因此在预沉池的进水口一侧设置暴雨溢流口。预沉池处理出水进入调节池，然后通过水泵将污水提升至地下渗滤系统，通过土壤、植物、微生物的综合净化作用实现对有机物、氮、磷等污染物质的有效去除。处理出水经集水管收集后排入农田排灌水沟渠，用于周围农田的浇灌。

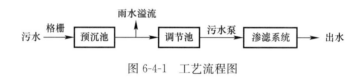

图 6-4-1　工艺流程图

该系统对 COD、总氮、总磷的去除率分别可以达到 86.7%、85.5%和 96.5%。

系统日常维护工作比较简单，仅需要对沟渠和格栅内的垃圾进行定期清理。整个工程的建设费用（沟渠收集系统除外）为 4 万元。处理设施的运行仅需要少量的人工管理费用和污水提升电费，其运行成本为 0.15 元/m³。

6.4.2 人工快速渗滤 (CRI)

以东北地区某村人工快速渗滤系统（简称 CRI 系统）为例[20]。

人工快速渗滤系统（简称 CRI 系统），是在传统土地处理系统和生物滤池两种技术的基础上发展起来的，一种新型的污水处理技术。采用干湿交替的运行方式，淹水期和落干期构成一个水力负荷周期。当污水流经时，由于滤料呈压实状态，利用滤料粒径较小的特点，滤料中黏土性矿物和有机质的吸附作用以及生物膜的生物微絮凝作用，截流和吸附污水中的悬浮物和溶解性物质；在落干期，系统内处于充分好氧状态，滤料的高比表面积带来的高浓度生物膜对附着于其表面的污染物进行好氧生物降解使污染物得到最终去除。CRI 系统是在过滤截留、吸附和生物降解的协同作用下去除污染物。CRI 过滤截流和吸附作用在系统中主要起调节机制，而有机污染物的真正去除主要靠好氧生物降解。

CRI 系统利用渗透性能较好的天然河砂和一部分特殊填料，代替了传统土地处理系统中的天然土层，有效地克服了传统土地处理的水力负荷低和占地面积大等缺点，且干湿交替的运行方式提高了系统的富氧能力和污染物的去除效果，并已成功解决在北方地区应用时的保温防冻问题。

人工快渗后期运维管理同样重要。运转周期采用各快渗池里淹水和落干相互交替运行，每隔 6h 投配一次，每天投配四次，一般淹水期 1h，落干期 5h。日常定期对快渗池表面杂物进行清理、平整。

构筑物地下部分，池壁安装 10cm 聚苯乙烯泡沫塑料板作为保温材料，外换填煤灰渣进行池体部分保温；构筑物地上部分，格栅池、反应沉淀、配水池上加盖钢结构保温房。房内安装暖气，保证冬季保温房内温度 10 度以上。快渗池地上部分安装钢结构大棚，棚内安装暖气，保证温度。地下快渗池的池体冻土层以上部分，池外面采用非冻胀性砂石回填。

6.4.3 慢速渗滤（SR）

云南楚雄污水土地处理示范工程，采用慢速渗滤（SR）系统[12]。

在土壤渗滤处理系统的地下埋设排水暗管或侧沟等排水设施，使经过处理达标的渗滤水回排到地表水中，可有效解决面源污染的暴雨径流水的直排、渗入地下对地表水和地下水的污染问题。表 6-4-1 用 1 年 12 个月运行周期的月统计数据进行汇总获得的，分析月统计数据，证明地下排水设施在降雨较集中的 7～8 月，排出的水量可达 793.7m³/月，相当 238.1mm 的降雨量，约占年降雨量的 24%。系统水量平衡验证与计算的研究还表明：年累积投配到土壤-植物处理系统中的污水（38973.5m³），通过暗管收集后排至地表水的水量 26440.2m³，占总进水量的 67.84%；土壤-植物系统自身消耗的水量为 9371.4m³，占总进水量的 25.32%；渗入到地下水的渗滤水总量为 3258.4m³，则日均渗入水量仅 8.9m³/d，占总进水量的 8.36%。对地下水污染是极其轻微的[12]。

降雨对 SR 处理系统月均水量分配的影响（单位：m³/月）　　表 6-4-1

月份	LTS 总系统排水量	系统入渗水量		差值（排水量－进水量）
		OF	SR	
7～8 月	2884.9	415.9	2297.4	171.6
其他月份	1299.6	560.6	1361.1	−622.1

在土壤理化性质较好的红壤地区砂壤土条件下，水力负荷按 10m/a 设计，土壤渗滤处理系统对生活污水具有很好的去除效果。云南昆明示范区生活污水经过一级沉淀池处理后，进入作物型慢速土壤渗滤处理系统，由埋深 1.2～1.5m 暗管收集排至地表的处理出水可达到二级半的水平（表 6-4-2）[12]。

昆明污水土壤渗滤的处理效果分析（mg/L）　　表 6-4-2

水质类型	BOD_5	COD_{Cr}	TOC	TN	$NH_3\text{-}N$	$NO_3\text{-}N$	$NO_2\text{-}N$	TP	SS
原污水	105.6	144.1	80.2	54.98	25.10	0.164	0.026	2.06	122.7
初沉池出水*	88.4	135.4	73.6	61.53	26.82	0.123	0.026	2.08	74.6
SR 出水	4.80	4.82**	8.40	12.38	2.56	0.682	0.073	0.11	10.5
初沉池去除率（%）	16.3	6.04	8.23	−11.9	−6.85	25.0	0.0	−0.97	39.2
SR 去除率（%）	94.6	93.6	88.6	79.9	90.4	−454.5	−180.8	94.7	85.9
总去除率（%）	95.4	94.0	89.5	77.5	89.8	−315.8	−180.8	94.7	91.4

注：* 行数据表示初沉池出水也是 SR（慢速渗滤）系统的进水水质；** 为高锰酸盐指数。

三年连续监测数据的统计结果（见表 6-4-3），充分说明土壤基质的渗滤系统，有很高的去除有机污染物、N、P 和 SS 的能力。处理系统中的初沉池去除效果不理想，与运行中的排泥管理有关，不及时排除沉淀池中泥斗的污泥，会使混合作用层的少量污泥带至澄清层中，严重影响一级沉淀池的处理效果。

SR 处理系统对各种污染物质去除效果统计[12]　　　　　　　　表 6-4-3

项目	COD*	BOD₅	SS	K-N	NH₃-N	NO₃-N	TP
原污水（mg/L）	149.2	66.6	128.5	—	20.58	0.168	3.190
系统出水（mg/L）	10.0	5.4	19.4	—	2.56	0.136	0.140
去除率（%）	87.9	91.9	84.9	—	87.6	19.0	95.6
原污水（mg/L）	155.4	66.7	243.5	32.31	20.07	0.136	3.335
系统出水（mg/L）	10.1	3.5	20.8	4.20	2.04	0.170	0.164
去除率（%）	88.3	94.8	91.5	87.0	89.8	−25.0	95.1
原污水（mg/L）	130.9	59.0	118.6	25.40	19.06	0.205	2.099
系统出水（mg/L）	7.3	5.3	33.0	3.02	1.04	0.891	0.045
去除率（%）	94.4	91.0	72.2	88.1	94.5	−334.6	97.8

注：* 进水为 COD_{Cr}，出水为 COD_{Mn} 即高锰酸盐指数，COD_{Mn} 值折算为 COD_{Cr} 值时乘 1.8 系数。

污水土地处理示范工程的基建总投资为 837.84 万元，其中土地费用 168.17 万元，工程直接费用 555.40 万元，工程间接费用 114.27 万元。

6.4.4　复合渗滤

1. 化粪池＋土壤渗滤

以上海郊区农村生活污水处理工程为例[21]。采用改良式化粪池/地下土壤渗滤系统组合技术。

本工程人均生活污水量标准取 105L/（人·d）。出水水质执行《城镇污水处理厂污染物排放标准》GB 18918—2002 的一级 B 标准，设计进出水水质见表 6-4-4。工艺流程见图 6-4-2。

SR 处理系统对各种污染物质去除效果统计[12]　　　　　　　　表 6-4-4

项目	PH 值	COD(mg/L)	BOD₅(mg/L)	TP（mg/L）	NH₃-N(mg/L)	SS(mg/L)
进水水质	6～9	350	150	8	60	150
排放标准	6～9	≤60	≤20	≤1	≤8(15)	20

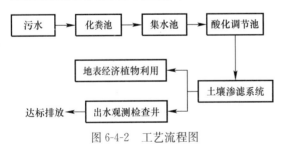

图 6-4-2　工艺流程图

地下土壤渗滤系统充分利用土壤、填料、微生物、植物的共同作用净化污水，床层为多层复合人工土及碎石填料，床表种植经济作物，实现土地的综合利用。设计水力负荷：0.033m³/（m²·d），容积负荷：0.25gBOD₅/（m²·h），停留时间 8h，床体净深 1.5m，超高 0.1m。床体分层回填从下往上依次为 20cm 渗滤层、100cm 人工土层、30cm 回填土层。人工土壤厚 1.0m，共分为三层，从上至下依次为 300mm 原土壤和粗砂；400mm 原土壤和粗砂中添加 Pad-sorbent－4670 粉剂混合土壤；300mm 原土壤、粗砂与木炭粉剂混合土壤。见图 6-4-3。

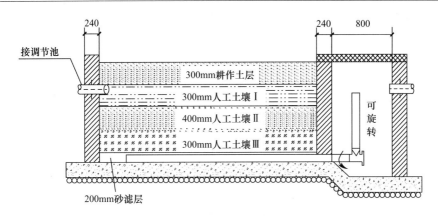

图 6-4-3　地下土壤渗滤系统结构示意图

污水处理系统运行费用约为 0.15～0.2 元/m³。该系统对 BOD₅、COD、氨氮、TP 和 SS 的平均去除率分别为 95%、93%、80%、89% 和 98%，工艺运行稳定达到 GB 18918—2002 的一级 B 标准。系统操作简单，维护成本低，建设规模和选址较为灵活，占地面积小，且具有一定的景观效果和经济价值。

2. 慢速渗滤（SR）＋地表漫流（OF）

以昆明农村污水处理工程为例[22]，采用慢速渗滤＋地表漫流组合工艺。

该工艺为组合工艺，工艺的预处理系统是由格栅、初次沉淀池、20m 漫坡、兼性塘、好氧塘、贮存池和集水井组成，其中 20m 漫坡是 OF 系统的一种改进技术，20m 长度为正常地表漫流区的一半长度，出水达不到二级处理的出水要求，但出水水质优于一级处理。二级处理单元包括 SR（慢速渗滤）处理系统、湿地处理系统、OF（地表漫流）处理系统，其中湿地系统为土壤基质的滤床，在 1.2～1.3m 土层处设置有地下排水暗管；SR 处理系统有设置排水暗管的处理。系统出水通过排水明渠排出，补给地表水（图 6-4-4）。

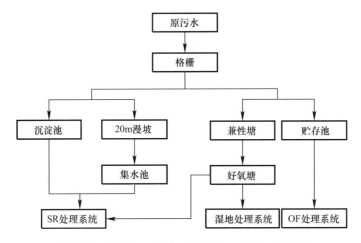

图 6-4-4　昆明生活污水土地处理系统工艺流程图

主要设计参数为：

（1）系统进水水质（实际测定值的年平均值）：BOD 为 91.3mg/L、SS 为 81.0mg/L、COD 为 147mg/L、TOC 为 69.7mg/L、TN 为 54.38mg/L、NH₃-N 为 28.51mg/L、TP

为 2.07mg/L。

（2）设计参数：以慢速渗滤系统为例，适用于昆明气候、土壤（砂壤土、轻壤土）、植物（农作物、牧草等）、地质水文条件下的设计参数，①适用的水力负荷为 9.0～11.7m/a，当水力负荷高于 11.7m/a 后，系统出水的有机污染物浓度急剧增加，其含量在 10～30mg/L 之间变化；②适用的污染物负荷 BOD 污染负荷率在 3.5mg/m² · d 时，系统出水的 BOD 浓度可以保证在 <10mg/L 的范围内；氮负荷率约为 0.69g/m² · d，略高于 0.60g/m² · d，SR 系统的出水总氮去除率仍接近 80%，说明氮负荷的限值定在 0.6～0.7g/m² · d 可能是一个经济的指标；③投配频率（也称利用周期）和投配水深，以控制牧草、树木、香料和农作物 SR 系统的投配水深在 7cm 以下都是比较安全的，由此推算和实际测定的结果都表明，在砂壤土的处理场地，4～5 天投配一次污水的投配频率是适宜的。

同样地，湿地、地表漫流和稳定塘的设计参数也通过工程实践获得的监测数据，进行核实、验证和修正，获得适合当地情况的设计参数。

（3）处理效果：COD、BOD$_5$、TOC、SS、TN、NH$_3$-N 和 TP 年平均去除率分别为 95.0%、96.7%、90.8%、79.5%、81.8%、87.4% 和 91.3%。

3. 水解酸化＋土壤渗滤

（1）案例一

以上海闵行区浦江镇正义村农村污水处理工程为例[23]，采用水解酸化＋土壤渗滤工艺。

根据《上海市污水处理系统专业规划》，农村综合生活污水量标准取值：75L/(p · d)，K_d=1.4。地下水渗入量按日均旱流污水量的 10% 计。

日均污水量＝日均旱流污水量＋地下水渗入量

污水处理工程设计进水为农村居民生活杂用水及经化粪池厌氧发酵后的出水。以《室外排水设计规范》规定城市污水平均水质为基准，参照调查的农村生活污水水质并结合工程实施地用水特点确定进水水质，出水水质需达到《城镇污水处理厂污染物排放标准》GB 18918—2002 一级 B 标准。

正义村污水处理工程的进出水水质设计　　　　　　　　　　表 6-4-5

水质指标	进水浓度（mg/L）	出水浓度（mg/L）
COD	300	60
BOD$_5$	150	20
TN	40	20
NH$_3$-N	30	8
TP	5	1
SS	150	20

污水处理采用水解酸化＋地下土壤渗滤工艺。工艺流程如图 6-4-5。预处理单元由格栅、化粪池、酸化调节池组成，地下渗滤是本工程的主要处理单元。

工艺设计参数：

格栅宽 0.6m、长 1m、栅条间隙 10mm；格栅倾角采用 45°。

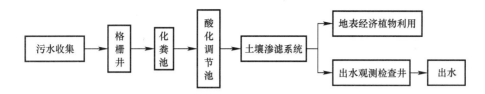

图 6-4-5 土壤渗滤系统工艺流程图

1）化粪池

化粪池的功能主要是截流生活污水中粪便等残渣，对粪便等发酵处理，以去除30%左右的有机物质。化粪池要求分成三格，对容积不符合要求的两格化粪池增加一格，并在增加的一格内铺设吸附材料，增强化粪池的处理效果。

2）酸化调节池

在本设计中，采用水解酸化池代替常规的初沉池，除达到截留污水中悬浮物的目的外，还具有部分生化处理和污泥减容稳定的功能。

停留时间：4～6h。

表面负荷：$0.6～0.8m^3/(m^2 \cdot h)$。

酸化调节池分两格，有效高度一般为2～2.5m。酸化调节池建在污水管网的末端，紧挨土壤渗滤系统。

3）土壤渗滤系统

土壤渗滤系统充分利用人工土壤中的土壤-填料（砂、吸附性材料)-微生物-植物的共同作用净化污水的渗滤床。

土壤渗滤系统的面积负荷：$0.033m^3/(m^2 \cdot d)$，体积负荷：$0.0275m^3/(m^3 \cdot d)$，床体净深1.2m，超高0.1m。

（2）案例二

以国家环保总局华南环科所等单位在云南大理洱海仁里邑村示范工程为例[24]，包括南北两个污水处理场。北处理场的日均流量为$842.87m^3/d$，南处理场的日均流量为$542.89m^3/d$，总日均流量为$1385.8m^3/d$。采用水解酸化＋地下土壤渗滤工艺。工艺流程如图6-4-6。

图 6-4-6 水解酸化＋土壤渗滤工艺流程图

根据实测数据，水解酸化工艺的去除效果令人满意，见表6-4-6和表6-4-7。

仁里邑村生活污水水质监测结果（单位：mg/L） 表 6-4-6

采样位置	BOD_5	COD_{Cr}	TN	NH_3-N	NO_3-N	NO_2-N	TP	SS
村北沟	6.20	17.8	2.94	0.60	1.50	0.17	0.22	27.2
村中沟	36.6	118.4	17.48	12.18	0.78	0.60	3.03	80.0
村南沟	5.29	19.0	3.93	0.72	1.93	0.24	0.32	41.9

水解酸化工艺对污染物的去除效果分析（单位：%） 表 6-4-7

项目	去除率变幅	平均去除率	在处理系统中占有比例
COD_{Cr}	7～73	32	40～50
BOD_5	6～89	40	40～50
TN	10～50	30	30
NH_3-N	2～82	51.6	50～60
TP	—	41	50
SS	14～77	32	—

从表 6-4-6 可看出，横穿村庄中部的"村中沟"受农田灌溉水混入的影响小，其水质比较正确反映出农村污水的实际情况。由于仁里邑村生活污水处理分别由村北的北处理场和村南的南处理场分担，通常采用村中沟-村北沟、村中沟-村南沟两种组合进水方式，故对表 6-4-6 的数据的使用也应分别等比例求出村中沟-村北沟、村中沟-村南沟的浓度平均值，代表水解酸化池的进水浓度，求出各种污染物浓度乘以表 6-4-7 的平均去除率即为水解酸化池的出水浓度。

4. 三格化粪池＋土壤渗滤

以南方某城市农村污水处理工程为例[25]，采用三格化粪池＋土壤渗滤工艺设计，出水达到一级 B 标准。工艺流程见图 6-4-7。

新农村民居 → 集水池 → 土壤渗滤系统 → 出水井 → 天然水体

图 6-4-7 工艺流程图

该工艺只经过简单的预处理（三格化粪池），运行一段时间后，监测结果显示，94.9% 达到《城镇污水处理厂污染物排放标准》GB 18918—2002 中的二级标准，69.1% 达到一级 B 标准。

参考已建工程，表中列出部分工程的工程费用，见表 6-4-8。

工程费用 表 6-4-8

设计水量（m^3/d）	户数	工程费用（万元）	单价（元/户）
253.8	447	208.48	4664
175.5	371	146.33	3944
137.4	199	99.47	4999
105.3	104	55.13	5301
68.6	56	40.92	7306

从上表可以看出，不同水量整改户数的村庄所需要的单位价格不同，具体费用从 ￥3000 到 ￥7000 不等，具体费用受当地的各方面条件影响，但总体来说土壤渗滤系统投资较少工艺运行时所需能耗小、易于管理，根据已建工程的估算，每吨水运行费约为 0.34 元，说明其运转费用低。

5. 高负荷地下渗滤

以广东佛山利华员工村示范工程为例[26]，采用高负荷地下渗滤技术。

利华员工村位于广东省佛山市南庄镇，是外来务工人员聚居地之一，常住人口 2200

余人。该村生活用水由佛山市自来水公司提供。根据供水记录，其用水量存在明显的季节性差异，冬季平均用水量约 120t/d，夏季（8、9月份）平均用水约 180t/d，推测其最大单日用水量约 200t。由于污水处理站建于小区内，污水管线长度较小，其污水收集率按 90％计算。

利华员工村的人均用水量在夏季约 80L/d，冬季更少，大约是当地平均用水量的一半，因此生活污水的污染物浓度较高。根据不同时段的污水分析结果，其原污水的水质为：TSS＞200mg/L，COD＝320～380mg/L，NH_4^+-N＝55～80mg/L，TN＝70～110mg/L，TP＝9.6～12.5mg/L。TSS 由有机质颗粒物和胶体组成，在 600℃基本上全部挥发；由于全部是生活污水，可生化性好。

此外，利华员工村的排水系统属雨污合流，在雨天有部分雨污混合水从溢流口直接排放。

高负荷地下渗滤污水处理系统的工艺流程见图 6-4-8。利华员工村有较完备的污水管网，经局部改造后将污水管网接入处理站。由于该员工村以平房为主，有许多垃圾通过下水道进入污水管，因此在沉淀池前设置沉砂格栅槽，以拦截大颗粒垃圾。为了应对暴雨，在沉砂格栅槽中开设了溢流口，溢流口位置比沉淀池进水口高 30cm。

污水 → 格栅 → 沉淀池 → 调节池 → 泵/阀 → 高负荷地下渗滤系统 → 出水

图 6-4-8　高负荷地下渗滤工艺流程图

沉淀池的作用是去除较容易沉淀的悬浮颗粒物，调节池的功能是将用水高峰时段排放的部分污水储存到用水低估时段处理，同时部分有机物发生厌氧降解，也伴随少量污泥沉淀，在一定程度上降低污染高负荷地下渗滤单元的污染物负荷。调节池的污水通过水泵间歇性地提升到高负荷地下渗滤单元，污水在横向运移和向下渗滤的同时，其中的污染物被填料拦截、吸附，并最终通过微生物的分解转化而去除。

格栅槽长 2m、宽 1m，置于沉淀池之前，用砖砌而成，内侧批挡且批防水砂浆（掺 3％防水粉），表面做防渗处理。栅条直径 1mm，间距 1mm，倾角 45°。

沉淀池可以去除污水中的小粒径颗粒物，降低地下渗滤系统的污染物负荷，防止填料堵塞，对于提高渗滤系统的污水负荷能力具有重要作用。沉淀池长×宽×深＝5m×4.25m×3.7m，水力停留时间大于 5h；调节池长×宽×深＝5m×5m×3.7m，水力停留时间大于 6h。池体采用砖混结构，内侧批 1：2.5 水泥防水砂浆（掺 3％防水粉），表面做防渗处理。沉淀池与调节池之间采用多个倒"U"形管相连，以防止漂浮物进入调节池。在调节池中安装潜污泵，将污水定时定量提升到高负荷地下渗滤系统。

系统水力负荷取 0.56m³/(m²·d)，占地面积为 320m²。系统填料总厚度 145cm，主要由黏土和河砂组成。散水、通风和集排水管网铺设于粒径为 1～3cm 的砾石层中。渗流砾石粒径为 0.5～1cm。高负荷地下渗滤系统具有多层结构，其中防堵层又自上而下分为粗滤层和细滤层，由河砂或河砂与黏土混合而成的沙土组成。精滤层由河砂、粉煤灰和黏土混合而成。从粗滤层→细滤层→精滤层，填料的渗透性依次降低，以控制污染物的迁移和微生物群落分带。此外，加入功能微生物菌剂，以提高出水水质。

　　进入高负荷地下渗滤系统的污水，一部分在重力作用下渗滤穿透散水层之下的防堵填料往下运移；来不及渗滤的污水则在散水层填料中侧向流动，并通过连通散水层与通风层的砾石进入下防堵层。污水在散水层填料中侧向流动的同时，其中的悬浮颗粒有机物被不同粒径的填料拦截，并且不断被填料表面的微生物膜分解和转化。由于连通散水层与通风层的砾石相当于二次散水通道，对下防堵层散水，从而使污染物负荷高度分散，大大提高了系统的防堵能力。残留的污染物被下部的精滤层填料拦截并且被填料表面的微生物分解和转化。经处理后的中水在渗滤田底部汇入集水沟，并且通过集水排水管排放或进入清水池回用。

　　高负荷地下渗滤系统采用间歇性进水，落干时适量通风。利华员工村污水处理站每天进水 8 次，每次进水后通风 10min。

　　该污水处理示范工程对 COD、BOD_5、SS、NH_3-N、色度、TN 和 TP 的平均去除率分别为 87.7%、78.9%、92.5%、87.6%、90%、52.2% 和 76.3%，主要污染物出水达到了《城镇污水处理厂污染物排放标准》GB 18918—2002 一级 B 或二级标准。

　　本系统建设投资约 28 万元（不包括污水管网改造、地表景观等），直接运行费用（电费）约为 0.06 元/t，日常维护主要是隔日清理格栅条上的杂物。

参考文献

[1] Lowe K. S., Siegrist R. L. Controlled field experiment for performance evaluation of septic tank effluent treatment during soil infiltration. Journal of Environmental Engineer-ing-ASCE, 2008, 134 (2): 93-101.

[2] USEPA, et al. Technology transfer process design manual land treatment of municipal wastewater, Center for Environmental Research Information, Cincinnati, 1981.

[3] 谢良林，黄翔峰，刘佳等. 北方地区农村污水治理技术评述 [J]. 安徽农业科学, 2008, 36 (19): 8267-8269.

[4] 秦伟，王志强，谢建治等. 分层填料地下渗滤系统处理农村分散生活污水 [J]. 环境工程学报, 2013, 7 (11): 4269-4274.

[5] 陈繁荣，杨永强，吴世军等. 高负荷地下渗滤污水处理复合技术破解我国小规模生活污水处理难题 [J]. 科技促进发展, 2016, 12 (2): 217-222.

[6] 陈繁荣，叶凡. 高负荷地下渗滤污水处理复合技术 [J]. 中国环保产业, 2011, 9: 48-50.

[7] Bouwer H. Ground water recharge with sewage effluent [J]. American Society of Civil Engineers, 1991, 23 (10-12): 2099-2108.

[8] EPA W T M. Treatment Systems for Single Houses [J]. Environmental Protection Agency, Wexford, Ireland, 2000.

[9] 张建，黄霞，施汉昌等. 滇池流域村镇生活污水地下渗滤系统设计 [J]. 给水排水, 2004, 30 (7): 34-36.

[10] 张建. 地下渗滤系统处理村镇生活污水的研究与应用 [学位论文]. 北京：清华大学, 2003.

[11] 赵大传，倪寿清，崔清洁. 生活污水水解酸化的研究. 山东建筑工程学院学报, 2006, 21 (2): 154-158.

[12] 云南省环境科学研究所等. 昆明市城市污水土地处理系统研究报告. 1990.

[13] 吴昌智，李新建. 快速渗滤和生物湿地综合系统处理农村生活污水的季节性运行效果分析 [J]. 西南农业学报, 2018, 31 (1): 177-183.

［14］ 王淑梅. 一体化小型生活污水生物处理装置研究进展［J］. 中国环保产业，2007，2：14-17.

［15］ 高拯民，李宪法. 城市污水土地处理利用设计手册［M］. 中国标准出版社，1991.

［16］ Van Cuyk S，Siegrist R，Logan A，et al. Hydraulic and purification behaviors and their interactions during wastewater treatment in soil infiltration systems ［J］. Water Research，2001，35（4）：953-964.

［17］ Johansson L，Gustafsson J P. Phosphate removal using blast furnace slags and opoka-mechanisms ［J］. Water research，2000，34（1）：259-265.

［18］ Stevil TK，Ausland G，hansson JF，Jenssen PD. The influence of physical and chemical factors on the transport of E. coli through biological filters furification ［J］. Wat. Res. ，1999，33（18）：701-706.

［19］ Adelman DD，Tabidian MA. The potential impact of soil carbon content on ground water nitrate contamination ［J］. Water Science and Technology，1996，33（4/5）：227-232.

［20］ 朱世见. 人工快渗处理东北地区村镇分散污水试验研究 ［D］. 吉林大学，2012.

［21］ 闫亚男，张列宇，席北斗. 改良化粪池/地下土壤渗滤系统处理农村污水 ［J］. 中国给水排水，2011，27（10）：69-72.

［22］ 国家环保总局华南环科所，大理州农科所. 洱海湖滨地区农村面源污染综合控制技术试验示范研究报告. 2005.

［23］ 沈晓清，王卫琴. 上海闵行区浦江镇正义村农村污水处理工程 ［J］. 工业安全与环保，2009，35（7）：15-17.

［24］ 王凯军. 低浓度污水厌氧（水解）处理 ［M］. 北京：中国环境科学出版社，1991.

［25］ 纪轩. 废水处理技术问答 ［M］. 北京：中国石油出版社，2003.

［26］ 张荣，杨永强，刘劲松. 分散式高负荷地下渗滤污水处理系统的设计和运行 ［J］. 环境工程学报，2011，5（8）：1755-1760.

第7章 滴 滤

7.1 技术原理与特点

7.1.1 技术原理

滴滤池也称低负荷生物滤池或普通生物滤池，是常见的农村污水处理方法。构造包括布水器、滤料、进水再循环泵和覆盖物4个部分。在反应器中，水流从顶端进入，通过布水器分散成液滴状，喷洒在具有大的比表面积的滤料上，液滴由于重力作用由上而下通过滤池，滤池底部有出水的收集装置。在流经滤池的过程中，污水长期滴在滤料表面会形成生物膜；附着生物膜的滤料形成了由废水、空气和生物膜组成的三相流体系，污水由生物膜表面向下流，与生物膜进行固、液相的物质交换；空气在自然通风或鼓风曝气的作用下流动，在氧的参与下，废水中的有机物被微生物分解得到净化[1]。

滴滤池处理生活污水的实质，是由于微生物附着在滴滤池填料上，与其他有机及无机物形成生物膜，微生物膜具有吸附与氧化能力。当污水经过填料与生物膜接触，污水中的有机物作为营养物质，被微生物所摄取，微生物得到繁殖，同时污水被净化。滴滤池和其他类型生物滤池都依靠生物膜的微生态系统处理污水[2]。滴滤池用于去除碳 BOD（CBOD）和/或氮。碳氧化滴滤池利用异养细菌去除碳 BOD（CBOD），硝化滴滤池利用自养细菌去除氮。

7.1.2 技术特点

滴滤池最大的优势在于不需采取机械曝气的措施，仅靠自然通风供氧来保证池内溶解氧的供应，大大节省了因曝气带来的能量消耗。在运行过程中，污水在流经滤池时，填料截留了污水中的悬浮物质，并把胶体吸附在表面。在进水时，生物膜的吸附、吸收以及微生物的分解作用一直存在，并且速率保持在较高水平，处理过程包括了污水的流动状态、不同浓度污水的混合、氧气的扩散传质与吸收、微生物的新陈代谢活动等，这些作用的最终结果是实现了污水的净化[3]。滴滤池处理工艺成本低、能耗少，简单有效，抗冲击负荷，工艺材料环保廉价，不需要大型曝气设备，处理过程中无废气、废水产生，二次污染小，在附着生长的处理系统内污泥主要是老化脱落的生物膜，所以污泥量很少，大大节约了污泥处理费用[4]。国内外大量的研究证实了滴滤池去除污水中 COD、SS 具有良好的效果[5]，白永刚研究发现，在稳定运行状态下，滴滤池对 COD、氨氮、总氮和总磷去除的贡献分别为74.5%、79.2%、33.8%、47.5%[6]。

滴滤池的处理量不是很大。普通滴滤池具有顶部滤料易堵塞、对氮和磷的去除能力有限、处理负荷较低、稳定性不高、有异味、不卫生等缺点，因此近年来学者们致力于研究改进滴滤池的工艺并强化其脱氮除磷效果。影响滴滤池处理效果的因素有结构设计、进水负荷、布水方式、滤料、供氧方式、挂膜方式、回流比和温度等，许多学者深入研究并进行优化改造。

7.1.3　技术研究进展

早期滴滤池于 1893 年首先在英国被使用[7]，如图 7-1-1[8] 所示的英国乡村典型的传统自然曝气生物滤池，至今已运行了近百年[9]。20 世纪 20 年代滴滤池开始在美国流行，20世纪 60 年代，陶氏化学公司开始研究模块化滤料，之后越来越多的研究者开始探究滴滤池污水处理工艺，并在 20 世纪 60～70 年代取得了大量的研究成果。20 世纪 70 年代美国国家环境保护局正式定义了滴滤池[10]。

图 7-1-1　英国乡村典型的传统自然曝气生物滤池

传统的滴滤池供氧方式为自然通风；挂膜方式一般采用自然挂膜；滤料以石块为主，粒径为 25～100mm，形状不规则；滤料层高度为 1～2m。发展到现在滴滤池的使用已经相当普遍。滤料的选择也逐渐多样化，滤层的高度也逐渐增加，有的滤层高度可达12m[11]。近年，滴滤池不断发展优化，日本研发了成本低、体积小、操作简便的淹没式滴滤池。一些学者研发了较为实用的组合工艺，如滴滤池与人工湿地的组合、生物复合滴滤池-地下渗滤工艺组合、多级滴滤池的组合、臭氧-滴滤池组合等，滴滤池作为组合工艺中的一部分取得了很好的效果，这使其在水处理工艺中更有优势。

7.2　工艺设计及参数

单独针对农村污水处理的生物滴滤工艺设计尚无规范、标准，应用时可参考借鉴国内外城市污水处理厂滴滤池设计参数。

7.2.1　城市污水处理厂滴滤池设计

设计参数见表 7-2-1[12]。

设计参数　　　　　　　　　　　　　　　　　　　　　　　　　　　　表 7-2-1

项目	普通生物滤池
表面水力负荷 $[m^3/(m^2 \cdot d)]$	0.9~3.7
容积负荷 $[gBOD_5/(m^3 \cdot d)]$	110~370
滤料高度（m）	1.5~2.0
滤料材质	碎石、炉渣
粒径（mm）	25~100
BOD_5 去除率（%）	85~95

7.2.2　美国污水处理厂滴滤池工艺设计

滴滤技术处理污水，在美国应用范围广，制度完善，管理严格。从 EPA 到各州，发布了诸如学习指南、设计手册、操作手册等资料，这些资料详细介绍了滴滤器的原理、结构和功能，操作和维护，监视和故障排除，安全和计算。如威斯康星州自然资源部，发布了废水操作员滴滤器学习指南，操作员需要考取认证资格后上岗。EPA 关于废水技术-滴滤池说明[13]中，给出了滴滤池设计参数。典型滴滤池滤料由岩石、矿渣或塑料床组成，废水分布在其中，构造见图 7-2-1[13]，资料来源于 Metcalf&Eddy，Inc. 和 Tchobnaglous。

大多数低速滴滤池都是圆形的旋转分配器，也有矩形的。这两种配置都配备了计量虹吸管或定期泵，以在短时间间隔内提高滤料润湿率。水力负荷和有机负荷的值对硝化效率也很重要。为确保在所有进水条件下滤料完全润湿，最小水力负荷为 $1~3m^3/(m^2 \cdot h)$。该值取决于过滤器中使用的滤料。为防止塑料滤料变干，最小水力负荷为 $0.4L/(m^2 \cdot s)$。对于岩石滤料，可不受液压限制，水力负荷范围 $0.01~0.04L/(m^2 \cdot min)$。

低速滴滤池岩石或熔渣滤床直径可达 60m，深度 0.9~2.4m，岩石滤料粒径 2.5~10cm，表面积约 $149m^2/m^3$，空隙率小于 40%，再循环比为 1∶1。塑料滤床直径 6~12m，深度 4.3~12.2m。

影响滴滤池硝化效率的其他因素，包括滤料的特定水力模式，污水在塑料滤料中的停留时间。滤料的填充有横流、垂直流、交叉流或各种随机填充方式。与垂直流滤料相比，具有交叉流动特性的塑料滤料，增加了生物膜和污水之间的接触时间，提升了氧气转移效率。研究表明，低有机负荷时，横流滤料有更好的流量分布。垂直滤料可最大限度地减少潜在的堵塞，有机负荷比交叉流滤料好。采用塑料滤料还需要额外的设备，如滴滤池顶层的紫外线防护添加剂，以及安装在滴滤池下部增加的包装，这些都会增加滤料厚度。

低速滴滤池通常设计进水负荷小于 $40kgBOD_5/(d \cdot 100m^3)$。由于负荷较低，不易生成苍蝇，产生气味小，滤料不易堵塞，污泥产率低。

美国科罗拉多州污水处理厂滴滤池操作手册给出各种滴滤池设计参数[14]，见表 7-2-2。

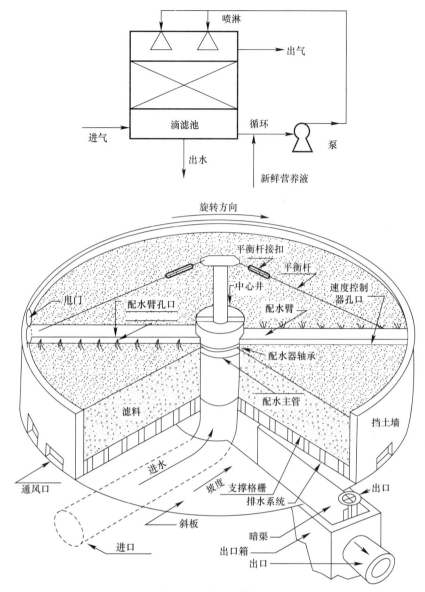

图 7-2-1 滴滤池构造图

滴滤池设计参数 表 7-2-2

过滤器类型	有机负荷 [1bBOD/ (1000ft³ · d)]	可溶性 CBOD/氨氮 去除效果	适用性
粗滤器	100~220	50%~75%	垂直流动，混合流动
碳氧化过滤器	20~60	高达 90%	垂直流动，横流
组合 BOD 和硝化过滤器	5~20	<10mg/L 可溶性 CBOD； <3mg/L 氨	横流，标准或中密度流
硝化过滤器	<20mg/L 或过滤器将失效	<3mg/L 氨	交叉流动，中等或高密度流

7.2.3 英国乡村滴滤池工艺设计

以英国乡村低速滴滤池为例[15]。

141

低速滴滤池是英国乡村最常用的生物处理工艺，常用工艺流程见图 7-2-2 和图 7-2-3。

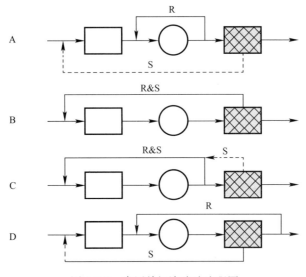

图 7-2-2 常用单级滴滤池流程图

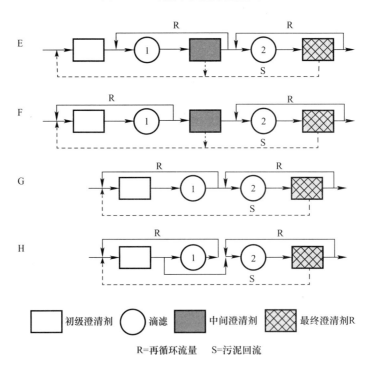

图 7-2-3 常用两级滴滤池工艺流程图

初沉调节池停留时间 8h，滴滤池分两级串联，每级水力负荷 12m³/(m²·d)，出水回流比 1∶3，二沉池停留时间 3h[16]。

1. 预处理

在进水可以进入初沉池之前，必须清除可能损坏污水处理厂机械的大砂砾和漂浮碎屑。最常见的是在进水通道内设置栅条间隙 30～75mm 的粗格栅。栅渣单独外运，除渣后的污水将进入初沉池。

2. 初沉池

初沉的作用是促进污染物的沉降和总固体的去除，产生强度降低的流出物并允许更有效的上清液的二次处理。典型的农村初沉池见图 7-2-4。初沉池效率高度依赖于进入的流速，而流速又由罐的尺寸控制。

图 7-2-4　初沉池

流量变化大的特性将显著降低沉降效率，因此初沉池通常用于污水处理厂＞100 人口当量（Population Equivalents 缩写 PE，一般可以按照 1PE＝0.5m³/d 估算）。对于污水处理厂＜100 人口当量，可以省略初沉阶段，污水直接进入生物处理阶段。初沉池分为上向流和水平流两种类型。上向流建造和安装更昂贵，但具有静液压除渣消除了对两个平行罐的需求，提高了安全性，不需要人工清除淤泥等优点。

因为堆积会降低水箱容量和效率，通常应至少每周一次定期清除污泥。由于生活垃圾中脂肪、油和油脂的比例很高，因此应在罐输出点使用浮渣保留板。上向流见图 7-2-5，在平面图中通常是方形的，具有倾斜的底部以帮助污泥沉降和储存。水平流见图 7-2-6，在平面上倾向于矩形，长度为宽度的 3 倍，深度低于顶部水位 1500mm。

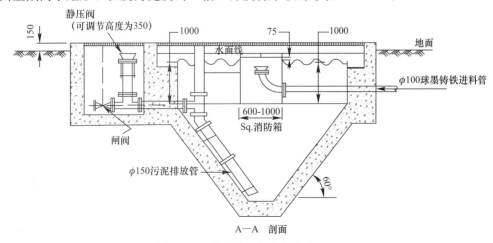

图 7-2-5　典型的上向流沉淀池（一）

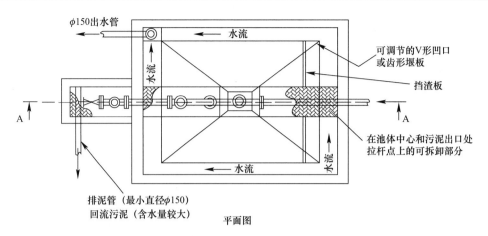

所有尺寸均以mm为单位
注：在使用刚性管道的入口或出口连接处可能需要柔性接头

图 7-2-5 典型的上向流沉淀池（二）

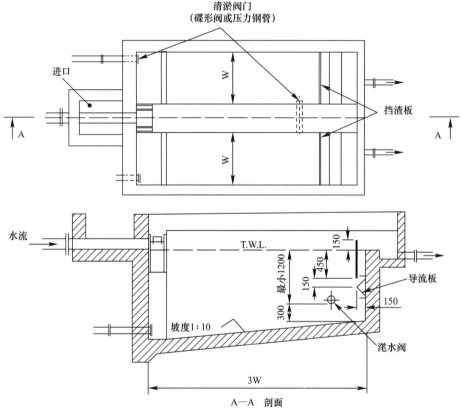

所有尺寸均以mm为单位
注：在使用刚性管道的入口或出口连接处可能需要柔性接头

图 7-2-6 典型的水平流沉淀池

　　水平沉淀池的底板应朝向入口处具有 1：10 的斜率，并且两个罐必须平行操作以允许脱落。上向流或水平流的选择取决于经济和诸多现场实际因素。

上向流流速必须小于液体的沉降速度，最大流速为 0.9m/h。所需的料斗尺寸在不同的基础上有所不同，一般设计如图 7-2-5 和图 7-2-6 所示。

3. 生物处理

将已经经历初步沉降的液体引入生物膜，在合适的介质上生长，利用氧化微生物分解物质。在英国使用各种形式的滴滤池，所有这些都需要适当的通风和排水。最常见的生物处理单元类型是传统的滴滤池，通常有如图 7-2-7 的矩形或如图 7-2-8 的圆形两种形式。污水从单元的表面渗透到底部，均匀地分布在装置表面上，通常通过旋转臂或一系列固定通道进行均匀布水。固定通道分配系统通常限于污水处理厂＜50 人口当量，而旋转臂分配系统适用于广泛的人群。在非常偏僻的农村地区，由于需要电力供应为臂的旋转提供动

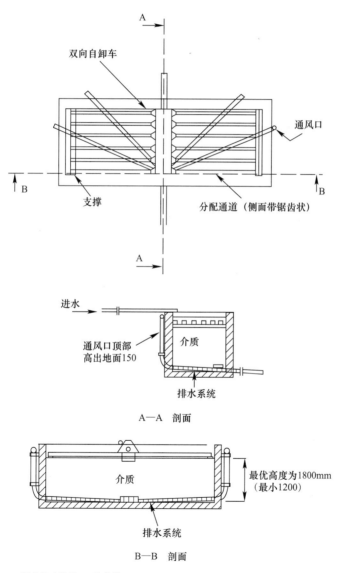

A—A 剖面

B—B 剖面

所有尺寸均以mm为单位
注：在使用刚性管道的入口或出口连接处可能需要柔性接头

图 7-2-7 典型的矩形传统滴滤池

145

力，旋转臂分配系统可能是不合适的。矿物或塑料介质可用于滴滤池，选择哪种介质还取决于实际成本和资金情况。经过传统的滴滤池处理后，出水适合排放到湿地（水量：湿地面积比 1∶1～1∶3）进一步深度处理，去除腐殖质，处理后出水可以收集回用。

旋转式生物接触器的微生物附着在转盘上，使它们交替暴露在空气和污水中，从而进行氧化。转盘常用材料有金属网，塑料网，高密度聚苯乙烯泡沫，GRP 或未增塑的聚氯乙烯。当纵向混合最小化并且从盘中脱落的微生物膜被输送到二级沉降室时，处理效率最大。旋转速度大约 1～3r/min；由圆盘直径控制圆周速度保持在 0.35m/s 以下，以防止微生物的流失。二沉池容积可满足储存 3 个月的腐殖质污泥，如果需要高标准污水，负荷不应超过 5gBOD$_5$/(m^2・d) 沉降污水或 7.5gBOD$_5$/(m^2・d) 原污水。

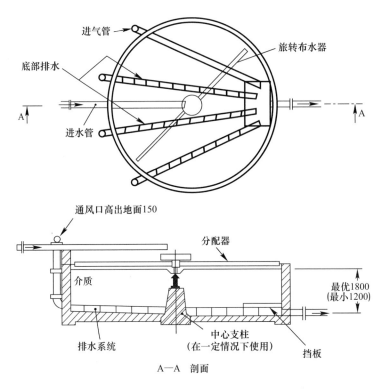

所有尺寸均以 mm 为单位

注：在使用刚性管道的入口或出口连接处可能需要柔性接头

图 7-2-8　典型的圆形传统滴滤池

美国 EPA 废水技术情况说明书中，对于用于硝化反应的滴滤池，给出了用于处理低碳源浓度废水的一些设计标准，见表 7-2-3。

低 cbod$_5$ 系统的设计信息　　　　　表 7-2-3

设计标准	低 CBOD$_5$ 进料浓度系统
废水流量特性 ［m^3/d(MGD)］	
原废水平均流量	18925(5.0)
总二级出水平均流量	21055(5.5)

设计标准	低 CBOD$_5$ 进料浓度系统
实际二级出水浓度（mg/L）	
可溶性 COD	27
氮可用以硝化	21
碱度为 CaCO$_3$	120
滴流过滤器反应器出水特性（mg/L）	
可溶性 COD	20
氨氮	1.5
设计条件/假设	
反应器温度，EC	15
反应器 pH 范围	7.0～7.6
空气流量（平均值二次加载）要求 kgO$_2$/kgO$_2$	50

资料来源：美国环境保护署，1993 年。

7.3 成本及处理效果

7.3.1 成本与运营管理

EPA 给出滴滤池系统的典型成本，见表 7-3-1。

滴滤池的成本摘要　　　　　　　　　　　　　　　　　　　表 7-3-1

废水流量（MGD）	施工成本	劳工	O&M	物料
1	0.76	0.05	0.63	0.011
10	6.34	0.23	0.36	0.004
100	63.40	1.01	1.3	0.20

注：成本为数百万美元。
资料来源：改编自 Martin 和 Martin，1990 年。

不同滴滤池投资运营也不尽相同。表 7-3-2 列出几种典型滴滤池的建设运营成本及特点[17]。

典型滴滤池建设运营成本　　　　　　　　　　　　　　　　　表 7-3-2

工艺类型	适用村庄	建设成本	运行成本	特点	建设与运行	应用实例
厌氧＋梯式生态滤池	适合在丘陵山区或存在一定地势落差的农村地区	吨水处理能力投资约 1700 元	无动力运行，日常管理简便，因而运行费用可忽略不计，维护费用仅为每年 2 次植物的更换	利用势能，采用无动力运行	施工方便，工艺简单，便于维护	宜兴市张渚镇善卷村：装置设计处理能力为 15m^3/d
高效微生物改性竹炭技术	适用于广大农村	工程投资小，吨水处理能力投资 1000～2500 元	运行成本约为传统工艺的 50% 左右，吨水运行费用低于 0.3 元	建设和运行成本低，应用灵活	施工简单，周期短，运行效果稳定可靠，管理简单，基本无剩余污泥	常州市武进区雪堰镇垄巷村：服务 800 人，日污水总量 70m^3

工艺类型	适用村庄	建设成本	运行成本	特点	建设与运行	应用实例
腐殖填料滤池工艺	适用于需要以废治废的农村地区	吨水处理能力投资约为 2500 元	不需要曝气设备，吨水运行费用低于 0.1 元	填料以腐殖垃圾为主，可实现以废治废	不需要曝气充氧系统，简化了系统的管道和设备，运行管理方便，可实现自控无人值守	江苏省扬中市新坝镇华威村：处理规模 100m³/d，服务 1000 人
地埋式充氧生物滤池	适用于土地资源紧张的农村地区	吨水投资成本约为 5700 元	吨水处理成本约为 0.14 元	全部埋入地下，不影响环境和景观，适用于土地资源较为紧张的农村地区	该装置结构简单，施工管理方面能耗低，但需定期对水泵控制系统等进行检查与维护	江苏省宜兴市大浦镇浦南村：处理能力为 25m³/d
生物接触氧化技术	适用于经济条件相对较好的农村	包括设备、管网、基建及其他投资，总计吨水建设成本约为 9000 元	吨水运行成本较高，约为 0.45 元	施工和运行管理简便，应用广	处理时间短、能够克服污泥膨胀问题、可以间歇运转、维护管理方便，不需要回流，污泥剩余污泥量少	常熟市海虞镇汪桥村：处理规模 300 户左右，设计污水日处理能力约为 100m³

7.3.2　处理效果

传统的滴滤池主要用于有机物的去除。Sidneyd 等（2003）和 Satoh 等（2004）分别研究了含碳源的上流式滴滤池处理污水的硝化和反硝化过程，当 DO 浓度为 $2\sim4mg/L$ 时，反硝化速率为 $3.09\sim5.55g\text{-}N/(m^2 \cdot d)$，说明有溶解氧存在的情况下，生物膜内部依然可以发生反硝化。童君等研究了滴滤池中无机含氮化合物及微生物活性的沿程变化规律，结果表明，影响氨氮去除效果的首要因素是液相与生物膜相之间的氨氮传质速率，滴滤池中出现了显著的同步硝化反硝化现象，反硝化主要发生在滴滤池上层。

美国 EPA 废水技术情况说明书中，给出了不同类型滴滤池 BOD_5 的去除率，见表 7-3-3。

BOD_5 **各种过滤器类型的去除率**　　　　　　　　　　　　表 7-3-3

过滤器类型	BOD_5 去除率（%）
低比率	80～90
中间率	50～70
高几率	65～85
粗滤器	40～65

李桂荣等的研究成果显示，不同进水负荷处理生活污水，滴滤池对不同污染物的去除影响不同。当体积流量为 20L/h、操作温度在 17.5℃左右、进水 COD 负荷 $1.638\sim2.047$ （g/L·d）时，生物滤滴池对 COD 和氨氮、TN、TP 的综合去除率最大，分别为 80.0%～83.2%、72.7%～80.3%、52.8%～59.3%、49.1%～52.3%[18]。崔婷婷等试验结果显示，

TN、TP 的去除率随着水力负荷的增加而降低，在水力负荷 4m³/(m²·d) 的条件下，TN、TP 的处理效果最好，平均去除率分别达到 57.37% 和 64.18%。分层滴滤池对氨氮、TP、TN、COD 去除的最佳回流比分别为 1∶1、2∶1、2∶1、1∶1，平均去除率分别为 87.08%、66.04%、56.02% 和 80.78%[5]。白永刚在宜兴大浦镇湖滨新村农村生活污水项目研究结果中显示，稳定运行状态下，滴滤池对 COD、氨氮、总氮和总磷去除的贡献分别为 74.5%、79.2%、33.8%、47.5%[6]。薛旭东等的研究结果显示，COD_{Cr}、NH_3-N 的去除主要是在滴滤池内完成的。滴滤池的硝化效果良好，滴滤池进水的 TN 主要由 91.5% 的 NH_3-N 构成，滴滤池出水的 TN 主要由 59.6% 的 NO_3^--N、36.3% 的有机氮和 3.6% 的 NH_3-N 组成，滴滤池对 TN 的去除贡献为 51.2%，滴滤池对 TP 的去除贡献为 39.7%[19]。

回流可增加生物膜的厚度。刘雪妮认为综合各项水质指标的去除率，一般回流比设为 60%～80%[20]。美国国家环保署水研发处研究了滴滤池中出水回流对脱氮的影响，发现适当增大回流比有利于硝化反应。当回流比为 100% 时，NO_3^--N 可去除 50%；当回流比为 200% 时，NO_3^--N 可去除 67%（USEPA Office of Research and Development，1993）。

刘颖等研究成果显示，在单级滴滤池组合滤料对比试验中，最佳水力负荷为 0.6 m³/(m²·d) 的条件下，斜发沸石＋焦炭和斜发沸石＋兰炭 2 种组合滤料滴滤池对 COD 及氨氮的去除效果均较好，对 TN 及 TP 的去除效果差异较大。斜发沸石＋焦炭滴滤池对 TP 的处理效果较好；斜发沸石＋兰炭滴滤池对 TN 的去除效果较好。两级串联 A/O 滴滤池对水中污染物均有较好的去除效果。当水力负荷为 1.5m³/(m²·d) 时，去除 COD、NH_3-N、TN、TP 的最佳回流比分别为 100%、200%、50%、100%，平均去除率分别为 91.83%、99.67%、41.67%、46.84%。相比单级滴滤池，其对 TN、TP 的去除率分别提高了约 17% 及 18%。因此，串联 A/O＋回流复合结构可有效增强滴滤池的脱氮除磷能力[21]。

陈蒙亮等新型滴滤池处理生活污水的研究成果显示，滴滤池启动方式采用自然挂膜启动运行，15d 后系统达到稳定。在进水水力负荷为 13.5m³/(m²·d)，COD 负荷在 177.35kg/(m²·d) 左右时，滴滤池对 COD、NH_3-N 和 TP 有很好的去除效果，去除率分别达到 79.2%、90.8% 和 70.05%，而对 TN 的去除效果不明显[22]。张文坤新型组合式分层滴滤池启动性能研究成果显示，去除率达到稳定分层滴滤池比普通滴滤池所需时间更短，COD 去除达到稳定在 12d 左右，氨氮去除达到稳定在 24d 左右；分层滴滤池的出水稳定性更高，波动性较低；分层滴滤池的去除效率更高，COD 去除可以达到 80%，氨氮的去除也可以达到 65%。COD 的去除与水体中的溶解氧有密切的关系，当水体中的溶解氧逐渐升高时，将有利于有机物的降解。分层滴滤池的平均生物膜量与普通滴滤池相差不大，但都有一个动态变化的过程，使得滤池可以持续的对有机物进行降解。分层滴滤池第 2 层脱氢酶活性更高，更有利于有机物的降解[23]。

俞珊珊等研究证实，滴滤池处理城镇污水，直径 8m，高 6m，有效容积 3.2m³，停留时间 8h，处理能力 500m³/d 以上，出水 COD_{Cr} 始终稳定在 50mg/L 以下[24]。

韩润平等认为采用蚯蚓生态滴滤池处理城镇污水的效果为：COD_{Cr} 去除率为 83%～90%，BOD_5 91%～95%，SS 为 85%～95%，NH_3-N 大于 55%，采用水解酸化-滴滤池处理生活污水，出水可满足二级排放标准[25]。谭平等研究结果显示，采用 ABR-滴滤池组合工艺处理农村生活污水，对 COD、TN、NH₃-N 和 TP 的平均去除率分别可达 73%、32%、58% 和 30%。多层滤池各污染物每层去除效果不同，见表 7-3-4 所示[26]。

污染物浓度及去除效果的沿程变化　　　　表 7-3-4

	COD		TN		NH₃-N		TP		NO₃⁻-N
	浓度 (mg/L)	去除率 (%)	浓度 (mg/L)	去除率 (%)	浓度 (mg/L)	去除率 (%)	浓度 (mg/L)	去除率 (%)	浓度 (mg/L)
滤池进水	236	—	24.4	—	14.1	—	1.8	—	0.3
1 层进水	160	32.2	23.2	4.9	13.4	5	2.2	—	0.4
2 层进水	140	12.5	22.4	3.4	12.2	9	2.1	4.5	1.1
3 层进水	129	7.9	22.0	1.8	10.6	13	1.8	14.2	2.4
4 层进水	93	27.9	20.4	7.3	6.2	40	1.3	27.8	5.6
总去除率 (%)	61	16.4	56	27.8	—				

李洋等采用磁絮凝分离-生物滴滤组合工艺处理小城镇污水，研究结果显示，综合滴滤池对 COD 及 NH₄⁺-N 的去除效果，反应器的最优水力负荷为 3m³/(m²·d)。在变水力负荷条件下运行时，水力负荷在一定范围内增加，COD 的去除率随之升高，继续增加水力负荷，COD 的去除率逐渐下降，其去除率的大小关系为 85.8%[3m³/(m²·d)]＞80%[1.5m³/(m²·d)]＞72.4%[4m³/(m²·d)]＞65%[5m³/(m²·d)]；NH₄⁺-N 的去除率随着水力负荷的增加而下降，去除率大小关系为 86.6%[1.5m³/(m²·d)]＞80%[3m³/(m²·d)]＞70%[4m³/(m²·d)]＞62%[5m³/(m²·d)]。滴滤池优化改型后最佳的硝化液回流比为 150%，此时，对 COD、NH₃-N、TN 的去除效率分别为 85%、88%、75.8%。自然通风滴滤池的污泥浓度可以高达 4200mg/L，滤池整体水平为 2967mg/L。在进水的底物浓度充足时，滴滤池的处理效果更佳[4]。

曹大伟等研究成果显示，地埋式一体化生物滤池工艺处理农村生活污水具有较强的抗冲击负荷能力，并能有效去除生活污水中的 COD、NH₃-N、TN 及 TP，其中硝化效果尤为突出[27]。徐善平进行了两段式比例进水曝气生物滤池处理城镇生活污水效能研究，分析曝气生物滤池中污染物沿水流方向的降解规律，发现各污染物沿反应器高度的去除率变化规律并不相同，COD 和悬浮物的去除主要集中在反应器的底部，在反应器距底部 1.2m 处达到最佳去除率，氨氮的去除主要集中在中上部，总氮在上部被去除，总磷在各处均有去除；常规 BAF 工艺在一个反应器内，对各种污染物的降解作用较难达到时间及空间上的统一。回流可增强池抗冲击负荷能力，同时增强反硝化作用，比例进水可以减少碳源的投加[28]。付斌进行了城镇污水处理新型生物滤池工艺试验研究，采用三阶段自然挂膜启动，挂膜启动 23 天后 COD_Cr、NH₃-N、TN 均达到较好的处理效果，其中 COD_Cr 去除率稳定在 80% 以上，NH₃-N 去除率稳定在 90% 以上，TN 去除率在 40% 左右，出水水质达到稳定[29]。

匡颖[30]等研究成果显示，使用火山岩与焦炭作为填料的滴滤池，处理生活污水的同时可以同步除臭。但生活污水与 H₂S 臭气同步处理时，处理效果低于单独处理生活污水。其中 COD_Cr 的去除率与污水单独处理时的效果相当，对 NH₃-N 的去除影响较大，脱氮除磷的效果会受到影响，特别是硝化作用的效果会明显变差。

滴滤池对污水与 H_2S 同步处理的去除率（单位：%）   表 7-3-5

污染物指标	火山岩		焦炭	
	去除率范围	平均去除率	去除率范围	平均去除率
H_2S	0.87～0.99	0.92	0.85～0.99	0.93
COD_{Cr}	0.33～0.8	0.66	0.26～0.86	0.68
氨氮	0.22～0.66	0.45	0.11～0.59	0.34
TN	0.11～0.55	0.26	0.14～0.44	0.27
TP	0.16～0.35	0.25	0.09～0.34	0.21

余浩[31]等采用水解池-滴滤池-人工湿地处理农村生活污水，发现滴滤池的处理效果与滤层深度、水力负荷、有机负荷、温度和回流比有关。COD 及氨氮处理效果在水力负荷为 $4.0～7.0m^3/(m^2·d)$ 和 $7.0～8.0m^3/(m^2·d)$ 范围内分别达到最佳，平均去除率分别为 85% 和 92%，回流比为 200% 时，总氮去除率高达 60% 以上。滴滤池受温度影响较小，一般不会出现供氧不足的情况。通过对滴滤池内生物相的分析发现，滴滤池内硝酸菌的数量级为 10^9 个/g 填料，并且沿程增大，至中下层达到最大，亚硝酸菌也呈现类似的规律，数量级为 10^8 个/g 填料有机物降解集中在滤池上中部，硝化作用集中在中下部。

7.4 应用案例

7.4.1 单级滴滤池

以美国阿默斯特污水处理厂为例[32]。

位于俄亥俄州阿默斯特的阿默斯特污水处理厂（AWTP）有两个滴滤池串联运行，由于没有中间澄清，被认为是单级生物滴滤系统。过滤器每个 40 英尺宽，90 英尺长，17 英尺深，滤池采用塑料横流滤料。

该污水处理厂的设计流量 $864m^3/d$（每天 200 万加仑，MGD），平均水力负荷率 23.0 $m^3/(m^2·d)$（565gpd/ft²）。

设计出水水质：冬季出水氨氮低于 6mg/L，夏季低于 3mg/L。当地 10 月至 5 月的温度介于 8℃和 15℃之间（46EF 和 59EF），而夏季月份温度介于 17℃和 20℃之间（63EF 和 68EF）。

监测结果显示：较冷温度期间的平均每月出水氨氮值在 1.8 至 4.9mg/L 之间。

污水处理厂改造时，使用岩石或矿渣滤料代替塑料滤料，处理效果有所改善。

7.4.2 两级滴滤池

以美国加利福尼亚州 Scotts，Valley，Redwood Glen 露营和会议中心为例[33]，设计采用两级滴滤池处理工艺（图 7-4-1）。

Salvation Army 在加利福尼亚中部的 Scotts Valley 的 Santa Cruz 山拥有一个全年的露营地和会议中心。露营地占地 200 英亩，每天可接待 300 人。每日废水量平均为 15000 加仑，峰值为 30000 加仑。该中心安装了重力污水收集系统、污水处理系统、中水回用系统和地下处置系统。污水处理系统采用二级滴滤池系统。处理后出水经地下滴灌系统浇灌当地一个棒球场，此外还用作景观补水。多余出水进入地下补水系统。

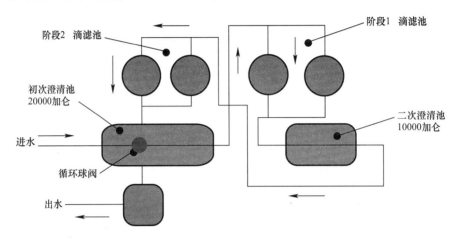

图 7-4-1　流程图

该污水处理系统 BOD 去除效果良好，出水总悬浮颗粒物低于 10mg/L，总氮去除率超过 50%。

该项目总耗资约 $750000。运行和维护工作由当地的一个服务公司承担，每周对系统进行一次维护，维护时间 2 小时，包括清扫水泵、生物滤器和过滤纸片。月费用为 $800 到 $1200，年费用约 $9200。

7.4.3　滴滤池-曝气生物滤池

以苏州某镇生活污水处理项目为例[24]，采用两级生物膜法，第一级采用无需机械曝气的滴滤池，第二级采用曝气生物滤池，出水达到《城镇污水处理厂污染物排放标准》（GB 18918—2002）一级 B 标准。

设计水量为 500m³/d，进出水水质见表 7-4-1。工艺流程见图 7-4-2。

污水水质情况和排放要求　　　　　　　　　　　　　　　　　表 7-4-1

项目	pH 值	COD(mg/L)	BOD$_5$(mg/L)	SS(mg/L)	NH$_3$-N(mg/L)
污水水质	6～9	200～400	150～200	200～300	30～40
排放要求	6～9	≤60	≤20	≤20	≤15

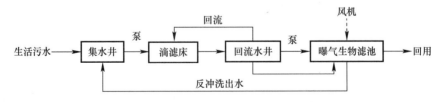

图 7-4-2　工艺流程图

滴滤池由滤床、布水系统、滤料、排水等部分组成。圆形钢结构滴滤池直径 8m，高 6m，有效容积 3.2m³，停留时间 8h。构造见图 7-4-3。

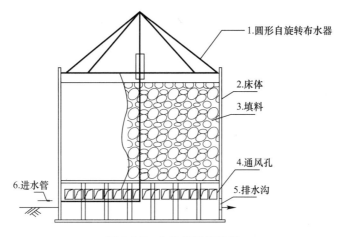

图 7-4-3　生物滤池构造图

滤料层高 3.2m，无机固体活性滤料 $\phi6\sim\phi10$。滤料层下部设 0.3m 承托层。

采用圆形自旋转布水器。滤池上部于直径或半径方向上安装有布水管，共 4 个臂，布水横管直径 100mm，每根长 4.8m，采用机械密封。

排水沟一般设于池底，其作用一方面是收集滤床流出的污水与生物膜，另一方面保证通风供氧和支撑滤料。池底排水沟由池底、排水假底和集水沟组成。排水假底使用特制砌块和栅板铺成，滤料堆在假底上面。本工程采用碳钢栅板作为排水假底。假底的空隙（过水面积）所占面积不宜小于滤池面积的 5%～8%，与池底的距离不宜小于 0.4～0.6m。

集水室有效水深取 1.5m，用于收集经过滤池处理后的废水，池底设 1% 的坡度坡向出水口。通风口外设雨水排水沟，沟外围种植灌木美化。

设计气流速度 0.3～0.6m/s，采用自然通风提供氧气。滴滤池底部、地面上约 200mm处设置 40 个 $\phi300$ 通风孔，开孔总面积为滴滤池平面面积的 2.8%（>1%）。

污水处理系统经过 1 年的运行，处理能力一直保持在设计值（500m³/d）以上，系统出水 COD 始终稳定在 50mg/L 以下，达到中水回用标准。

运行成本包括电耗、人工费、药剂费。吨水电耗为 0.4kW·h，电价按每 kW·h 为0.65 元计，吨水电耗费用 0.26 元；按平均每月补贴管理人员 1000 元计算，吨水费用约0.02 元；设计采用次氯酸钠消毒，消毒接触时间为 30min，季节性或流行病发病期间加氯消毒，投加的费用约 0.02 元/m³。吨水运行成本约 0.3 元。

7.4.4　滴滤池-人工湿地

以江苏省宜兴市大浦镇漳南新村农村污水处理示范工程为例[6]。

本工程漳南新村共有 19 户，设计按每户 3.5 人，人均排水量 80L/d 计，总排水量5.32m³/d。设计进水水质取 COD400mg/L、$BOD_5$150mg/L、SS200mg/L、TN40mg/L、NH_3-N25mg/L、TP3.0mg/L。

该区域农村村卫生洁具使用不普及，少量已建的化粪池统一进行改造或重建，化粪池出水与各户出水收集，采用滴滤池-人工湿地组合工艺处理。设计工艺流程见图 7-4-4。

调节池设计的有效容积 2.0m³，停留时间为 10h。

滴滤池设计容积负荷 0.15kgBOD/(m³·d)，平面尺寸 1.8m×1.8m，采用间歇式布水、自然通风供氧方式。滤料采用煤渣和中空球形填料，滤料层高度 1.5m。

图 7-4-4　滴滤池-人工湿地工艺流程图

潜流人工湿地设计水力负荷 $0.3m^3/(m^2 \cdot d)$，平面尺寸 2.0m×8.0m。人工湿地床深 70cm，中间利用隔墙形成下向-上向交替流。选用芦苇、菰米等高效脱氮除磷水生型植物。

7.4.5　复合滴滤池-人工湿地

以上海松江区泖港镇的曹家浜村为例[34]，采用复合生物滤池-人工湿地组合技术。

1. 工艺流程

曹家浜全村 514 户，共 1756 人，所产生的生活污水主要包括洗涤废水、厨房排水，另有部分养猪废水。采用复合生物滤池-人工湿地组合技术，处理曹家浜村西南约 900 人产生的生活污水，处理规模 60m³/d，设计流量为 2.5m³/h。工艺流程见图 7-4-5。各农户的生活污水经收集进入集水池，在集水池中通过提升泵将污水提升依次进入复合生物滤池和水平潜流人工湿地，净化后的污水直接排入就近河道。

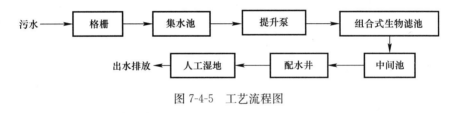

图 7-4-5　工艺流程图

2. 工艺设计

曹家浜生活污水水质见表 7-4-2。

曹家浜生活污水水质　　　　　　　　　　　　　　　　表 7-4-2

指标	COD(mg/L)	氨氮(mg/L)	总氮(mg/L)	总磷(mg/L)	SS(mg/L)	pH
浓度	250～450	15～32	20～45	2.5～6	25～120	7.5～8.5

集水池有效容积为 22.5m³，水力停留时间为 9h。

复合生物滤池采用陶粒作为填料，高 3.0m，滤料体积共 30m³，滤速为 0.8m/h。

高负荷人工湿地使用加气粒子作填料，平面尺寸 11m×18m，水力停留时间为 2.5d，分 3 格并联运行。

中间水池对复合滤池出水悬浮物和脱落的生物膜碎屑进行沉淀，以保证人工湿地的长效运行，有效水深 1.5m。

3. 处理效果

复合生物滤池和人工湿地联合工艺处理农村生活污水各类污染指标的处理效果：COD 去除率达到 80% 左右，出水水质能达到一级 B 标准；总氮去除率高于 50%，出水水质在一年大多数时间能达到一级 A 标准；氨氮去除率能达到 60%，出水水质能达到一级 B 标准；总磷去除率能达到 70% 以上，出水水质能达到一级 B 标准。在不同季节和水质变化较大的情况下，系统出水水质稳定，表明系统具有较好的抗冲击负荷能力，总体来说，夏季的运行效果最好，其次是春季，冬季最差。联合工艺投资少、处理效率高、能耗低、管理方便。

7.4.6 滴滤池—人工湿地—稳定塘

以豫北某村为例，采用滴滤池—人工湿地—稳定塘组合技术[35]。

该村共有 120 余户，有一个存栏 20 头左右的养猪专业户，村边有一面积约 700m² 天然水塘，水塘与一季节性河流相连，塘外即是农田。该村进行过厕改，80% 以上的村民使用沼气厕所，污水通过水沟自流进入水塘，最终排入河道。经监测，该村日平均污水排放量约 35～40m³/d，经沼气池厕所处理后排放的污水 COD 平均含量为 237mg/L、BOD_5 平均含量为 96mg/L。出水满足《城镇污水处理厂污染物排放标准》GB 18918—2002 二级要求，采用滴滤池—人工湿地—稳定塘组合技术，见图 7-4-6。

1. 工艺流程

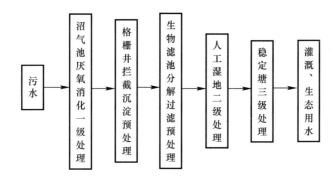

图 7-4-6 工艺流程图

2. 工程设计

（1）格栅井

埋地格栅井采用沉淀、过滤复合功能设计。有效深度为 1.5m，混凝土井壁和井底，平面尺寸 2.4m×2.4m，格栅高 0.9m，格栅条净间距 10mm，格栅及其下部隔墙将格栅井分为进水沉淀室和出水沉淀室。

（2）滴滤池

地埋式滴滤池埋置深度 3.25m，平面尺寸为 3.6m×3.6m，见图 7-4-7。滴滤池中部由混凝土隔板分为进水室和出水室，两室下部连通，出水室中部水平设 1mm 孔径的不锈钢筛网。池内填充级配碎石和炉渣混合滤料，孔隙率>40%、水力传导系数>0.02mm/s。

（3）人工湿地

水平潜流型人工湿地长 30m，宽 15m，深 1.2m。

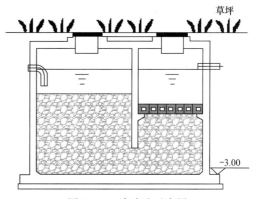

图 7-4-7 滴滤池示意图

湿地底部设150mm厚混凝土垫层,进水端采用布水槽布水,出水端采用沉淀槽出水。

选用碎石、砂、炉渣和种植土混合填料。进水配水区和出水集水区填料采用粒径为5~20mm的碎石。处理区填料孔隙率＞50％,水力传导系数＞0.004mm/s,表层选用240mm厚种植土,表层之下是5~10mm碎石、粗砂、炉渣混合填料。

人工湿地植物种植:进水端设计选用芦苇,种植密度为12~18株/m²;其余部分种植蒲草和灯芯草,种植密度20~25株/m²。

（4）生态稳定塘

将原有水塘经清淤后改造成稳定塘,塘深1.5~2.2m,设计面积约350m²。稳定塘进水口附近较浅,种植一定密度的挺水植物;塘边种植蒲草、水葫芦等植物;塘中放养草鱼、鲢鱼和鲤鱼,要控制鱼类密度,使其保持在8尾/m²以下;塘中投入少量河蚌和田螺,建立起动物、植物、微生物生态系统。

工程占地面积约为820m²,是在原有水塘的基础上改造的污水生态处理系统,工程总造价8.31万元。该污水处理系统无需动力设备,村卫生清洁人员可以进行管理,人工湿地和氧化塘可以为养殖户提供部分蒲草、水葫芦等青饲料,稳定塘提供了渔业养殖空间。系统余水可以进行农田灌溉、补充生态用水,沼渣清理后可以为农田提供有机肥。

7.4.7 水解酸化-动力滴滤池-人工湿地

以福建省龙岩市长汀县南山镇南田迳村污水处理工程为例[36],采用水解酸化-动力滴滤池-人工湿地组合技术。设计规模90m³/d。

该组合技术主要针对新农村污水雨污分流制及污水浓度较高的情况。水解酸化池的目的在于控制厌氧硝化的反应时间,使之处于反应时间较短的水解酸化阶段,在短时间内有较高的悬浮物去除率;通过水解和产酸菌作用,使不溶的或部分溶解性的有机物降解为易处理的小分子有机物,污水通过水泵提升至滴滤池,通过生物膜的代谢作用对有机物进行好氧处理,而后进入人工湿地,通过吸附、过滤、植物吸收及生物降解去除污水中的污染物。工艺流程见图7-4-8。

图7-4-8 水解酸化池人工湿地处理工艺流程

工艺参数:调节池HRT约8h,水解酸化池（厌氧挂膜）HRT约12h,滴滤池HRT约6h,人工湿地HRT≥1d。

处理效果:水解酸化池滴滤池人工湿地技术处理出水基本可达到《污染物综合排放标准》的一级B标准。

投资估算:每吨水建设成本约为4000元,设备运行费用0.1元/吨。

日常维护:水解酸化池、人工湿地及相关沟渠,需定期进行清理与维护,人工湿地内的植物需进行不定期梳理,比如对杂草、病虫害以及植物残体进行清理工作,控制植物的数量和密度,防止二次污染问题。

技术适用性：可以处理浓度较高的生活污水，采用水解酸化池工艺可以降解大分子有机物，在提高滴滤池去除有机物效率的同时减少后续处理单元堵塞的风险，其还可兼具调节池作用；滴滤池利用提升泵的作用，污水从一定高度带氧布水进入滤料，有效进行有机物的降解和硝化作用，节省能耗；人工湿地的优势在于除去污水中的氮、磷等营养物质、少量生物膜碎片及小部分溶解性有机物，使出水水质能达标排放。该组合技术针对农村环保技术薄弱、经济发展水平较低的特点，投资少、管理简便，适合缺乏专业污水处理技术人员的农村地区。

参考文献

[1] VILLAVERDE S，FDZ－POLANCO F，GARCÌA P A. Nitrifying biofilm acclimation to free ammonia in submerged biofilters：start-up influence [J]. Water Research，2000，34（2）：602-610.

[2] MOTTA E J L，BOLTZ J P，MADRIGAL J A. The role ofbioflocculation on suspended solids and particulate COD removal in the trickling filter process [J]. Journal of Environmental Engineering，2006，132（5）：506-513.

[3] EPA. Wastewater Technology Fact Sheet Trickling Filter Nitrification [S]. United States Environmental Protection Agency，2000.

[4] 李洋. 磁絮凝分离——生物滴滤组合工艺处理小城镇污水研究 [D]. 哈尔滨：哈尔滨工业大学市政环境工程学院，2014.

[5] 崔婷婷，何小娟，凌然. 新型分层滴滤池去除污水中氮磷的性能研究 [J]. 农业资源与环境学报，2014，31（1）：89-94.

[6] 白永刚，吴浩汀. 滴滤池——人工湿地组合工艺处理农村生活污水 [J]. 中国给水排水，2009，23（17）：55-57.

[7] 余珍. 低能耗滴滤池技术的应用研究 [D]. 上海：上海交通大学. 2006.

[8] David Diston，Huw D. Taylor 和 Steve B. Mitchell. Rural wastewater treatment and nutrient stripping in the United Kingdom [R]. Report prepared by the University of Brighton for Lakepromo rural sewage treatment sub-project，School of the Environment，May，2007.

[9] 王洪臣. 新时代新村镇——桑德村镇污水处理系统解决方案 SMART2. 0 [R]. 2018（第四届）环境施治论坛，长沙，2018.

[10] DAIGGER G T，BOLTZ J P. Trickling filter and trickling filter-suspended growth process design and operation：a state-of-the-art review [J]. Water Environment Research A：Research Publication of the Water Environment Federation，2011，83（5）：388-404.

[11] Greg Farmer. What every operator should know about trickling filters [EB/OL]. WE&T http://WWW. WEF. ORG/MAGAZINE，2013，8：68-70.

[12] 刘振江，崔玉川，陈宏平等. 城市污水厂处理设施设计计算 [M]. 3 版. 2018.

[13] EPA. WastewaterTechnology Fact SheetTrickling FiltersOffice of WaterWashington，D. C.，2000.

[14] Greg Farmer. What every operator should knowabout trickling filters [S]. http：//WWW. WEF. ORG/MAGAZINE，2013.

[15] J. Paul Guyer，P. E.，R. A.. An Introduction to Trickling Filter Wastewater Treatment Plants [S] mailto：info@cedengineering. com，2014.

[16] 魏俊，毛加，王银龙. 浙江省农村生活污水处理工艺比较研究 [J]. 给水排水，2015，41（增刊）：153-156.

[17]　姚庆丰，王金岩，左长安. 山东省农村低成本污水处理工艺探讨 [J]. 山东农业大学学报（自然科学版），2017，48（6）：911-917.

[18]　李桂荣，薛素勤，方虎等. 滴滤池不同进水负荷处理生活污水试验研究 [J]. 水处理技术，2011，37（11）：84-87.

[19]　薛旭东，王佳，孙长顺. 滴滤池——人工湿地组合处理生活污水规律研究 [J]. 陕西科技大学学报，2015，33（3）：22-26.

[20]　刘雪妮，何连生，姜登岭. 滴滤池处理农村废水的研究进展 [J]. 环境工程技术学报，2017，7（2）：194-200.

[21]　刘颖，郭新超，慕银银. 滴滤池处理校园生活污水强化脱氮除磷研究 [J]. 环境工程，2015，33（11）：42-47.

[22]　陈蒙亮，王鹤立，陈晓强. 新型滴滤池处理生活污水的中试研究 [J]. 水处理技术，2012，38（8）：84-87.

[23]　张文坤. 分层滴滤池生物膜特性研究 [D]. 上海：上海交通大学农业与生物学院，2013.

[24]　俞姗姗，匡恒，蒋京东. 滴滤床在小城镇生活污水处理中的应用 [J]. 江苏环境科技，2007，20（5）：36-38.

[25]　韩润平，李宏魁，李延虎. 生态滤池的原理及特点 [C]. 科技、工程与经济社会协调发展——河南省第四届青年学术年会论文集（下册），2004，1353-1356.

[26]　谭平，马太玲，赵立欣等. ABR——滴滤池组合工艺处理农村生活污水 [J]. 环境工程学报，2013，7（9）：3439-3444.

[27]　曹大伟，李先宁，李孝安. 地埋式一体化生物滤池工艺处理农村生活污水 [J]. 中国给水排水，2008，24（1）：30-34.

[28]　徐善文. 两段式比例进水曝气生物滤池处理城镇生活污水效能研究 [D]. 哈尔滨：哈尔滨工业大学市政环境工程学院，2011.

[29]　付斌. 城镇污水处理新型生物滤池工艺试验研究 [D]. 广州：华南理工大学环境与能源学院，2016.

[30]　匡颖，董启荣，王鹤立. 海绵铁与火山岩填料 A/O 生物滴滤池脱氮除磷的中试研究 [J]. 水处理技术，2012，38（9）：50-53.

[31]　余浩. 水解池-滴滤池-人工湿地处理农村生活污水研究 [D]. 南京：能源与环境学院，2006.

[32]　EPA. Wastewater Technology Fact Sheet Trickling Filter Nitrification [S] Office of Water Washington，D. C.，2000.

[33]　皮特·哈实，赵齐宏，王沈华. Guide for Wastewater Managementn inRural Villages in China [S]. 可持续发展集团世界银行，2012.

[34]　欧文韬，李旭东，庞浩然等. 组合式分层生物滤池与人工湿地联合工艺处理农村生活污水试验研究 [J]. 净水技术，2009，28（4）.

[35]　高丽丽，石志强. 中原地区农村污水生态处理系统设计 [J]. 安徽农业科学，2015，（22）：203-205.

[36]　何秋婷. 人工湿地处理农村生活污水的参数优化与工艺设计 [D]. 福州：福建师范大学环境科学与工程学院，2014.

第 8 章　人 工 湿 地

8.1　原理、分类与发展

8.1.1　人工湿地处理污水原理

从生态学上说，湿地是由水、永久性或间歇性处于水饱和状态下的基质及水生植物和微生物等所组成的、具有较高生产力和较大活性处于水陆交界相的复杂的生态系统。而人工湿地是为处理污水而人为设计建造的工程化的湿地系统。这种湿地系统是在一定长宽比及地面坡度的洼地中，由土壤和基质填料（如砾石等）混合组成填料床，污水在床体的填料缝隙或床体的表面流动，并在床的表面种植具有处理性能好、成活率高、抗水性强、成长周期长、美观及具有经济价值的水生植物（如芦苇、茳芏等），形成一个具有污水处理功能的独特的生态系统，故人工湿地也称为构筑湿地，国外更有人称之为生态滤池[1]。

美国联邦管理机构曾这样定义"湿地"的概念，认为湿地就是那些经常或维持被地表水或地下水淹没饱和，在一般情况下，被饱和的土地适合用于特有生物普遍生长的区域。所谓"人工湿地"是指在人工模拟天然湿地条件下，建造一个不透水层、使挺水植物生长在一个处于饱和状态基质上的一个湿地系统。美国著名的湿地研究、设计与管理专家Hammer博士等将人工湿地定义为：一个为了人类利用和利益，通过模拟自然湿地，人为设计与建造的由饱和基质、挺水与沉水植被、动物和水体组成的复合体[2-4]。

人工湿地依靠物理、化学、生物的协同作用完成污水的净化过程，强化了自然湿地生态系统的去污能力。从自然调节作用看，人工湿地还具有强大的生态修复功能，不仅在提供水资源、调节气候、降解污染物等方面发挥着重要作用，还能吸收二氧化硫、氮氧化物、一氧化碳等气体，增加氧气、净化空气，消除城市热岛效应、光污染和吸收噪声等。人工湿地是有效处理许多不同类型污染水的天然处理技术[5,6]。

人工湿地是专为优化自然环境中的工艺而设计的工程系统，因此被认为是环境友好且可持续的废水处理选择。与其他废水处理技术相比，人工湿地具有低操作和维护要求的特点，并且性能稳定，性能不易受输入变化的影响。人工湿地可以有效地处理原始，一级，二级或三级处理的污水和许多类型的农业和工业废水[7]。

人工湿地去除污染物的技术原理与选择的挺水植物密切相关。作为湿地和人工湿地的挺水植物，必须具备可通过输导组织——维管束，能把叶片吸收到的空气中的氧气传输到土壤或碎石基质中，通过根系的泌氧功能在根系微区中、形成一个由紧紧接触根毛处的好氧区，并向外宽展成缺氧区、厌氧区组成的根际微区处理单元。这种处理单元极其相似厌氧、缺氧/好氧（A^2/O）生物脱氮除磷二级处理工艺，只不过不是通过鼓风曝气设备、而是通过湿地和人工湿地种植的无数具有泌氧性能的，如香蒲、水葱、芦苇、昌蒲等的根际微区处理单元组成的一个极其复杂和庞大的植物根际处理区域[8]。土壤基质层和复合基质的拦截、胶体颗粒的物理化学吸附与沉淀作用等对 N、P、SS 的去除也有作用，但对碎石基质的人工湿地而言，这种作用是很小的。

用于污水处理的人工湿地主要通过填料、植物和微生物的协同作用来实现对污水的净化。包括物理作用、化学反应及生化反应，其中物理作用主要指过滤、沉积作用，污水进入湿地后，经过基质层及密集的植物茎叶和根系，可以过滤、截留污水中的悬浮物，使其进一步沉积在基质中；化学反应主要指化学沉淀、吸附、离子交换、拮抗和氧化还原反应等，化学反应的发生主要取决于所选择的基质类型；生化反应主要指微生物在好氧、兼氧及厌氧状态下通过开环、断键分解成简单分子、小分子等，从而实现对污染物的降解和去除。水体、基质、水生植物和微生物，四个构成人工湿地污水处理系统的基本要素，都具有单独的污水净化能力，尤其是人工湿地中的微生物在污水净化过程中起到了极其重要的作用[9]。几种主要污染物的去除机理如下：

（1）有机物：人工湿地中微生物的活动是污水中有机物降解的基础机制。植物根系将氧气输送到根区，形成根表面的氧化状态，污水中的大部分有机物在这一区域被好氧微生物分解成二氧化碳和水。在根部的还原状态区域，则是经过厌氧细菌的发酵作用将有机物分解成二氧化碳和甲烷释放。这样就形成了连续的好氧、缺氧和厌氧环境。

（2）SS：SS 主要依靠物理拦截、沉降和过滤作用去除。

（3）氮：氮通过作物-土壤的同化、吸附、氨的挥发、硝化-反硝化等过程得到去除。人工湿地的脱氮机理主要是生物硝化-反硝化，植物吸收的氮占去除总氮的比例<10%。

（4）磷：磷主要通过植物吸收及填料的物理化学作用（土壤的吸附、络合及与 Ca、Al、Fe 和土壤颗粒的沉淀反应）去除[9]。

农村地区的表面流人工湿地已被用于处理各种废水，从污染较轻的杂排水到浓度较高的粪便径流。可以用人工湿地处理的其他农村废弃物包括来自小社区的城市废物，食品加工废物，猪粪便径流，腐烂物质和储存罐废物等[10]。

用于污水处理的人工湿地对污水中的 SS、BOD_5、COD 和病原菌有良好的去除效果。但是，人工湿地占地面积比较大；氮、磷去除效率差异也比较大，有些文献报道仅为 30%～50%[11,12]，而有些却认为可高达 90%甚至 98%[13]。造成如此大差异的原因，主要是湿地水力负荷、填料和工艺的不同。传统的表面流湿地和潜流湿地主要是由于氧气供应不足、硝化作用受到抑制、并导进一步使反硝化作用受到抑制，使脱氮过程不彻底，从而导致氮的去除率不高。大量的研究[14,15]证明，磷的去除主要是通过富含铁、铝和钙氧化物填料的吸附与化学沉淀作用而实现的[16,17]。

人工湿地因为投资低、对有机污染物、悬浮物和病原体的去除效果好，在农村居民家庭污水、村庄生活污水、农村暴雨径流废水以及农田面源废水处理中依然有推广应用的价值。其关键在于改进填料基质配比与提高氮、磷的去除能力。

人工湿地由一个设计合理的盆地组成，盆地中含有水、基质，最常见的是维管植物。可以在构建湿地时操纵这些组件。湿地的其他重要组成部分，如微生物群落和水生无脊椎动物，自然发育。用于建造湿地的基质包括土壤、沙子、砾石、岩石和有机物质如堆肥。由于湿地的低水流速和高生产力，沉积物和垃圾随后积聚在湿地中。

8.1.2　人工湿地的分类

国内外学者对人工湿地系统的分类多种多样。不同类型的人工湿地对特征污染物的去除效果不同，具有各自的优、缺点。

从工程实用的角度，人工湿地可以分为自由表面流（free water surface，FWS）人工湿地和潜流（Subsurface flow，SFS）人工湿地，而后者又包括水平流（horizontal sub-surface flow，HF）、垂直流（vertical sub-surface flow，VF）和潮汐流（Tidal Subsurface flow，TF）[18,19]。

典型的 FWS-CW 系统是由水池或槽沟组成，并设有地下隔水层以防止地下渗漏。表面流人工湿地中的污水在湿地土壤表层流动，水深较浅（一般为 0.1~0.6m），是植被茂密的单元（见图 8-1-1）。

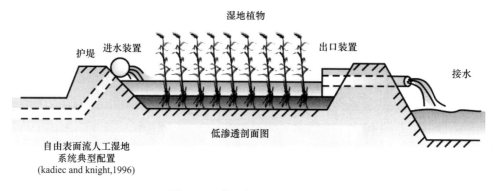

图 8-1-1 典型的 FWS-CW 系统

SFS-CW 系统中的污水在湿地床的表面下流动，一方面可以充分利用填料表面生长的生物膜、丰富的植物根系及填料截留等作用，提高处理效果和处理能力，另一方面由于水在地表下流动，保温性好，处理效果受气温影响较小，卫生条件较好，是目前国际上研究和应用较广的一种湿地类型，但投资比表面流人工湿地略高（图 8-1-2）。为了防止多孔过滤材料堵塞，HF-CW 和 VF-CW 通常用于废水的二次处理。用于处理筛选的原废水的垂直流人工湿地也已被引入并成功应用。此外，法国 VF-CW 在单一系统中提供综合污泥和废水处理，因为不需要对废水进行初级处理，因此节省了建设成本[9]。

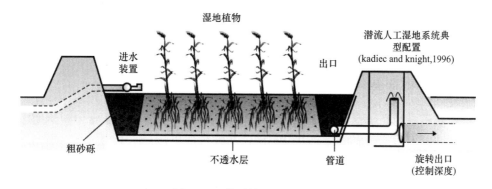

图 8-1-2 典型的 SFS-CW 系统

TF-CW 是近 15 年来人工湿地领域的最显著进展之一，潮汐是指污水在泵的驱动下周期性地浸润湿地填料的运行方式，运行过程中产生的基质孔隙力将空气中的氧强力吸入湿地床，可显著提高氧转移速率。运行周期包括 4 个时段：快速进水时段，污水在泵的抽吸作用下，自上而下，快速充满湿地填料，一般进水时间小于1h；接触反应时段，污水与填料充分接触反应；快速排水时段，污水在泵的抽吸作用下，快速排空，排水时间一般与进水时间一致；空闲时段，即填料处于排空状态，直至下一周期开始。与传统人工湿地相比，潮汐潜流人工湿地最显著的特点为复氧能力显著提升，复氧能力高达203-473gO$_2$/(m^2·d)[20]。传统水平流人工湿地的复氧能力1～8gO$_2$/(m^2·d)，垂直流人工湿地的复氧能力50～90gO$_2$/(m^2·d)。接触阶段的设置保障了污水和填料的充分接触，并彻底解决了传统垂直流人工湿地中的布水不均和短流问题。

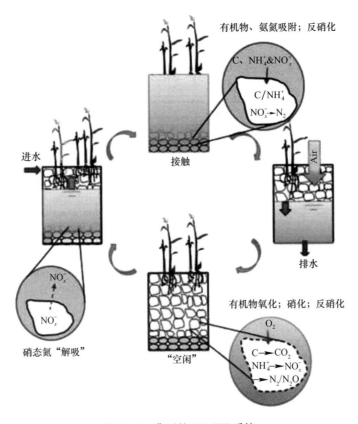

图 8-1-3 典型的 TF-CW 系统

8.1.3 人工湿地技术的发展

1903年英国在约克郡建立了世界上第一个用于处理污水的人工湿地[1,6]，连续运行至1992年。人工湿地早期的应用领域以中小城镇和农村的生活污水为主，1974年，第一个完整的人工湿地试验在德国Othfrensen进行。1977年，德国学者Kickuth提出根区法（TheRoot-Zone-Method）理论之后[18]，人工湿地处理污水工艺在世界各地受到重视并被运用。据不完全统计，20世纪80年代，美国、丹麦、德国、英国等已建成运行数百座人工湿地系统，新西兰有大约80个人工湿地在使用。美国总结各国人工湿地污水处理的经验，提出相关的理论和参考设计参数[20,21]，美国东部的400多个点源排放是通过人工湿地处理后进入天然水体的，为人工湿地的安全稳定运行积累了丰富的工程经验。截至2006

年，北美有近两万座人工湿地；欧洲建有一万多座人工湿地，主要用于人口规模较小的乡村社区；亚洲、大洋洲、拉丁美洲也有越来越多的人工湿地建成和投入使用[22]。

人工湿地在我国发展起步较晚。1987 年天津环保所建设了我国第一个占地 6hm² 的芦苇湿地，90 年代以来人工湿地的建设和研究不断提升，首例采用人工湿地处理污水的研究工作，是 1988 年始在北京昌平进行的表面流人工湿地。十几年来，在深圳白泥坑人工湿地、崇明森林旅游园区污水处理工程和洪湖人工湿地系统等代表工程实践中，我国已在人工湿地的结构、填料类型、植被选择和水流方式等方面都取得了积极的进展。近年来，各地方已开始运用人工湿地技术处理生活污水。人工湿地作为分散式污水处理技术在农村和小城镇地区的运行已经引起普遍重视，并开始推广应用。近几年出现各种人工湿地组合处理工艺，改善堵塞，缩小占地面积，强化生物除磷，使这一技术得到更广泛应用[23,24]。

我国人工湿地主要用于处理生活污水，占比达 49.18%，农村与城镇生活污水比例分别为 31.35% 和 17.83%。我国水平潜流湿地数量占比最大，达到 39.52%，复合流和表流湿地次之，分别为 11.74% 和 10.37%，垂直潜流占比不足 10.00%，尚有 30.81% 无法确定类型，见图 8-1-4。人工湿地工程在华东地区应用最多，比例为 47.73%；其次为华南、西南地区，占比分别为 17.68%、10.86%；东北、华北、华中较少，占比不足 10%；西北最少，仅为 2.78%。华东地区受农村生活污水治理采用人工湿地工艺的政策影响，48.41% 的人工湿地用于处理农村生活污水，湿地类型以水平流为主，应用比例为 53.70%。华南地区气候适宜，人工湿地技术应用较早且广泛，以处理城镇和农村生活污水为主，两者之和达到 63.57%[25]，见图 8-1-5。

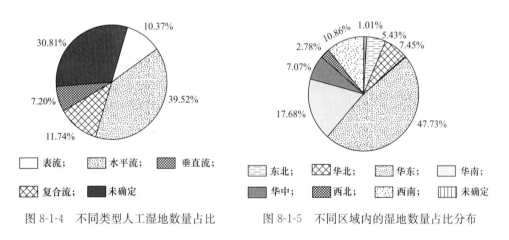

图 8-1-4 不同类型人工湿地数量占比　　图 8-1-5 不同区域内的湿地数量占比分布

8.2 设计及处理效果

8.2.1 设计规范、规程

人工湿地作为一种处理效率高，管理维护简单且具有一定景观价值的污水处理设施，广泛应用于我国各地污水处理中。

我国幅员辽阔，不同地区气候、人文、生活习惯和地理位置等差异性较大，很难适用一个统一的设计规范。因此积极推进各省级设计标准规范的制定对人工湿地技术的应用具有重要的意义。为指导并规范人工湿地设计建设验收和运营管理，国家及部分省已经相继颁布实施了一系列人工湿地技术规范[26]。

国家层面，住房和城乡建设部先后实施了技术导则和规程，原环境保护部颁布实施了工程技术规范。见表 8-2-1：

国家级人工湿地规范、规程、导则 表 8-2-1

名称	编号	颁布部门
《人工湿地污水处理技术导则》	RISN-TG006—2009	住房和城乡建设部
《污水自然处理工程技术规程》	CJJ/T 54—2017	
《人工湿地污水处理工程技术规范》	HJ 2005—2010	原环境保护部

各省颁布实施的人工湿地技术规范、规程、指南，见表 8-2-2：

省级人工湿地规范、规程、指南 表 8-2-2

地区		各省规范、规程、指南	颁布部门	适用范围
华东	江苏	《人工湿地污水处理技术规程》 DGJ32/TJ 112—2010	江苏省住房和城乡建设厅	适用于生活污水处理规模≤2000m³/d 处理水量，城市污水处理厂尾水处理时规模≤1000m³/d 处理水量
		《有机填料型人工湿地生活污水处理技术规程》DGJ32/TJ 168—2014	江苏省住房和城乡建设厅	适用于农村、乡镇等小型、分散的有机填料型人工湿地生活污水处理工程的设计、施工、验收及运行管理
	上海	《人工湿地污水处理技术规程》 DG/TJ 08-2100—2012	上海市城乡建设和交通委员会	适用于本市规划实施服务人工在 3 万以下的镇（乡）和村的新建、改建和扩建的生活污水处理工程中人工湿地的设计、施工、验收及运行管理
	安徽	《安徽省生活污水人工湿地处理工程技术规程》（2015）	安徽省住房和城乡建设厅、安徽省城建设计研究院	适用于安徽省省内排入封闭水体的污水处理厂尾水处理
	浙江	《浙江省生活污水人工湿地处理工程技术规程》（2015）	浙江省环保产业协会	适用于采用人工湿地处理生活污水，规模≤1000m³/d
	山东	《人工湿地水质净化工程竣工环境保护验收技术规范》 DB37/T 3393—2018	山东省质量技术监督局	本规范适用于进水为微污染水体的人工湿地水质净化工程，可作为山东省内新建、改建和扩建人工湿地水质净化工程竣工环境保护验收工作技术依据
		《人工湿地水质净化工程技术指南》 DB37/T 3394—2018	山东省质量技术监督局	适用于进水为微污染水体的人工湿地水质净化工程，可作为山东省内新建、改建和扩建人工湿地的设计、施工、运行管理的技术依据
华北	北京	《农村生活污水人工湿地处理工程技术规范》DB11/T 1376—2016	北京市质量技术监督局	适用于农村生活污水或具有类似性质的污水，包括餐饮业生活污水、日常生活污水以及小型污水处理厂尾水
	天津	《天津市人工湿地污水处理技术规程》（2018 送审稿）	天津市城乡建设委员会	适用于天津市市域范围内城镇和农村污水处理（规模≤1000m³/d）、污水厂出水深度净化、景观水体旁路处理、雨水径流污染处理等人工湿地工程或其他类似水质处理

地区		各省规范、规程、指南	颁布部门	适用范围
华中	河南	《污水处理厂外排尾水人工湿地工程技术规程》（2018 草案）	河南省环境保护厅、河南省质量技术监督局	适用于河南省污水处理厂外排尾水人工湿地工程设计、施工、验收和运行管理
西南	云南	《高原湖泊区域人工湿地技术规范》DB53/T 306—2010	云南省质量技术监督局	人工湿地适宜净化的水源主要包括农田面源污水、径流水和城镇污水处理厂出水等低浓度污水

8.2.2 系统设计

1. 预处理

为防止人工湿地二级处理工艺的床体基质的堵塞，去除污水中固体颗粒物质是首要的任务。这是因为人工湿地的水力负荷率通常较一般湿地高且基质多为沙石类物质、不像土壤过滤等、特别是表面布水类型的处理系统，因地面种植作物，通过每年一度的收获作物与耕翻，还有利于破坏堵塞和增加土层的渗透性。去除固体颗粒物和悬浮物 SS 的预处理工艺是一级处理，包括格栅、化粪池、沉砂池和初沉池等。

有时候为增加对有机污染物和 TP 的去除能力，还必需进行一级强化处理工艺，即通过投入絮凝剂后通过沉淀，才能实现除磷的目标；这是因为沙石自身不能吸附或化学沉淀污水中的 P，而湿地系统中的植物吸收 P 素的能力有限，通常仅为投入总量的 20%～30%。

如果要增加处理系统的 N 去除效果，经济实用的预处理技术是进行人工湿地的不同处理类型的组合。国内外通常使用的方法是将垂直流人工湿地作为水平流人工湿地的预处理系统，增加有机 N、氨态 N 的硝化作用，转化成硝态 N 后进入水平流人工湿地，进行脱氮处理，最终实现整个处理系统具有较高的氮去除能力。

预处理一方面可以节流和去除悬浮物，另一方面可通过降解有机污染物，减轻湿地系统处理负荷，提高污水的可生化性，实现出水水质优良且稳定的效果。

周兴伟等采用三级人工湿地与生物絮凝组合工艺处理小城镇高浓度生活污水，该系统集预处理及生物絮凝、水解酸化及沉淀为一体，有较高的去除有机物能力。其中，预处理池对 COD、N、P 去除率相对较高。这表明预处理对有机物的去除起主要作用，从而减缓了人工湿地堵塞的发生。

生物接触氧化主要依靠调料上附着的生物膜降解污水中的污染物，王鑫等采用以生物接触氧化法为预处理工艺的地下渗滤系统来处理沈阳大学新校区的生活污水，出水水质达到《城市污水再生利用景观环境用水水质》要求。

混凝沉淀是预处理人工湿地进水最常用的物化方法，将絮凝剂投加到污水中，可以去除水中难降解的 SS。谌伟等采用硅藻土和助凝剂复配对滇池湿地系统入水进行预处理。研究结果表明，硅藻土的处理效果良好，且当硅藻土的投加量为 40mg/L、PAM 投加量为 0.3mg/L 时，出水 SS 可达到一级 B（20mg/L）的水平，从而减轻了后续湿地的堵塞压力[27]。

2. 工艺及参数选择

人工湿地一般设计成有一定底面坡降、长宽比大于 3，且长大于 20m 的构筑物。在构筑物内的底部上按一定坡度填充选定级配的填料（如碎石、砂、泥炭等），池底坡降及填料表面坡降往往受水力坡降和填料级配的影响，一般选值范围为 $1\%\sim 8\%$。在填料表层土壤（也可以不是土壤）中种植一些处理性能良好、成活率高、生长周期长，美观和经济价值高的挺水植物。设计湿地处理系统要求考虑增加系统稳定性和处理能力，实际工程设计通常附加一些预处理、后处理的构筑物，且往往会将人工湿地多级串联，或不同类型人工湿地进行串联使用。

池深的选择根据池形、水质和湿地净化植物的根系深度来决定，使大部分污水都能在植物根系中流动。在美国，利用芦苇人工湿地处理城市污水，池深采用 $60\sim 70$cm，而德国为 60cm。

不同类型人工湿地工艺条件和设计参数存在较大的差异。几个国家 HF 和 VF 人工湿地的主要设计参数详见表 8-2-3 和表 8-2-4。

几个国家 HF 人工湿地的主要设计参数[7]　　　　　　　　　　　表 8-2-3

	捷克	西班牙	美国	英国
处理流程	二级	二级	二级	三级
预处理	格栅＋双层沉淀池	格栅＋化粪池	化粪池	初级沉降＋生物处理
比表面积（m²/PE）	5	10	$5\sim 10$	0.7
可承受最大有机负荷 [gBOD₅/(m²·d)]	—	6	$4\sim 8$	$2\sim 13$
单位横截面最大有机负荷 [gBOD₅/(m²·d)]	—	—	250ª	—
水力负荷（mm/d）	<20	$5\sim 6$	>4	$10\sim 12$
分配系统	地下管道	地下管道	地下管道	地面槽
参考文献	Vymazal(1996) Vymazal and Kröpfelová(2008)	Garcia and Corzo (2008)	Wallace and Knight (2006)	Cooper et al.(1996) Griffin et al.(2008)

ª 在 Wallace（2014）最近的一项提案中，该值已降至 100gBOD₅/(m²·d)。

典型国家 VF 人工湿地的主要设计参数[7]　　　　　　　　　　　表 8-2-4

设计参数	丹麦ª	德国	澳大利亚
最小尺寸	5PE	4PE	4PE
预处理（化粪池）	每户 2m³(5PE)	0.3m³/PE(min. 3m³)	0.25m³/PE(min. 2m³)
比表面积（m²/PE）	3	4	4
可承受最大有机负荷 [g COD/(m²·d)]	27	20	20
主要过滤层	砂	砂 0.06~2mm	砂 0.06~4mm
深度（cm）	100	>50	>50
d_{10}(mm)	$0.25\sim 1.2$	$0.2\sim 0.4$	$0.2\sim 0.4$
d_{60}(mm)	$1\sim 4$	—	—
$U=d_{60}/d_{10}$	<3.5	5	
分配系统	—	每 1m² 至少有一个开孔	每 2m² 至少有一个开孔
参考文献	Brix and Johhansen(2004) Brix and Arias(2005)	DWA(2017)	ÖNORM B 2505(2009)

ª 对于高达 30PE 的 VF 湿地，丹麦的指南要求将 50% 的污水再循环到化粪池的第一格。

3. 植物选择

人工湿地的植物选择是十分重要的事情。因为对污水充氧的强弱，取决于植物是否具有将空气中的氧通过植物茎叶输导的能力以及根系的泌氧性能，只有具备这些高性能的植物才能适应处理工艺的要求，并获得良好的净化效果。适合人工湿地种植的挺水植物有芦苇（bulrush）[28-29]、香蒲（cattail）[30,31]、灯芯草（rush）[32]，菖蒲（calamus）[33]以及风车草（水葵）[33,34]、莎草（Cyperus）[27]、水葱（Juncus）[25]等。并非所有湿地物种都适合于废水处理，用于处理污水的湿地植物必须能够耐受连续洪水和暴露于含有相对高且通常可变浓度的污染物的废水或雨水的组合，常绿植物水葵与其他水生植物的混栽，有益于增强冬季污染物的去除能力[34]。表8-2-5列出了在美国东北部成功使用的一些挺水植物。

美国东北部用于人工湿地的挺水植物[27]　　　　　　　　　表 8-2-5

推荐物种	最大水深	说明
美洲茯苓	12 英寸	阳性至部分耐荫，具强野生动物价值，树叶及根茎对鹅及马等动物不可食用，慢生植物，pH：5.0~6.5
宽叶慈姑	12 英寸	侵占能力极强，鸭和马能快速吃完其块茎，通过蒸发会损失大量水分
海三棱藨草	6 英寸	侵占能力强，可以忍受一段时期的干旱，去除重金属能力强，对水禽和鸣禽价值较高
水葱	12 英寸	侵占能力极强，强阳性，去污染能力强，可为许多物种提供食物，pH：6.5~8.5
变色鸢尾	3~6 英寸	姿态优美的花卉植物，可以部分耐阴但花期要求强阳，喜酸性土壤，可忍受高养分条件
宽叶香蒲**	12~18 英寸	侵略性强，块茎可被马和海狸食用，处理污染物能力强，pH：3.0~8.5
水烛**	12 英寸	侵略性强，块茎可被马和海狸食用，可忍受淡盐水，pH：3.7~8.5
草芦	6 英寸	可在裸土及浅水处生长，很好的护坡地被植物
蚯尾草	6 英寸	生长快速，耐阴，除了对美国木鸭；有较低的野生动物价值
海寿花	12 英寸	阳性至部分耐阴，中等野生动物价值，蝴蝶传其花蜜，pH：6.0~8.0
芦苇**	3 英寸	侵略性强，在很多洲被认为是有害物种，野生动物价值低，pH：3.7~8.0
灯心草	3 英寸	干湿环境均可忍受，可作为鸟类食物，常在草丛和山岗生长
Eleochairs palustris（荸荠属）	3 英寸	部分耐阴
苔草	3 英寸	很多湿地和部分高地种类，对水禽和鸣禽有很高的野生动物价值
欧亚萍蓬草	5 英尺 至少 2 英尺	可接受波动的水位，对野生动物有较适中的食物价值，覆盖能力高，可忍受酸性水分（可至 pH：5.0）
菖蒲	3 英寸	花朵极具特色，不属于快速侵占物种，可忍受酸性环境，可忍受阶段性干旱并且部分耐阴，野生动物价值较低
茭白	12 英寸	要求强阳性，野生动物价值较高（种子、植物部分及根茎均可作为鸟类的食物），马可食用，一年生植物但非持久的，不可营养繁殖

注：1. 本表改编自 Schueler 1992 和 Thunhorst 1993。
　　2. 表中深度是极限深度，但在极限深度的永久性淹没下，植物生长和存活可能会下降。
　　3. ** 因为它们具有高度侵入性，不推荐用于雨水湿地，但如果得到监管机构的批准，可以用于人工湿地。

8.2.3　处理效果

不同类型人工湿地对污染物去除效果见表 8-2-6。

主要湿地类型的典型去除效率[7]　表 8-2-6

参数	HF	VFa	法国 VF	FWS
处理步骤（主要应用）	二级	二级	初混和二级	三级
总悬浮固体	>80%	>90%	>90%	>80%
有机物质（以氧气计）	>80%	>90%	>90%	>80%
氨氮	20%~30%	>90%	>90%	>80%
总氮	30%~50%	<20%	<20%	30%~50%
总磷（长期）	10%~20%	10%~20%	10%~20%	10%~20%
大肠菌群	2log$_{10}$	2~4log$_{10}$	1~3log$_{10}$	1log$_{10}$

a 单级 VF 床，主要砂层（粒度 0.06~4mm）。

大部分人工湿地系统的水力负荷在 10mm/d 与 100mm/d 之间，水力负荷较小，处理能力有限。水平潜流人工湿地应用广泛，对悬浮物和有机物去除效果较高，但因其输氧能力差，湿地中经常处于厌氧或缺氧状态，导致细菌对氨的氧化作用受限，除氮效率有限[35-38]。资料表明，潜流湿地中氮的去除率一般在 30%~40%[35]。水平潜流湿地系统中的氧来自挺水植物根系的输送释放、大气向湿地的扩散和污水中的溶解氧，但三者的总和仍少于氨氧化需要的氧气量[39]。

近年来人们开始利用不同人工湿地处理单元之间的组合进行水处理以提高水处理效果，尤其是对氮素的去除。垂直流人工湿地通常用作预处理，为有机质的矿化作用和氨氮的消化作用提供足够的氧[37,38]。有的组合还将表面流人工湿地用作后处理单元，以进一步去除营养元素和细菌，强化处理效果。Lin Y F，Jing S R 等人[40,8]研究了自由表面流和潜流人工湿地组合处理单元处理水产养殖废水和污染的河水；Märt Oövel 等人[41]研究了人工湿地组合系统对校舍生活污水的处理效果。组合系统包括两个使用轻型聚合体的潜流过滤池：一个两室的垂直流人工湿地和一个水平潜流人工湿地，总面积 432m²。校舍生活污水处理的具体效果为：BOD$_5$、TSS、TP、TN、NH$_3$-N 的平均去除率分别为 91%、78%、89%、63%、77%，平均出水浓度分别为 5.5mg/L、7.0mg/L、0.4mg/L、19.2mg/L 和 9.1mg/L，满足了爱沙尼亚颁布的水法（the Water Act of Estonia）中的污水处理排放标准。欧洲有一个长期运行的人工湿地工程实例，其水力负荷率为 800EP/hm²（即每公顷 800 人口当量），去除效率分别为：BOD 和 COD，80~90%；细菌，99%；氮，35%；磷，25%。该湿地在相同的水力负荷条件下，营养物质的去除率可优化达到 50% 的氮、40% 的磷[42]。

影响人工湿地处理效果的因素很多，首先与采用的基质密切相关，土壤基质的湿地和混合基质的人工湿地因含有半氧化物而产生化学除磷、氨氮吸附、土壤物理拦截、一级好氧、缺氧/厌氧等生物氧化、脱氮等过程，使氮和磷也表现出有较高的去除效果。但是，这类基质的湿地处理系统、特别是土壤基质处理系统，设计的水力负荷往往低于碎石床人工湿地的，造成占地面积大的缺点。

　　人工湿地在长期的运行过程中，如果设计或管理不善，容易造成潜流式湿地的堵塞，缺少长期稳定运行的保障。据美国环保局对 100 多个运行中人工湿地的调查，有将近一半的湿地系统在投入使用后的 5 年内会形成堵塞[43]。

　　土壤孔隙堵塞对处理效果的影响很大。过度的堵塞会导致湿地水力传导系数降低，处理效果下降[44]。堵塞包括物理、化学、生物因素，也存在运行周期等原因。归纳造成堵塞的原因有：布水方式、基质选择与级配、运行方式、植物选配及管理、进水污染负荷、温度、含氧量等。适度的土壤孔隙堵塞可以扩大人工湿地内部的非饱和流动区域，提高处理效果，但过度的土壤孔隙堵塞将使污水难以通过土壤层，堵塞后前一个周期的进水尚未完全流出，后一个周期已开始进水，从而阻碍了空气中的氧气向填料层扩散，系统处理效果下降。

　　针对物理因素引起的土壤孔隙堵塞问题，宜采用团粒结构好、具有较大孔隙率的壤性土作为填充介质，还应对预处理工艺的选择进行重点考虑。对于 SS、有机物含量高的污水，可采用厌氧生物滤池、酸化水解池、斜管沉淀池等强化一级处理工艺[9]。

　　预防人工湿地堵塞的方法有：强化预处理、优选填料、优化运行方式、合理配置植物、施用微生物抑制剂或溶菌剂，此外还可以通过局部翻洗湿地填料、自然导气措施、投加蚯蚓、日常科学管理等改善已经发生堵塞的人工湿地。

　　此外，季节性变化对人工湿地处理效果也有不小的影响。在南方地区，因为气候温暖没有严寒漫长的冬天，使碎石床人工湿地对有机污染物有很高的去除效果，但仅靠植物吸收的机理使处理系统的氮磷去除率低，仅为 30% 左右。

　　试验资料表明，人工湿地冬季对 SS 的去除率略低于夏、秋两季，但差距不大。这是因为湿地系统对 SS 的去除率仅与 SS 的存在状态及湿地的填料特性有关，受季节变化影响较小。

　　当停留时间为 1~5d 时，COD 的去除率冬季比夏季低 10% 左右，但随着停留时间的延长，二者的去除率又趋于一致[9]。

　　季节变化对 NH_3-N 的去除率影响很大（冬季较夏季降低 30%~40%），主要是由于温度下降影响了硝化细菌和亚硝化细菌的活性，同时影响了植物对 NH_3-N 的吸收和对湿地的供氧。

　　夏、冬季对 TP 的去除率比较接近，冬季稍有下降，这与湿地系统的除磷机理有关。

　　表 8-2-7 表示国内 3 个地区示范工程的实际处理效果，及与国外的工程处理效果进行系统比较[44]，可作为农村污水处理采用这一技术的重要应用参考。

不同地区人工湿地设计参数和处理效果比较[44]　　　　表 8-2-7

项目	云南楚雄	天津	广州	美国与澳大利亚等
1. 污水类型	中试（偏小）	示范工程	中试（偏大）	以小中工程为主
2. 处理规模	城市污水、鱼塘废水	城市污水	城市污水	城市污水、工业废水、暴雨径流水
3. 基质	碎石复合基质	土壤	碎石	碎石为主
4. 植被挺水植物	多种（规定的）	芦苇	多种（规定的）	多种（规定的）
5. 出水利用方式	全部养鱼	部分养鱼	不利用	不利用

续表

项目	云南楚雄	天津	广州	美国与澳大利亚等
6. 处理床与鱼塘	分隔为一体	分隔在两处	—	—
7. 水力负荷（m/a）	66	20.7	143.9	20.8～94.9
设计条件 BOD_5 去除率（%）	>90%	>90%	>90%	—
8. 污染负荷 [kg/(hm² · d)]	78.9～99.8	64～96	578	—
设计条件 BOD_5 去除率（%）	90～99	90～95	50～60	—
9. N 负荷 [kg/(hm² · d)]	22.5～60.1	20～27	215	—
设计条件 TN 去除率（%）	80～95	60～80	5～30	—
10. 年均去除率（%）BOD_5	93.9	91.5	95.0	69～96
COD_{Cr}	95.3	69.6	80.5	
SS	55.2～80.7	91.0	93.0	51～90
KN	90.4	79.7	39.4	12～65
NH_3-N	94.9	80.9	30.7	0～58
TP	82.5	87.6	28.2	12～69
11. 出水改善方式	在鱼塘 0.4m 内日处理 60m³	四级稳定塘内日处理 40m³	—	—
12. 用地 [m²/(m³ · d)]	5.55	17.64 *	2.54	

8.3　运营管理

8.3.1　初期启动

在启动初期的不稳定阶段，水生植物栽种后必须立即充水。并将湿地内水位控制在填料面层以下 25cm 左右处。按设计流量运行 1 个月后，再将湿地内水位降至填料面层以下 50cm 处，促进水生植物根系向填料床深部生长。根据观测，待植物根系生长达到要求后，将湿地内水位调节至填料面层下 10cm 处，即进入正常稳定运行阶段。人工湿地在稳定运行阶段系统内部形成动态平衡，植物的生长紧随季节发生周期性变化，此时系统的处理效果得以充分发挥，运行稳定。

处理农村生活污水的人工湿地从启动到稳定运行一般需要 1～2 年时间。

8.3.2　日常运行管理

人工湿地系统的运营管理主要包括人工湿地进水水质和湿地内关键工艺节点水质管理两个方面。据了解，采用人工湿地进行污水处理厂尾水深度处理的工程中，污水处理厂和人工湿地之间普遍存在一定的空间距离，分别由不同的单位运营管理，显然这不符合工艺管理的系统性原理。随着人工湿地污水深度处理工程的增多，人工湿地水质管理有待规范。

1. 水质管理

众所周知，人工湿地表面有机负荷与其进出水污染物浓度和面积有关，在面积一定的情况下应尽可能减少进水污染物浓度，从而达到减轻人工湿地有机负荷的作用，故对人工湿地进水水质进行管理非常重要[45]。

对关键工艺节点长期的水质管理，积累了 BOD、TN、TP 等污染物指标随工艺流程和季节（温度）等的变化规律。粪大肠菌群指标随工艺的长期变化规律表明，人工湿地出水具有较高的生物安全性，一般情况粪大肠菌群数均小于 10000 个/L，温度低于 15℃时粪大肠菌群数更是小于 600 个/L 达到一级 A 标准。因此，科学有效的水质管理，可为人工湿地出水达标排放提供保障[46]。

2. 植物管理

植物是人工湿地生态系统最重要的组成部分，是人工湿地生态景观最重要的载体，是人工湿地工艺系统发挥污水净化功能重要的工具之一。植物死亡残体及其分解产物是人工湿地有机物量（生物量）重要的贡献者，是引起堵塞的重要原因之一[21]。人工湿地植物维护管理主要包括缺苗补种、病虫害防治、杂草清除、植物收割和整理枯枝落叶等。

植物塘和生态河道分浅水区、过渡区和深水区设置，浅水区种植千屈菜、芦苇、茭白、水葱等挺水植物，过渡区种植睡莲、黄花水龙、空心莲子草、水芹菜等浮水植物，深水区种植狐尾藻、眼子菜等沉水植物。

杂草主要通过人工拔除方式来控制。定期植物收割可以减少植物之间因化感作用相互影响或是因植物的枯枝落叶经水淋或微生物的作用释放出克生物质，抑制植物的生长。同时，在每年秋末冬初收割植物会使来年春天植物生长更加旺盛和美观。目前，人工湿地植物收割时间管理还缺乏科学性。有报道表明一年周期内污染物在湿地植物地上部分积累有最大值时期，在最大值时期收割可以有效地去除污染物。提前收割，累积在植物地上部分污染物还没有达到年内最大值，没有充分发挥水生植物的污染物净化功能；延迟收割，超过污染物在湿地植物最大积累时期收割，植物会将已经吸收的污染物又转移到地下部分，污染物无法彻底脱离水体，降低污染物去除效率，同时对湿地水体依然构成威胁；延迟收割大量枯枝落叶和植物残体可能长时间留存在湿地内从而引起堵塞。

植物收割时，首先确保水面在碎石填料表面以下 5～10cm，表面流应调整为水平潜流湿地后再进行植物收割，同时还组织人员及时将植物收割时留下的枯枝落叶和植物残体移出人工湿地系统。

作为一个仿自然生态系统，也会发生病虫害，病虫害的发生对人工湿地的运行效果特别是植物的产量和生长情况产生影响，进而影响对污水的处理效果。在植物的生长过程中，注意观察植物是否发生病虫害，不大规模使用杀虫剂进行病虫害防治。人工湿地水热条件好且富含营养，杂草极易生长。控制杂草，让湿地水生植物生长占优，有助于改善整体景观；适当保持杂草有助于提高生物多样性，维系生态系统的平衡。

3. 防堵塞管理

人工湿地堵塞问题是制约其应用推广的技术瓶颈，只有在日常维护管理中积极应对并解决堵塞问题才能保障人工湿地长期稳定运行并发挥净化污水和美化环境的双重功能。防堵塞运行管理主要包括人工湿地布水渠中布水套管上悬浮物清洗、湿地运行水位调节、建立合理的运行机制以及加强湿地系统 DO 等参数的监测 4 方面的内容。

通过植物塘出水后的布水渠（或生态河道）由布水管向湿地布水，为减少湿地系统内的有机堵塞或固体悬浮物堵塞，人工湿地各单元进水管口均采用不锈钢钢丝网（孔径5mm）包扎，防止植物塘出水携带的藻类丝状物等进入湿地系统，而藻类无法在短时间内被微生物分解可能引起湿地堵塞。湿地进水关口采用钢丝网包扎非常有效地预防了湿地系统内的堵塞，但布水管口钢丝网上截留下的大量有机或无机悬浮物常引起布水管水通量减少导致布水渠壅水，一般每天将布水管上套用的钢丝网包扎布水管移出布水渠外通过人工快速清洗干净后再套回原位置进行布水工作。

表面流人工湿地因水力负荷低、有蚊蝇和异味等缺点在国内工程应用的案例较少，一般情况其布水干管要高出填料一定距离，出水采用末端溢流方式，运行水位只能控制在填料表面以上一定距离，因此蚊蝇和藻类生长的缺点无法避免。

填料表面以上水体在春秋季节容易出现藻类繁殖的情况，间歇性地将表流湿地转化为潜流湿地来抑制藻类生长繁殖。秋冬季节，部分水生植物开始枯萎，为避免植物残体引起水体二次污染或基质堵塞等问题，尤其在收割植物过程中也需要将表面流转化为潜流模式运行。

张帆等认为应根据湿地的运行情况，定期启动湿地内部的排空清淤装置，及时将湿地运行过程中产生的沉淀物、截留物及剥落的生物膜排出湿地单元，保证湿地基质层的孔隙率，使水体在湿地中基质间流态稳定[47]。

人工湿地日常运行管理主要注意以下几个方面：

（1）植物栽种初期的管理主要是保证其成活率。植物栽种最好在春季，植物容易成活。如在冬季栽种则应做好防冻措施，如在夏季栽种则应做好遮阳防晒措施。总之要根据实际情况采取措施确保栽种的植物能成活。

（2）控水。植物栽种初期为了使植物的根扎得比较深，需要通过控制湿地的水位促使植物根茎向下生长。

（3）做好日常护理防止其他杂草滋生，及时清除枯枝落叶防止其腐烂污染。

（4）暴风雨后，植物发生歪倒，要及时扶培，排除积水。

（5）对不耐寒的植物在冬季来临之前要做好防冻措施或及时收割掉，降低负荷。

8.4　应用案例

8.4.1　垂直流人工湿地

1. 案例一

以常州市武进区某自然村为例[48]，采用垂直流人工湿地工艺，出水达到《城镇污水处理厂污染物排放标准》GB 18918—2002 一级 B 标准。

（1）设计工艺

1）工程概况及主要设计参数

常州市武进区某自然村约有 50 户，每户 3～5 人，设计按照 4 人考虑，每人生活污水量 100L/d，生活污水量约为 $20m^3/d$；另外生活区附近小型工业废水，再加上农田排水和降雨径流污染；确定自然村的污水排放量约为 $24m^3/d$。设计的人工湿地系统由下行流和上行流组成的复合垂直潜流人工湿地。

按照一级动力学方程计算法，确定复合垂直流人工湿地设计占地面积为 24m²；理论水力停留时间为 40.08h，根据王世和等的研究成果，按照实际停留时间为理论值的 40%～80% 考虑；水力负荷为 0.042m³/(m²·h)。

复合垂直流湿地填料选择为不同粒径级配的粗砂、炉渣及碎石作为覆盖层填料、滤料层填料和承托层填料，并分别在滤料层上下增加了过渡层填料，过渡层填料采用厚 0.1m 粒径为 4～8mm 砾石填料。填料施工前先将所用填料上附着的泥土和灰屑冲洗 3～5 遍。

植物优选美人蕉和菖蒲，菖蒲种植密度为 9～12 株/m²，美人蕉种植密度为 6～8 株/m²。

2）工艺流程与设计进出水水质

人工湿地污水处理系统包括预处理和人工湿地强化处理两部分。工艺流程如图 8-4-1 所示。

进水 → 集水池 → 调节沉砂池 → 复合垂直流人工湿地系统 → 表面流人工湿地系统 → 出水

图 8-4-1　工艺流程图

通过对工程选址处农村生活污水排放情况现场调研，结合《城镇污水处理厂污染物排放标准》（GB 18918－2002）的排放要求，本项目的设计进出水水质指标如表 8-4-1 所示。

人工湿地设计进出水水质（单位：mg/L）　　表 8-4-1

进出水	COD	$\rho(TN)$	$\rho(TP)$	$\rho(NH_3-N)$
进水	90～110	20～30	1～3	10～25
出水	50～60	15～20	0.5～1	5～8

（2）调试与运行

在人工湿地系统土建和安装全部建设完成后，即可进行试通水，检查湿地系统是否不渗不漏，阀门是否开闭良好。池内注满水后栽种湿地植物进行调试运行。控制进入湿地系统的污染物负荷在调试运行期间由小逐渐增大，将调试期（60d）分为 5 段逐渐加大进入湿地系统的污染负荷，最终达到设计的总污染负荷值。在调试运行开始时，植物还处于幼苗期，先维持垂直流湿地内水位至填料表层或低于填料表层 0～5cm，避免植物因缺水而死亡。

（3）处理效果

建设完成后，对出水水质进行连续 3 个月检测，结果见表 8-4-2 所示。

潜流人工湿地对污染物的去除效果（平均值，mg/L）　　表 8-4-2

项目	5 月		6 月		7 月	
	进水	出水	进水	出水	进水	出水
COD	98	58	96	55	106	52
$\rho(TN)$	29	18	25	14	27	16
$\rho(TP)$	2.8	0.6	3	0.8	2.6	0.9
$\rho(NH_3-N)$	23	7	24	10	20	5

人工湿地出水的连续检测结果表明，湿地出水中主要污染物 COD、TN、TP、NH_3-N 的平均质量浓度分别小于 60、20、1、15mg/L，达到了《城镇污水处理厂污染物排放标准》（GB 18918—2002）的一级排放标准。从工程应用情况看，垂直流人工湿地污水处理工程可以做为控制和削减进入太湖流域河网的农村分散生活污水中污染物的有效工程措施。

2. 案例二

河北省承德市某农村为例[49]，采用垂直流人工湿地处理系统。

河北省承德市某农村共有住户 136 户，人口 542 人，按排水定额人均日排水量为 120L，则日排水量约 65m³/d。工程设计处理水量 70m³/d，进水水质根据实测数据及生活污水常规检测确定，出水水质执行《污水综合排放标准》（GB 8978—1996）一级 B 标准。设计进出水水质见表 8-4-3。

设计进水水质　　　　　　　　　　　表 8-4-3

项目	COD_{Cr}(mg/L)	BOD_5(mg/L)	SS(mg/L)	NH_3-N(mg/L)	P(mg/L)	pH 值
进水浓度	≤300	≤150	≤150	≤30	≤3	6～8
排放标准	100	20	70	15	0.5	6～9

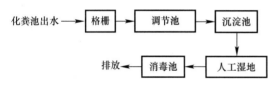

图 8-4-2　污水处理系统工艺流程

污水处理工程总占地面积 0.15hm²，采用人工湿地为核心的污水处理工艺，其污水处理系统工艺流程见图 8-4-2。经化粪池处理后的生活污水经污水收集管网进入污水处理系统。首先进入格栅池，格栅可以去除大的悬浮物和漂浮物。然后进入调节池调节水质水量，调节池有效容积 40m³。出水进入沉淀池，进一步去除污水中的颗粒物。沉淀池出水经人工湿地处理后消毒外排。

该垂直流人工湿地有效面积 1028m²，总长为 43.2m，总宽为 23.8m。床体由 2 个相同的床体并列组成，每个单元 514m²。床体中最底层为排水层，厚度 0.20m，由平均粒径约 30mm 的均匀砾石铺设。依次向上是粗沙和细沙，其粒径由 20mm 渐变至 10mm，沙层平均深度 1m。借鉴沈阳浑南人工湿地的保温材料选择 0.20m 厚炭化后的芦苇屑（草炭土）保温层沙层上部铺设 0.30m 左右的草炭土，可起到冬季保温的作用。保温层上铺设 0.20m 左右的营养土，主要种植植物为芦苇，种植密度 20 株/m²。考虑到冬季保温，采用 2 层穿孔布水管，其中 1 层布水管网位于保温层之下，采用阀门控制使每层布水管网分别独立工作，冬季霜冻期使用保温层以下的布水管网，非霜冻期使用上层布水管网。

该工程建成调试后，通过对人工湿地半年来进出水监测数据分析，可以看出经处理后的生活污水满足《污水综合排放标准》GB 8978—1996 一级 B 标准。

在冬季运行中，收割湿地植物后采用芦苇秸秆或当地的玉米秸秆覆盖，加强保温措施。该工程总投资 80 万元，年运行费用为 0.25 万元。

8.4.2　水平流人工湿地

以陕西省凤县永生村为例[50]，采用两级水平流人工湿地处理生活污水，出水水质达到《污水综合排放标准》GB 8978－1996 一级 B。

永生村是一个移民新村，位于嘉陵江东侧，212 省道西侧。目前为 80 户，约 370 人，常住人口约 200 人。村内有一座砖结构的封闭式过滤池，污水经明渠穿过 212 省道进入过滤池后再排入嘉陵江。过滤池内结构及填料不详，处理效果不详。污水排入嘉陵江处为一开阔较为平坦的河滩地，长约 100m，宽约 50m。

人工湿地进水水量按 370 人，80L/（人·d），时变化系数 2.3，计算处理规模 68.1m³/d。设计进水水质监测值见表 8-4-4。采用两级串联的水平流重力自流人工湿地。工艺流程见图 8-4-3。

进出水水质监测值（单位：mg/L）　　　　表 8-4-4

项目	TCOD	SCOD	BOD₅	NH₃-N	NO₃⁻-N	NO₂⁻-N	TKN	PO₄³⁻-P	TP	SS	pH
数值	426.7	198.3	209.4	43.1	0.22	0.056	51.4	4.31	4.95	139	7.85

滤池出水由配水井均匀分配到两个并联一级人工湿地，污水经过 UPVC 穿孔布水管均匀布水，后进入二级人工湿地处理，后进入水位控制井，出水用管道引入嘉陵江。平面布置见图 8-4-4，剖面见图 8-4-5。

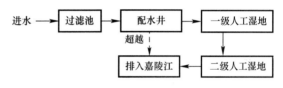

图 8-4-3　污水处理工艺流程

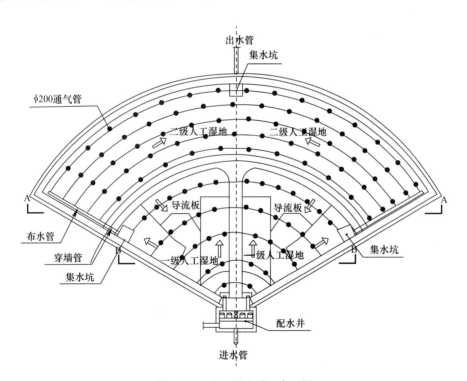

图 8-4-4　人工湿地平面布置图

砖砌配水井的作用是沉淀和配水，平面尺寸 2500mm×1500mm，井深 1.55m。两级浆砌石结构、水平流重力自流人工湿地平面呈扇形布置。

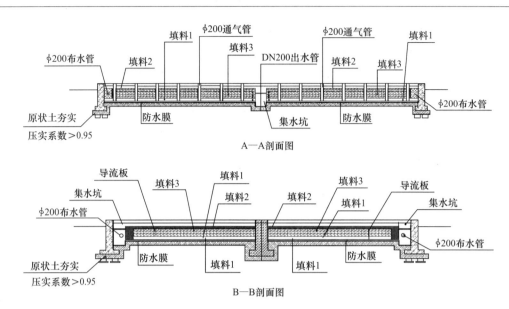

图 8-4-5　人工湿地剖面图

两座一级人工湿地，半径 10m，角度 60°，单池面积 50.8m²，深度 1.2m。

一座二级人工湿地，半径 5m，角度 120°，面积 145.07m²，深度 1.2m。

人工湿地内三层填料，从下至上分别为：底层粒径 20～30mm 粗砾石，形成厚度 20cm 承托层；中间厚度 50cm 脱水铝污泥填料层；顶层粒径 10～20mm 细砾石，厚度 20cm。

8.4.3　水解酸化＋人工湿地

以广州市某村生活污水分散式处理工程为例[51]，采用"水解酸化＋人工湿地"工艺的污水处理系统，出水水质达到《城镇污水处理厂污染物排放标准》（GB 18918—2002）一级 B 标准。

广州市某村人口约 1000 人。居住人口密集，生活污水直接排入水体。设计生活污水水量约 150m³/d，水量有一定的波动性，但波动范围不大，水质较稳定。设计进水水质见表 8-4-5。设计工艺流程见图 8-4-6。

设计进水水质（单位：mg/L）　　　　　　　　　　　　表 8-4-5

项目	COD_{Cr}	BOD_5	SS	NH_3-N	TP
原水水质	205	75	125	30.6	1.52

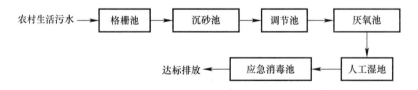

图 8-4-6　设计工艺流程图

主要工艺设计参数：格栅池 1.0m×0.6m×2.58m；沉砂池 4.0m×2.0m×2.5m；调节池 8.0m×4.0m×4.0m；厌氧水解池 8.0m×4.0m×3.2m，水力停留时间 10h；人工湿地 33.0m×16.0m×1.2m，水力停留时间 40h，水力负荷 0.30m³/(m²·d)；应急消毒池 8.0m×1.0m×1.2m。

项目采用两套人工湿地系统并联处理形式，每套人工湿地设计为两级，第一级为水平流潜流系统，污水从进口经砂石等系统介质，以近水平流方式在系统表面以下流向出口；第二级为垂直潜流系统，在整个表面设置配水系统，并周期性进水，系统下部排水，水流处于系统表面以下，可以排空水，并最大程度地进行氧补给。湿地种植芦苇、香蒲、水葱、美人蕉等多种植物。

该系统面积约 200m²，处理水量约为 150m³/d，造价 55 万元。近 1 年运行情况的监测平均数据表明，进水 COD205mg/L，出水 COD44.5mg/L，平均去除率 78%；进水 BOD75mg/L，出水 BOD12.8mg/L，平均去除率 83%；进水 SS125mg/L，出水 SS18mg/L，平均去除率 86%；进水氨氮 30.6mg/L，出水氨氮 6.8mg/L，平均去除率 78%；进水总磷 1.52mg/L，出水总磷 0.77mg/L，平均去除率 49%，出水水质稳定达到《城镇污水处理厂污染物排放标准》(GB 18918—2002) 一级 B 标准。

设备运行成本为水泵提升消耗的电费，每吨水约为 0.05～0.1 元；日常可安排 1 人兼职管理，不定期维护，水解池每年清掏 1 次；秋冬季及时清理人工湿地的树叶杂物，防止堵塞及二次污染。

8.4.4 生物接触氧化＋人工湿地

以黑龙江某村为例[52]，采用"生物接触氧化＋人工湿地"工艺的污水处理系统，出水水质达到《农田灌溉水质标准》GB 5084—2005。

该村居住人口 800 人，具有简易卫生厕所，具有完整的污水管道系统，年平均气温为 2.3～5.3℃，从 11 月至次年 3 月的平均气温在 0℃ 以下。冬季最冷时，极端最低气温达 −35.5℃（2001 年）。

1. 污水处理流量确定

根据《村镇供水工程设计规范》SL 687—2014，东北地区用水量标准参数见表 8-4-6。依据表 8-4-6，生活用水量取 70L/(d·人)；排水系数 0.85，该村人口数 800 人，计算可得该村生活污水量：800×70×0.85/1000＝480m³/d。

寒冷地区用水量标准 表 8-4-6

村庄类型	用水量 [L/(d·人)]
经济一般，无水冲厕所，有简易卫生厕所	45～70
无水冲厕所，无简易卫生厕所	25～45

2. 处理工艺流程选择

原水水质指标：经过对该村住户的实际调查及大量的监测，原水水质指标为：pH：6～9、COD：398～412mg/L、BOD：5232～252mg/L、SS：189～224mg/L、TN：30～40mg/L、氨氮：26.6mg/L、TP：2.7mg/L。

出水水质标准：由于该村有缺水现象，经过征求住户等建议，达到《农田灌溉水质标准》GB 5084−2005。

工艺流程：根据原水水质指标、出水标准、结合当地实际，采用"生物接触氧化＋人工湿地"工艺方法处理污水。实际处理工艺流程如图 8-4-7 所示。

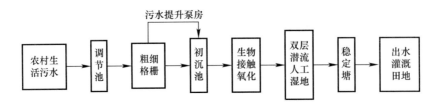

图 8-4-7　某村生活污水处理工艺流程图

3. 设计参数

生物处理单元采用生物接触氧化，采用弹性组合填料，膜片微孔曝气器，利用离心式鼓风机提供空气，水气比为 1∶15，池底有泥斗，定期排泥。污水流量为 20m³/h，水力停留时间（HRT）约 8.0h，容积负荷为 0.65kgCOD/(m³·d)。

人工湿地系统由两个面积相等的湿地单元构成，总面积 500m²，设计流量 20m³/h，容积负荷 0.35kgCOD/(m²·d)，水力停留时间（HRT）为 16.0h，湿地进出水水位差为 0.15m。湿地植物为多种挺水植物混合，主要有鸢尾、萱草、景天等。湿地采用水平潜流结构，系统进水为接触氧化池沉淀后出水，这对湿地系统的长期运行来说是十分重要的。湿地系统外墙加 80mm 保温板，在温室内壁布置了暖气，以保证湿地系统冬季的稳定运行。湿地系统由穿孔配水管进水，进水在一定水力坡度下，流过砾石区，经出水花墙后由穿孔集水管集水排出。湿地底层采用土工布防渗，填料采用砾石和炉渣混合，厚度 0.5m；上层为 0.3m 黄土层；顶层为 0.5m 腐殖土；种植湿地植物。运行效果如表 8-4-7 所示，出水水质指标优于《农田灌溉水质标准》GB 5084—2005。

进出水指标对比　　　　　　　　　　　　　　　　　　　表 8-4-7

指标	pH	COD(mg/L)	BOD₅(mg/L)	SS(mg/L)	TN(mg/L)	氨氮(mg/L)	TP(mg/L)
进水	6～9	398～412	232～252	189～224	30～40	26.6	2.7
出水（平均值）	6～8	46	14.5	20	4	0.6	0.5
处理率/%		88.9	94.2	91.1	90	97.7	81.4

该工程建设投资 180 万元，运行费用 8.11 万元/年，平均处理成本 0.45 元/m³。

8.4.5　厌氧折流生物滤池-人工湿地

以北京通州太子府村为例[53]，采用厌氧折流生物滤池-复合流人工湿地组合工艺，出水达到北京市《水污染物排放标准》DB 11/307—2013 B 标准。

1. 工艺设计

工程位于太子府村村北，生活污水量 60m³/d。工艺流程以厌氧折流生物膜反应装置为核心，前期采用平板格栅，去除大颗粒污染物，通过调节池作用，均匀水质，避免原水水质波动对厌氧处理系统过大的负荷冲击，造成系统的不稳定；按照厌氧生物发酵三段原理即酸化、液化和气化的原理，达到去除有机污染物，使污水得到净化的目的。后期对出水采用人工湿地进行后续处理。该工艺另一显著特点是与村雨洪工程结合，利用稳定塘，进行生态深度处理，污水得到进一步净化和稳定贮存，实现水资源合理配置和优化利用。生活区污水处理系统（包括回用）由格栅池、调节池、厌氧折流生物滤池、复合流人工湿地及辅助设备、管道组成。分散处理工艺构筑物设计参数及尺寸如下：

（1）集水调节池

集水调节池主要用于收集生活污水，并控制降雨时进入处理厂污水量。构筑物净尺寸：长×宽×深＝5m×2m×3.34m，其中最深处为3.3m，深度包含顶盖厚度。容积约为34m³。池体顶盖与地面相平。停留时间5小时，有效容积30m³。

调节池内放置平板格栅，格栅间距2mm，用于隔离固体漂浮物。格栅池顶设置玻璃钢盖板，便于清除栅渣和更换格栅。

调节池内设置污水提升泵1台，流量Q＝3m³/h，扬程5～7m。调节池顶部设置人孔，以备更换潜水泵和清淘沉泥，拟用吸粪车清理沉泥。

（2）厌氧折流生物滤池

厌氧折流生物滤池采用改良的折流式厌氧反应器，三级反应器内分别放置人工净水草，高效悬浮球和空心球填料。反应器内投加经过特别驯化的微生物菌制剂。设计处理水量60m³/d；水力停留时间设计为74h；污泥龄大于20d，有效容积为V＝185m³；总体积设计为230m³；构筑物尺寸：长×宽×高＝11.0×8.4×2.5m；每吨水占地面积1.54m²/m³。厌氧池顶部设置人孔，以便抽泥，可用吸粪车清理剩余污泥或采用污泥泵排泥。

（3）复合流人工湿地

复合流人工湿地主要采用上升流和水平流相结合模式，通过复合流人工湿地进一步去除厌氧反应器出水中有机污染物，对污染物中氮磷去除效果明显，通过坑塘生态处理，来满足非灌溉季节的稳定储存问题。人工湿地面积约198m²，每吨水占地面积3.3m²/m³。复合流人工湿地水力负荷设计303mm/d，长宽比为2∶1，有机污染负荷：0.04～0.07kg COD/(m²·d)。人工湿地填料高度平均1.1～1.2米。填料分层填装，底层为多孔无机填料，厚度为250mm。然后填装粒径50～80mm的粗石子，厚度为250mm。填装粒径10～30mm的细石子，厚度为250mm。填装粗砂，厚度为250mm。表层覆盖100mm厚的土层。

人工湿地内插埋通气管，采用DN100的UPVC管道。每1.5m²插埋1根，每根长1.5m。水生植物选择每1m²栽种15～30棵。拟栽种千屈菜、菖蒲和水葱。根据栽种的季节及气候条件调整植株种类及栽种数量。人工湿地两端小池子分别为进水渠和出水渠，上部均设置玻璃钢格板。

该工程是利用村头废弃坑塘改造建成的，平面布局见图8-4-8，湿地中种植菖蒲、水葱和千屈菜（图8-4-9、图8-4-10）。该工程操作运行简单、出水水质好，同时具有景观效果。

2. 投资概算

厌氧折流生物滤池-复合流人工湿地组合系统在实际工程中的投资包括厌氧折流生物滤池、人工湿地等土建工程、前处理系统和配水系统以及管道系统，关键设备和填料等费用。

根据工程经验，在农村地区采用钢筋混凝土结构一般为550元/m³。处理规模60m³/d生活污水的厌氧折流生物滤池部分总容量约为230m³，那么该部分投资约为12.65万元；复合流人工湿地部分一般采用混凝土质，这部分施工较为简单，而且一般为半地下式，所

以一般为 250 元/m^2，包括湿地中的各种填料、植物和管道系统。

处理规模 $60m^3$/d 生活污水的人工湿地面积约为 $200m^2$，则该部分投资为 5.0 万元。潜水电泵、连接管道、电控箱等辅助设施约 2.0 万元。总投资共约 19.65 万元，吨水投资 3275 元/m^3。

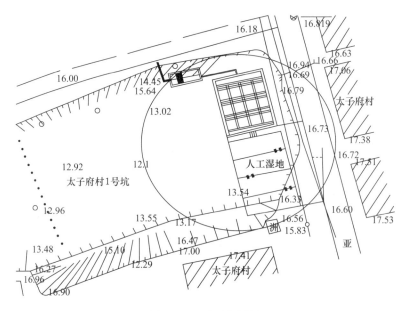

图 8-4-8　平面布局图

图 8-4-9　人工湿地植物（菖蒲）

图 8-4-10　人工湿地植物（水葱和千屈菜）

3. 运行成本及维护费用分析

厌氧折流生物滤池-复合人工湿地组合系统的运行维护费用主要包括动力费用和人工湿地植物的管理费用，在实际工程中还要支付管理维护人员工资。由于本试验工程基本上为地下式，一般水体在湿地中是靠重力流动的。

处理 $60m^3$/d 生活污水为例，日吨水耗电量约为 0.27kW·h，按每度电费用为 0.645 元计算，吨水运行能耗约合 0.174 元。系统需要管理人员 1 人（兼职），按月支付工资 360 元计算，平均每吨水增加 0.2 元。则厌氧折流生物滤池-复合人工湿地组合系统运行费用约为 0.374 元/（m^3·d）。

与其他处理技术工艺比较，由于厌氧折流生物滤池-复合流人工湿地组合系统工艺简单，在工程技术上具有很强的优势。该工艺与其他主要的二级生物处理系统进行比较，比较结果如表8-4-8。

各种污水处理工艺技术经济指标比较　　　　　　　　　　　　表 8-4-8

序号	项目	传统活性污泥	SBR 活性污泥	氧化沟活性污泥	AB 活性污泥	厌氧折流生物滤池·复合流人工湿地
1	投资费用（元/m³）	4000	4200	3800	3600	3275
2	投资费用相对比例	100.0%	93.1%	82.6%	82.5%	81.8%
3	吨水电耗（kW·h/m³）	0.563	0.447	0.490	0.424	0.374
4	单位电耗相对比例	100.0%	79.4%	87.0%	75.3%	0~48.0%

4. 工程用地指标

传统人工湿地处理 $1m^3$ 生活污水需要大约 $25m^2$ 湿地面积，厌氧折流生物滤池-复合人工湿地系统处理 $1m^3$ 污水所需面积约 $3m^2$，实际污水处理工程占地面积 $198m^2$。

5. 运行效果

进水 COD_{Cr} 波动很大，变化幅度为 $125\sim292mg/L$，但出水 COD_{Cr} 均在 $60mg/L$ 以下，COD_{Cr} 的去除率有一定波动，最高达到 70% 以上。BOD_5 变化幅度为 $17\sim47mg/L$，平均去除率达到 50%，出水 BOD_5 均在 $20mg/L$ 以下；SS 变化幅度为 $33\sim65mg/L$，平均去除率达到 50%，出水 SS 均在 $20mg/L$ 以下。该处理系统比较稳定，耐一定冲击负荷，其中系统中出水 COD_{Cr}、BOD_5、SS 等主要指标达到北京市《水污染物排放标准》（DB 11/307—2013）B 标准。

8.4.6　模块化人工湿地

以山东省水利科学研究院长清实验基地为例，采用曝气垂直流人工湿地加两级水平潜流新型模块化人工湿地工艺，出水水质达到《地表水环境质量标准》GB 3838—2002Ⅲ类标准。

实验基地水产养殖区水域面积 $500m^2$，水深 1.2m。设计水处理量约为 $100m^3/d$，设计进出水水质见表 8-4-9。

人工湿地设计进出水水质（单位：mg/L）　　　　　　　　表 8-4-9

进出水	COD	TN	TP	NH₃-N
进水	60~90	16~20	0.6~0.8	6~8
出水	20	1.5	0.05	1

人工湿地处理系统包括曝气垂直流人工湿地和两级水平潜流人工湿地两部分。工艺流程如图 8-4-11：

图 8-4-11　工艺流程图

人工湿地处理系统设计占地面积 $97.92m^2$，水力停留时间 8.4h。表面水力负荷

$1m^3/(m^2 \cdot d)$。其中，曝气垂直流人工湿地占地面积 $28.8m^2$，水力停留时间 3.2h，表面水力负荷 $3.47m^3/(m^2 \cdot d)$；折流式水平流人工湿地占地面积 $34.56m^2$，水力停留时间 2.6h，表面水力负荷 $2.8m^3/(m^2 \cdot d)$；汇合流式水平潜流人工湿地占地面积 $34.56m^2$，水力停留时间 2.6h，表面水力负荷 $2.8m^3/(m^2 \cdot d)$。

人工湿地植物主要选用花叶芦竹，占整个植被面积的 85％以上。此外，还种植了少量菖蒲，既有净化污水又有景观效果。

本项目建设投资 35 万元，吨水投资 3500 元/m^3。污水处理成本仅为电费，吨水处理成本不足 0.1 元。建设完成后，工艺连续运行 3 个月，运行期间对出水水质进行连续监测，稳定达到《地表水环境质量标准》GB 3838—2002 准Ⅲ类标准。

8.4.7　化学絮凝强化预处理＋人工湿地

1. 案例一

以上海北唐新苑为例[54]，采用化学絮凝强化预处理＋人工湿地工艺，出水水质执行上海市《污水综合排放标准》DB 31/199—2009 二级标准。

上海北唐新苑为搬迁农户居住区，一期规模规划总人口 4500 人。北唐新苑排水系统采用雨污分流，根据总体规划，其污水将纳入奉贤东部污水处理系统。但当时处理系统未能按计划建成，作为过渡性处理项目，需要建设临时性的污水处理设施，处理北唐新苑一期范围内产生的生活污水。

设计日处理污水量为 $700m^3/d$，$Q_{max}=64.44m^3/d$，$K_z=2.21$。

（1）设计进水水质

$COD_{Cr} \leqslant 400mg/L$，$BOD_5 \leqslant 200mg/L$，$SS \leqslant 200mg/L$，$NH_3\text{-}N \leqslant 25mg/L$，$TN \leqslant 40mg/L$，$TP \leqslant 5mg/L$。

（2）排放标准

处理后的污水就近排入川南奉公路的市政雨水管道检查井，出水水质执行上海市《污水综合排放标准》（DB 31/199—2009）二级标准。

$COD_{Cr} \leqslant 100mg/L$，$BOD_5 \leqslant 30mg/L$，$SS \leqslant 150mg/L$，$NH_3\text{-}N \leqslant 15mg/L$。

（3）工艺流程

处理工程采用"化学絮凝强化预处理＋人工湿地"的工艺，详见图 8-4-12。

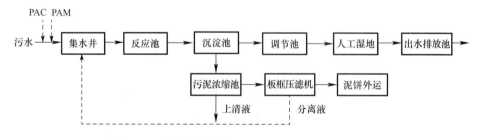

图 8-4-12　化学絮凝强化预处理＋人工湿地工艺流程

在该工艺流程中，截留后的生活污水首先经过机械粗格栅去除较大的固体悬浮物后流入集水井，集水井中污水经潜污泵提升到机械反应池，反应池前投加絮凝剂 PAC 和助凝剂 PAM，反应后污水进入竖流式沉淀池，经沉淀去除大部分可沉降污染物和部分有机污染物后，污水自流进入调节池，调节池内的水经提升泵提升后进入人工湿地，经人工湿地处理后，出水达到标准就近排入市政雨水检查井。

沉淀池产生的污泥重力排入集泥井，经集泥井内污泥泵提升到污泥浓缩池，浓缩后的污泥由螺杆泵提升至板框压滤机进行脱水，脱水后的干污泥装入垃圾桶后及时送至有资质的单位进行处理和处置，浓缩池的上清液和污泥脱水后的分离液集中收集后回流到集水井。

整个处理工艺主要包括以下构筑物：污水集水格栅井、调节池、机械反应池、竖流式沉淀池、人工湿地、污泥浓缩池和工程用房（包括脱水机房、风机房、加药间、控制室等）。

（4）工艺设计及参数

1）集水格栅井

钢筋混凝土集水格栅井1座，平面尺寸为3.5m×5.0m，深5.6m，有效水深1.0m。集水井内设带切割功能的潜污泵2台（1用1备）。

泵前设机械格栅1套，格栅宽800m，栅条间隙10mm，栅渣外运处置。

2）机械反应池

钢筋混凝土机械反应池1座，平面尺寸为1.4m×3.7m，分3格，池深3.0，反应时间18min。

3）竖流式沉淀池

对反应后的污水进行泥水分离，以去除污水中大部分的SS和部分COD、BOD及磷。

钢筋混凝土沉淀池1座，平面尺寸为4.0m×8.0m，深5.5m。

表面负荷$1.3m^3/(m^2 \cdot h)$，沉淀时间1.6h。

4）调节池

调节池1座，用于调节污水的水质和水量。钢筋混凝土结构，按平均流量设计，平面尺寸3.7m×6.2m，池深5.4m，调节时间3.3h。射流曝气器对污水进行混合搅拌，调节池内另设二级提升潜污泵2台（1用1备）。

5）人工湿地植被床

10座垂直潜流人工湿地，用于去除污水中的有机污染物、氨氮和磷。

湿地床$1950m^2$，床深1.0m。内有防渗套、生长介质、植物、布水系统、集水系统等。

6）集泥井

钢筋混凝土集泥井1座，平面尺寸：1.0m×3.7m×5.5m。内设污泥提升泵1台。

7）污泥浓缩池

钢筋混凝土污泥浓缩池1座，平面尺寸为3.7m×3.7m，深5.4m，与沉淀池合壁共建。

8）清水池

面积$75m^2$，池深0.9m，清水池1座，人工湿地的出水进入清水池，池内清水可供鱼类放养，与人工生态湿地园景观相映成趣。

9）工程用房

为二层建筑，单层面积为$67.4m^2$，层高3.0m。与沉淀池、浓缩池、集泥井合壁建设成别墅造型。一层包括污泥脱水设备、加药设备、储药间等，二层设控制间和值班室。

10）经济分析

运用该技术每天处理1t污水约需$3m^2$湿地，每m^2湿地造价约500元。按一个3000人的村庄算，每天要处理500t生活污水，就需要$1500m^2$湿地，加上2～3间工作室、1个预处理池和几台简单设备，总投资约需 100 万元。此外，人工湿地日常运营仅需 1 人进行加药、定时监测等简单操作，这样处理 1t 污水还不到 0.2 元成本，3000 人的村庄每天也仅投入 100 元。

各处理单元处理效果　　　　　　　　　　　　　　　　表 8-4-10

水质指标	处理单元	原水	反应沉淀池	人工湿地	排放标准
COD_{Cr}	(mg/L)	400	160	88	≤100
	去除率（%）		60	45	
BOD_5	(mg/L)	200	100	15	≤30
	去除率（%）		50	85	
NH_3-N	(mg/L)	25	25	13	≤15
	去除率（%）			48	
SS	(mg/L)	200	40	20	≤150
	去除率（%）		80	50	
TP	(mg/L)	5	1.5	1.1	
	去除率（%）		70	30	

2. 案例二

以上海裕安现代社区工程为例[56]。

该社区为陈家镇规划的九大生态功能区之一，位于陈家镇的北部，南距沿海大通道崇明高速公路入口约 3km。根据控制性详细规划，裕安现代社区规划总用地为 442.05hm²，总居住人中约 5 万人。

随着陈家镇建设的全面启动，各组团的开发也将全面展开，但是建设并不同步，各组团根据自身的规划、资金的到位情况分期开发。目前，首先启动的是裕安现代社区一期动迁基地的开发，其面积约 28.62hm²，规划人口约 6400 人。

（1）设计水量

裕安社区污水处理系统设计污水量近期 2000m³/d，$Q_{max}=161$m³/d，$K_z=1.93$；远期 12000m³/d，$Q_{max}=780$m³/d，$K_z=1.56$。

（2）进水水质

COD_{Cr}≤350mg/L，BOD_5≤180mg/L，SS≤180mg/L，NH_3-N≤25mg/L，TN≤40mg/L，TP≤5mg/L，pH6～9。

（3）排放标准

尾水水质执行《城镇污水处理厂污染物排放标准》GB 18918—2002 中的一级 B 标准，即：

COD_{Cr}≤60mg/L，BOD_5≤20mg/L，SS≤20mg/L，TN≤20mg/L，TP≤1mg/L，NH_3-N≤8mg/L（水温>12℃），15mg/L（水温≤12℃），pH6～9。

（4）污水处理工艺流程

裕安社区近期预测的日平均污水量为 1280m³，结合污水厂采用的工艺及远期总规模，考虑到一期动迁基地建成后，其余地块的开发也将随即展开，因此根据总体规模及分组的可行性，可适当扩大预处理的规模，确定高效絮凝沉淀预处理系统的规模为 4000m³/d；因人工湿地具有较大的灵活性，可根据污水量逐步追加湿地面积，以满足处理的要求，因此一期人工湿地的处理规模 2000m³/d（图 8-4-13）。

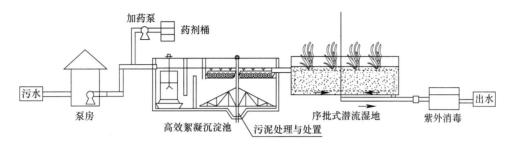

图 8-4-13 高效絮凝沉淀＋序批式潜流人工湿地处理技术工艺流程图

（5）污泥处理工艺

高效絮凝沉淀池排出的污泥首先进入污泥微氧消化池，污泥经微氧消化稳定后泵入带式压滤机脱水，经浓缩脱水后的污泥含水率约为 80％，与收割、粉碎后的湿地植物混合后作为有机肥料回用于郊野森林，实现了污泥的资源化综合利用。污泥处置工艺流程如图 8-4-14 所示。

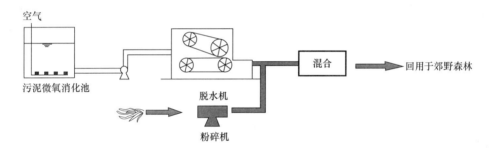

图 8-4-14 污泥处理处置工艺流程图

（6）主要构、建筑物工艺设计

1）粗格栅

设计流量：$Q_{max}＝780m³/h$。

类型：地下钢筋混凝土结构，直臂平行渠道。

栅渠数：2 条。

2）进水泵房

进水泵房与粗格栅合建，污水提升后至高效絮凝沉淀系统，构筑物按远期高峰流量一次建成，设备分期建设。

设计流量：$Q_{max}＝780m³/h$。

类型：半地下式泵房，地下钢筋混凝土结构、地上框架结构。

数量：1 座。

平面尺寸：$L×B＝8.5×10m$。

地上泵房建筑面积：约 $55m²$。

3）絮凝反应池

数量：2 座。

设计流量：单座处理量 $Q=130m^3/h$。

型式：机械搅拌反应池，每组分 3 格。

平面尺寸：2.1m×2m×3 格。

设计参数：停留时间 20.4min，有效水深 3.5m。

4）斜管沉淀池

数量：2 座。

设计流量：每座 $Q=130m^3/h$。

结构型式：钢筋混凝土水池。

平面尺寸：每座 9m×9m。

设计参数：设计表明负荷 $q=1.81m^3/(m^2 \cdot h)$，斜管结构系数 1.03，池边水深 $H=4.7m$。

5）序批式潜流人工湿地床

数量：8000m²。

6）集泥槽

数量：2 座。

平面尺寸：2.1×0.9m。

有效水深：1.5m。

7）污泥微氧消化池

数量：1 座。

有效容积：约 60m³。

有效水深：3.5m。

设计参数：系统干污泥量 675kgDs/d（$Q=4000m^3/d$ 规模），停留时间 64h。

8）工程用房

建筑面积：210m²，二层建筑。

9）土壤除臭系统

数量：1 套。

设计参数：处理废气量 $Q=6000m^3/h$，功率 $N=4.5kW$，土壤处理面积 200m²。

10）投资和运行成本

一期工程总投资：2783.55 万元。

一期工程费用：1745.6 万元。

其中污水管网工程费：848.55 万元。

污水厂一期吨水处理总成本：0.66 元。

其中吨水可变成本：0.21 元。

污水厂一期吨水经营成本：0.35 元。

参考文献

[1]　王世和. 人工湿地污水处理理论与技术 [M]. 科学出版社，2007.

[2]　Sun G，Zhao Y Q，Allen S et. Nerating "tide" in pilot-scale constructed wetlands to enhance agricul-turalwater treatment [J]. Eng Life Sci，2006，6 (6)：56.

[3] Hrlu Y S, Zhao Y Q, Rymszewicz A. Robust biological nitrogen removal by creating multiple tides in a single bedtidal flow constructed wetland [J]. Sei Total Environ2014, 470/471: 1197-1204.

[4] Sun G, Gray K R, Biddlestone A J. Treatment of agricul-tural wastewater in downflow reed beds: Experimentaltrials and mathematical model [J]. J Agr Eng Res, 1998. 69 (1): 63-71.

[5] Babatunde A 0, Zhao Y Q, Zhao X H. Alum sludgealum sludgebased constructed wetland system for enhanced removceIving agnof P and OM from wastewater: Concept, design andBioresour Teformance analysis [J]. Bioresour Technol., 2010. 101 (16): 6576-6579.

[6] Zhao Y Q, Babatunde A 0, Hu Y S, et al. Pilot field-by microbialscale demonstration of a novel alum sludge-based con structed wetland system for enhanced wastewater treat ment [J]. Process Biochem, 2011, 46 (1): 278-283.

[7] Gabriela Dotro, GünterLangergraber, Pascal Molle, Jaime Nivala, Jaume Puigagut, Otto Stein, Marcos von Sperling. Seventh volume: treatment wetlands. publications@iwap. co. uk http: //www. iwapublishing. com/.

[8] Jing S R, Lin Y F. Seasonal effect on ammonia nitrogen removal by constructed wetlands treating polluted river water in southern Taiwan [J]. Environmental Pollution, 2004, 127 (2): 291-301.

[9] 刘海玉, 王新, 白康. 人工湿地在农村生活污水处理中的应用 [J]. 市政技术, 2019, 37 (2): 199-202.

[10] Tousignant E, Fankhauser O, Hurd S. Guidance manual for the design, construction and operations of constructed wetlands for rural applications in Ontario [J]. 1999.

[11] Verhoeven J T A, Meuleman A F M. Wetlands for wastewater treatment: opportunities and limitations [J]. Ecological engineering, 1999, 12 (1-2): 5-12.

[12] 张甲耀, 夏盛林等. 潜流人工湿地污水处理系统氮去除及氮转化细菌的研究 [J]. 环境科学学报, 1999, 19 (3): 323-327.

[13] Luederitz V, Eckert E, Lange-Weber M, et al. Nutrient removal efficiency and resource economics of vertical flow and horizontal flow constructed wetlands [J]. Ecological Engineering, 2001, 18 (2): 157-171.

[14] Tanner C C, Sukias J P S, Upsdell M P. Substratum phosphorus accumulation during maturation of gravel-bed constructed wetlands [J]. Water Science and Technology, 1999, 40 (3): 147-154.

[15] Sakadevan K, Bavor H J. Phosphate adsorption characteristics of soils, slags and zeolite to be used as substrates in constructed wetland systems [J]. Water Research, 1998, 32 (2): 393-399.

[16] 杨永哲, 赵亚乾, Akintunde babatunde 等. 给水厂铝污泥对磷的吸附特性及陈化时间的影响 [J]. 中国给水排水, 2015, 31 (11): 137-141.

[17] 赵晓红, 赵亚乾, 杨永哲等. 铝污泥人工湿地污水处铝污泥为基质的理系统小试研究 [J]. 中国给水排水, 2015, 31 (13): 110-115.

[18] Sengorur B, Ozdemir S. Performance of a constructed wetland system for the treatment of domestic wastewater [J]. Fresenius Environmental Bulletin, 2006, 15 (3): 242-244.

[19] 王文东, 张小妮, 王晓昌. 人工湿地处理农村分散式污水的应用 [J]. 净水技术 2010, 29 (5): 17-21, 41.

[20] 胡沅胜, 赵亚乾, Akintunde babatunde 等. 铝污泥基质潮汐流人工湿地强化除污中试 [J] 中国给水排水, 2015, 31 (13): 117-122.

[21] 刘晓鹏, 姚芳, 王梦菲等. 人工湿地堵塞成因及解决措施初探 [J]. 资源节约与环保, 2013 (2): 18-20.

[22] Kadlec R H, Knight R L. Treatment Wetlands [M]. Boca Raton: CRC Press LLC, 1996.

[23] Gabriela Dotro, Günter Langergraber, Pascal Molle, Jaime Nivala, Jaume Puigagut, Otto Stein, Marcos von Sperling. Treatment Wetlands [M]. 2018.

[24] 陈晓东. 人工湿地堵塞机理与应对措施研究 [J]. 环境保护科学, 2011, 37 (5)：19-22.

[25] 李小艳, 丁爱中, 郑蕾. 1990—2015 年人工湿地在我国污水治理中的应用分析 [J]. 环境工程, 201836 (4)：11-17, 5.

[26] 常雅婷, 卫婷, 嵇斌, 等. 国内各地区人工湿地相关规范/规程对比分析 [J]. 中国给水排水, 2019, 35 (8)：27-33.

[27] Vymazal J. Constructed wetlands for wastewater treatment [J]. Ecological Engineering, 2005, 25 (5)：475-477.

[28] 杨敦, 徐丽花, 周琪. 潜流式人工湿地在暴雨径流污染控制中的应用 [J]. 农业环境保护, 2002, 21 (4)：334-336.

[29] Perkins J, Hunter C. Removal of enteric bacteria in a surface flow constructed wetland in Yorkshire, England [J]. Water Research, 2000, 34 (6)：1941-1947.

[30] Koottatep T, Polprasert C. Role of plant uptake on nitrogen removal in constructed wetlands located in the tropics [J]. Water Science and Technology, 1997, 36 (12)：1-8.

[31] Karathanasis A D, Potter C L, Coyne M S. Vegetation effects on fecal bacteria, BOD, and suspended solid removal in constructed wetlands treating domestic wastewater [J]. Ecological engineering, 2003, 20 (2)：157-169.

[32] Hill D T, Payne V W E, Rogers J W, et al. Ammonia effects on the biomass production of five constructed wetland plant species [J]. Bioresource Technology, 1997, 62 (3)：109-113.

[33] 段志勇, 施汉昌, 黄霞, 胡洪营. 人工湿地控制滇池面源水污染适用性研究 [J]. 环境工程, 2002, 20 (6)：64-66.

[34] 吕锡武, 徐洪斌, 李先宁等. 太湖流域农村生活污水污染现状调查研究 [R]. 中国化学会第七届水处理化学大会暨学术研讨会论文集, 2006：376-383.

[35] Vymazal J. Horizontal sub-surface flow and hybrid constructed wetlands systems for wastewater treatment [J]. Ecological engineering, 2005, 25 (5)：478-490.

[36] Ouellet-Plamondon C, Chazarenc F, Comeau Y, et al. Artificial aeration to increase pollutant removal efficiency of constructed wetlands in cold climate [J]. Ecological Engineering, 2006, 27 (3)：258-264.

[37] Cooper P. A review of the design and performance of vertical-flow and hybrid reed bed treatment systems [J]. Water Science and Technology, 1999, 40 (3)：1-9.

[38] Cooper P, Griffin P, Humphries S, et al. Design of a hybrid reed bed system to achieve complete nitrification and denitrification of domestic sewage [J]. Water science and technology, 1999, 40 (3)：283-289.

[39] Wu M Y, Franz E H, Chen S. Oxygen fluxes and ammonia removal efficiencies in constructed treatment wetlands [J]. Water Environment Research, 2001, 73 (6)：661-666.

[40] Lin Y F, Jing S R, Lee D Y, et al. Performance of a constructed wetland treating intensive shrimp aquaculture wastewater under high hydraulic loading rate [J]. Environmental Pollution, 2005, 134 (3)：411-421.

[41] Öövel M, Tooming A, Mauring T, et al. Schoolhouse wastewater purification in a LWA-filled hybrid constructed wetland in Estonia [J]. Ecological Engineering, 2007, 29 (1)：17-26.

[42] Verhoeven J T A, Meuleman A F M. Wetlands for wastewater treatment：opportunities and limitations [J]. Ecological Engineering, 1999, 12 (1-2)：5-12.

［43］ 王静. 厌氧水解酸化＋人工湿地处理农村生活污水工程实例分析［J］. 农业环境与发展，2013，3：60-62，78.

［44］ 潘珉，李滨，冯慕等. 潜流式人工湿地基质堵塞问题对策研究［J］. 环境工程学报，2011，5（5）：1015-1020.

［45］ Hr lu Y S, Zhao Y Q, Rymszewicz A. Robust biological ni trogen removal by creating multiple tides in a single bed tidal flow constructed wetland［J］. Sei Total Environ 2014，470/471：1197-1204.

［46］ 王文明，危建新，戴铁华等. 人工湿地运行管理关键技术探讨［J］. 环境保护科学，2014，40（3）：24-28.

［47］ 张帆，陈晓东，常文越等. 潜流湿地系统防堵塞设计及运行措施探讨［J］. 环境保护科学，2009，35（1）：24-26.

［48］ 刘建，胡啸，李轶. 垂直流人工湿地处理农村分散生活污水的应用与工程设计［J］. 水处理技术，2011，37（6）：132-135.

［49］ 焦珍，张素珍，胥俊杰. 垂直流人工湿地处理北方农村生活污水工程实例［J］. 江苏农业科学，2011，39（3）：545 -547.

［50］ 张日霞，张斌令，黄宁俊. 环境友好型人工湿地处理农村生活污水工程设计［J］. 中国给水排水，2016，32（4）：32-34.

［51］ 胡学斌，柴宏祥，彭述娟，et al. 生物接触氧化-人工湿地组合工艺中水处理回用景观水体效能试验［J］. 土木建筑与环境工程，2009，31（6）.

［52］ 张蕾. 通州区农村生活污水处理适用技术的调查与分析［D］. 天津：天津大学环境科学与工程学院，2010.

［53］ 环境保护部生态环境司. 农村实用环保技术［M］. 北京：中国环境科学出版社，2008.

［54］ 边喜龙，于景洋，齐世华等. 寒冷地区农村污水处理工艺选择与实践［J］. 低温建筑技术，2017，10：129-132.

第9章 稳 定 塘

9.1 技术原理、特点与发展

9.1.1 技术原理

稳定塘也称氧化塘或生物塘，是利用天然净化能力的生物处理构筑物。可直接利用旧河道、河滩、沼泽及无农业利用价值的鱼塘、荒地等进行改造[1]。稳定塘处理技术是通过在塘中种植水生植物、放养鱼类，形成人工生态系统，通过多条食物链的物质迁移、转化和能量的逐级传递，将进入塘中的有机物和营养物降解和转化[2]，稳定塘主要利用菌藻的共同作用去除水中的有机污染物[3]，能有效去除污水中的有机物和病原体[4]，对 TP 去除效果十分显著[5]。稳定塘净化污水的原理与自然水域的自净机理十分相似。污水在塘内滞留的过程中，水中的有机物通过好氧微生物的代谢活动被氧化分解，或经过厌氧微生物的分解而达到稳定化的目的[6]。氧化塘的目的是为化合物提供一个良好的环境条件进行自然的、物理的、生物的以及化学的处理过程。依靠塘内存活着的细菌、真菌、原生动物、藻类和水生植物的代谢活动共同协作来降解水中污染物[7]。稳定塘系统对有机物的去除主要包括塘中微生物及植物对溶解性有机物的吸收、吸附作用，对不溶解性有机物的沉降及基质的拦截作用[8]。好氧微生物代谢所需的溶解氧由塘表面的大气复氧作用以及藻类的光合作用提供，有时也可以通过人工曝气补充供氧。

稳定塘生态系统是一种比较复杂的系统，其中的生物相主要有细菌、藻类、原生动物、后生动物、水生植物以及高等水生动物；非生物因素主要包括光照、分离、温度、有机负荷、pH 值、溶解氧、二氧化碳、氮及磷营养元素等[9]。

根据塘水中微生物优势群体类型和塘水中的溶解氧来划分，分为好氧塘、兼性塘、厌氧塘、曝气塘等；按出水的连续性和出水量可分为连续出水塘、控制出水塘和完全贮存塘；此外，还有用作污水深度处理的稳定塘，即深度处理塘（精制塘）和水生生物塘[10]。各种类型的稳定塘都有其适用范围、设计要求、计算方法和技术参数等[11]。

1. 好氧塘

好氧塘一般比较浅，深度在 0.3～0.5m，阳光能透入池底，塘内藻类在阳光的照射下，进行光合作用，释放氧气，把氧气供给细菌，好气性细菌把进入稳定塘的有机污染物进行氧化分解，生成的产物有 CO_2、NH_4^+ 和 PO_4^{3-} 等，这些代谢产物又被藻类所利用。因而稳定塘处理污水，实质上是菌藻共生系统在起作用。它是一种利用自养生物（藻类）和好气性异养生物（异养菌）在生理功能上的相辅相成作用处理污水的生态系统。

2. 兼性塘

兼性塘是最常见的一种污水稳定塘，结合了好氧塘和厌氧塘的特点，形成了三个活性层。这种池塘能适应天气条件的变化和流入水量的波动。

兼性塘的特点是塘水较深，一般为 1.2～2.5m[6]，因此塘中存在着不同的区域：上层阳光能投射到的区域（从塘面到 0.5m 水深），藻类光合作用显著，溶解氧比较充足，为好氧区；塘的底部主要是厌氧微生物占主导作用，对沉淀于塘底的底泥进行厌氧发酵；在好氧区和厌氧区之间为兼性区，兼性塘内好氧菌、兼性菌和厌氧菌共同发挥作用，对污染物进行降解。兼性塘各区相互联系。厌氧区中生成 CH_4、CO_2 等气体将经过上部两区的水层溢出，且有可能被好氧层中的藻类所利用，生成的有机酸、醇等会转移至兼性区，好氧区和兼性区中的细菌和藻类也会因死亡而下沉至厌氧区，厌氧菌对其进行分解。

3. 厌氧塘

厌氧塘一般作为高浓度有机废水的一级处理工艺，之后还设有兼性塘、好氧塘、甚至深度处理塘。有效水深在 2.0～4.5m，储泥深度大于 0.5m[12]，氧气含量有限，顶层由油脂和泡沫组成，功能与化粪池相似。厌氧塘有机负荷高，整个塘水基本都呈厌氧状态，在其中进行水解、产酸以及甲烷发酵等厌氧反应全过程。厌氧塘净化速度低，污水停留时间长，产生的气味是个问题，因此需要寻找合适的位置并且对池塘进行维护。

4. 曝气塘

曝气塘是利用通风系统，既给污水增加了氧气又使表层的废水与氧气混合增加了废水中氧气的含量。曝气塘塘深在 2.0m 以上[6]，由表面曝气器提供氧气，并对塘水进行搅动，在曝气条件下，藻类的生长与光合作用受到抑制。这种方法需要的用地面积小，但是需要的能量消耗和劳动力较多。

9.1.2 技术特点

具有可利用的池塘、沟谷等闲置土地，可采取稳定塘工艺，但应考虑排洪实施。污水进稳定塘前应预处理，也可进行沉淀处理。在污水 BOD_5 大于 300mg/L 时，宜在多级塘系统的首端设置厌氧塘。厌氧塘进水口宜在距塘底 0.6～1.0m 处，出水口宜在水面下 0.6m 处。

稳定塘可布置为单级塘或多级塘。单级稳定塘应为兼性塘、好氧塘或曝气塘。单级塘应分格并联运行。多级塘中第一级氧化塘应有排泥或清淤设施。

稳定塘系统的出水水质应符合国家现行有关标准和防洪要求。

作为污水生物处理技术，稳定塘具有一系列较为显著的优点，主要有：

处理成本低、操作管理容易。生物稳定塘不仅能取得良好的 BOD 去除效果，还可以有效去除氮磷营养物质及病原体，还原重金属及有毒有机物等。

能够充分利用地形，在土地比较便宜的地区建设稳定塘，可以利用农业开发利用价值不高的废河道、沼泽地、峡谷等地段，兼具绿化、美化环境的作用。工程简单，建设费用低，周期短，建成后易于运行。

稳定塘依靠自然功能处理污水，处理污水能耗小，运行维护简便，运行费用低廉。能间歇运行，比其他方法更耐负荷冲击，而且不受季节限制。

稳定塘内能够形成藻类、水生植物、浮游生物、底栖动物以及虾、鱼、水禽等多级食物链，组成复合的生态系统。将污水中的有机污染物转化为鱼、水禽等物质，提供给人们食用[13]。

对于去除致病微生物效果很好，出水适合灌溉，含有较高的营养物质和较少的致病菌。稳定塘处理后的污水，一般能够达到农业灌溉水质标准，可用于农业灌溉，充分利用污水的水肥资源，实现污水资源化，使污水处理与利用相结合。

稳定塘系统处理污水的不足之处主要有：

与其他方法相比水力停留时间较长效率低，污泥淤积使有效池容减小，需要更多的土地，处理效果受气候条件影响大，在寒冷的季节效果不好，需要额外的土地或者延长处理时间。

在没有进行恰当的维护情况下，池塘是蚊子和其他昆虫的滋生地，在藻类爆发、春季解冻，或者是厌氧塘没有进行恰当的维护时产生的气味问题令人讨厌。一些出水中含有藻类，悬浮的藻类使出水 COD 较高，需要额外的处理来满足当地的排放标准[14]。

去除重金属的效果不好，有去除重金属要求的污水不宜使用塘系统。

稳定塘也有防渗处理要求高；净化效果受季节、气温、光照等自然因素的控制，在全年范围内不够稳定等弊端。

9.1.3 技术发展

1901 年，世界第一个有记录的稳定塘系统修建在美国得克萨斯州的圣安东尼奥市[15]。1920 年，欧洲最早的稳定塘系统修建于德国巴伐利亚州的穆斯黑市。由于稳定塘占地面积很大，其后的一段时间，该项技术的发展几乎处于停滞状态。但是，相对于其他污水处理技术，稳定塘的最大优势在于建设费用和运行成本都很低，受全球能源危机的影响，从 20 世纪四五十年代开始，国际上对这一能耗较低、运行稳定的技术给予了足够的重视。目前，全世界已有 40 多个国家和地域应用稳定塘处理技术，区域气候差异比较大，从赤道到寒冷区域，由北部瑞典、加拿大至南部新西兰[16]。美国有 7000 多座稳定塘，德国有 2000 多座稳定塘，法国有 1500 多座稳定塘，在俄罗斯，稳定塘已成为小城镇污水处理的主要办法，稳定塘能够很好地处理生活污水[17]。

国外稳定塘的发展一般经历了以下几个阶段：

（1）开始用于处理小城镇污水，如美国的稳定塘有 90％用于处理万人以下的小城镇污水，设计流量小于 $750 m^3/d$。

（2）进一步用于食品工业废水，其后广泛用于处理造纸、纺织、皮革、石油化工等工业废水，如美国在 20 世纪 70 年代已有处理工业废水的稳定塘 1000 多座，其中 1/2 用于食品工业。

（3）作为活性污泥二级处理的后续深度处理。

（4）稳定塘处理污水与综合利用相结合，发展养鱼、养禽、水生植物、饲料等。

（5）稳定塘的运行方式由单糖运行向多塘串联运行转换，并以兼性塘为主，如厌氧塘-好氧塘或兼性塘-好氧塘等串联方式。

稳定塘技术在近四十年得到迅速的发展，并在国内外得到广泛的应用。我国于 20 世纪 50 年代就开始了对稳定塘污水处理技术的研究[17]。20 世纪 80 年代，国家环保局主持了被列为国家"七五"和"八五"科技攻关项目的稳定塘技术研究，在稳定塘的生物强化处理机理，设施运行规律等方面，取得了许多有价值的研究成果。其中最具代表的是哈尔滨工业大学王宝贞，首次提出了生态塘（Ecopond）的概念，在系统中人为地建立稳定的食物链（网），利用食物链（网）中各营养级上多种多样的生物种群的分工合作来完成污水的净化[18]。生态塘不仅是有效的污水处理设施，还可以以水生作物、水产和水禽形式资源回收，实现经济效益、环境效益和社会效益的有机结合。目前，我国规模较大，处理城市污水的稳定塘有：齐齐哈尔稳定塘，处理规模 20 万 m^3/d；西安漕运河稳定塘，处理规模 17 万 m^3/d；日处理城市污水的山东胶州氧化塘，处理规模 3 万 m^3/d。

9.2 工艺设计及参数

无资料时可参照国外资料及行业标准提供的设计参数。

美国 EPA《市政设计手册之污水稳定塘》给出各种类型稳定塘的设计参数，详见表 9-2-1。

<table>
<tr><td colspan="6" align="center">稳定塘设计参数</td><td align="right">表 9-2-1</td></tr>
<tr><th>类型</th><th>应用</th><th>负荷</th><th>停留时间</th><th>典型尺寸</th><th>评价</th></tr>
<tr><td>兼性塘</td><td>初级处理的城市污水；包括滴滤池、曝气池或厌氧池</td><td>$22\sim67kgBOD_5/$
$(hm^2 \cdot d)$</td><td>$25\sim180d$</td><td>$1.2\sim2.5m$
$4\sim60hm^2$</td><td>最常用到的稳定塘类型；低负荷时，稳定塘的整个垂直界面是有氧状态</td></tr>
<tr><td>曝气塘</td><td>工业污水含量较大的情况；池塘可利用土地有限</td><td>$8\sim320kgBOD_5/$
$(1000m^3 \cdot d)$</td><td>$7\sim20d$</td><td>$2\sim6m$ 深</td><td>使用范围从为光合作用补偿氧的到延长曝气活性污泥处理，土地面积比兼性塘土地面积小</td></tr>
<tr><td>有氧塘</td><td>通常用于处理含少量可溶性 BOD_5 和高藻类固体的污水</td><td>$85\sim170kgBOD_5/$
$(hm^2 \cdot d)$</td><td>$10\sim40d$</td><td>$30\sim45cm$</td><td>由于出水水质要求，此稳定塘利用范围较少；藻类大量繁殖的同时去除有机物；其高负荷减少了对土地利用</td></tr>
<tr><td>厌氧塘</td><td>工业废水</td><td>$160\sim800kgBOD_5/$
$(1000m^3 \cdot d)$</td><td>$20\sim50d$</td><td>$2.5\sim5m$ 深</td><td>会产生臭气，通常需后续处理</td></tr>
</table>

行业标准《污水自然处理工程技术规程》CJJ/T 54—2017，可参照表 9-2-2 选用设计参数。

<table>
<tr><td colspan="9" align="center">稳定塘典型设计参数表[19]</td><td align="right">表 9-2-2</td></tr>
<tr><th rowspan="2">塘型</th><th colspan="3">BOD_5 表面负荷 $[kgBOD_5/(hm^2 \cdot d)]$</th><th colspan="3">单元塘水力停留时间（h）</th><th rowspan="2">有效水深（m）</th><th rowspan="2">BOD_5 处理效率（%）</th></tr>
<tr><th>Ⅰ区</th><th>Ⅱ区</th><th>Ⅲ区</th><th>Ⅰ区</th><th>Ⅱ区</th><th>Ⅲ区</th></tr>
<tr><td>厌氧塘</td><td>200.0</td><td>300</td><td>400</td><td>37</td><td>$2\sim5$</td><td>$1\sim3$</td><td>$3\sim5$</td><td>$30\sim70$</td></tr>
<tr><td>兼性塘</td><td>$30\sim50$</td><td>$50\sim70$</td><td>$70\sim100$</td><td>$20\sim30$</td><td>$15\sim20$</td><td>$5\sim15$</td><td>$1.2\sim1.5$</td><td>$60\sim80$</td></tr>
<tr><td>好氧塘　常规处理塘</td><td>$10\sim20$</td><td>$15\sim20$</td><td>$20\sim30$</td><td>$20\sim30$</td><td>$10\sim20$</td><td>$3\sim10$</td><td>$0.5\sim1.2$</td><td>$60\sim80$</td></tr>
<tr><td>　　　　深度处理塘</td><td>10</td><td>10</td><td>10</td><td></td><td>$2\sim5$</td><td></td><td>$0.5\sim0.6$</td><td>$40\sim60$</td></tr>
<tr><td>曝气塘　部分曝气塘</td><td>$50\sim100$</td><td>$100\sim200$</td><td>$200\sim300$</td><td></td><td>$1\sim3$</td><td></td><td>$3\sim5$</td><td>$60\sim80$</td></tr>
<tr><td>　　　　完全曝气塘</td><td>$100\sim200$</td><td>$200\sim300$</td><td>$200\sim400$</td><td></td><td>$1\sim15$</td><td></td><td>$3\sim5$</td><td>$70\sim90$</td></tr>
</table>

注：Ⅰ、Ⅱ、Ⅲ区分别适用于年平均气温在 8℃以下地区，8~16℃地区和 16℃以上地区。

稳定塘总占地面积由给定的有机负荷决定，一般单塘表面积以不大于 $4\times10^4 m^2$ 为宜，当超过 $0.8\times10^4 m^2$ 应采用多点进水。串联塘一般不少于 3 级，第一级塘的深度最大，第一级塘宜于 2 个以上并联运行，以便清除底泥。塘形为矩形、正方形、圆形等，矩形塘长宽比不宜大于 4∶1[20]。

常年主导风向应与稳定塘轴向垂直[21]。

有负荷资料时，各类稳定塘设计的主要技术参数选择如下：

9.2.1　厌氧塘

厌氧塘[12]除用于处理城市污水外，还通常用于处理高浓度有机废水，不仅能对污水进行厌氧处理，还能起到污水初次沉淀和污泥消化的作用。厌氧塘的生化反应速率是塘水温度的函数，最佳温度为 30～35℃，水温低于 15℃时，生化反应速率急剧下降。厌氧塘由于深度较大，易使地下水遭受污染，因此塘底应采取防渗措施；应有塘面浮渣及上面孳生小虫的预防措施，且尽量选择在隐蔽的地方；塘前预处理一般为格栅及沉砂池。

1. 厌氧塘设计的主要技术参数

麻省理工土木与环境工程系研究废弃稳定塘的设计与动态建模成果显示。

厌氧池设计标准　　　　　　　　　　　　　　　　表 9-2-3

数据来源	最佳深度 (m)	表面荷载 (kg/(hm² · d))	停留时间 (d)	BOD 去除率 (%)	TSS 去除率 (%)	最适温度 (℃)
Metcalfe & Eddy（1993）	2.5～5	225～500	20～50	50～85	20～60	30
世界卫生组织 EMRO 技术报告（1987）	2.5～5	>1000	5	50～70	/	25～30
Lagoon 科技国际（1992）	2～5	>3000	1～2	75	/	25
世界银行技术文件第 7 号（1983）	4	4000～16000	2	/	/	27～30

厌氧塘的设计，对于高浓度废水，以有机负荷控制为宜；对于低浓度废水，则以水力停留时间为宜。若废水温度高，则水力停留时间短；反之，则长。厌氧塘设计的主要技术参数见表 9-2-4。

厌氧塘设计的主要技术参数　　　　　　　　　　　表 9-2-4

最低 BOD₅ 表面负荷 [kgBOD₅/(×10⁴m² · d)]		塘深 (m)	水力停留时间 (d)		BOD₅ 去除率 (%)
我国南方地区	我国北方地区		城市污水	高浓度有机废水	
300～400	800	3～5	2～6	20～50	20～70

注：有的超深厌氧塘的塘深大于 5.0m 乃至 8.0m。

2. 厌氧塘设计计算

每日进塘的 BOD_5 总量（L_B），其计算公式为

$$L_B = S_0 \cdot Q \times 0.001 \qquad (9\text{-}2\text{-}1)$$

式中：L_B——每日进入厌氧塘的 BOD_5 总量（$kgBOD_5/d$）；

S_0——厌氧塘进水 BOD_5 浓度（mg/L）；

Q——厌氧塘设计流量（m^3/d）。

厌氧塘的容积（V），其计算公式为

$$V = L_B / N_V \qquad (9\text{-}2\text{-}2)$$

式中：V——厌氧塘的容积（m^3）；

N_V——厌氧塘的 BOD_5 容积负荷 [$kgBOD_5/(m^3 \cdot d)$]，生活污水一般选用

$0.2kgBOD_5/(m^3 \cdot d)$，最大不超过 $0.4kgBOD_5/(m^3 \cdot d)$。

厌氧塘的水力停留时间（t），其计算公式为

$$t = V/Q \text{ 或 } t = (S_0/S_e - 1)/k_T \tag{9-2-3}$$

式中：t——厌氧塘的水力停留时间（d）；

$\quad$ S_e——厌氧塘出水 BOD_5 浓度（mg/L）；

$\quad$ k_T——水温为 T℃时，一级反应速率常数（d^{-1}）。

厌氧塘的表面积（A），其计算公式为

$$A = V/h_0 \quad \text{或} \quad A = L_B/N_A \tag{9-2-4}$$

式中：A——厌氧塘的表面积（m^2）；

$\quad$ h_0——厌氧塘的有效水深（m）；

$\quad$ N_A——厌氧塘的 BOD_5；

表面负荷 $[kgBOD_5/(\times 10^4 m^2 \cdot d)]$。

3. 厌氧塘设计的规定与注意事项

单塘面积一般不大于 0.8 万 m^2，厌氧塘应不少于 2 座，处理高强度有机废水时，厌氧塘需二级串联设置和运行；

塘体设计成长方形，长宽比为 2.0：1～2.5：1，近年来也有设计成圆形等其他形状的；

塘深，即厌氧塘有效深度（水深 h_0 + 泥深 h_s）一般采用 3～5m，当土壤和地下水条件许可时可采用 6.0m。实践证明：多级小而深且 HRT 短的厌氧塘比大而浅的塘更为可取，塘底部应有大于或等于 0.5m 的污泥贮存深度；

厌氧塘内增设生物膜载体填料时，塘面应加覆盖层，塘底应设污泥消化坑；

厌氧塘进出水口设置（见图 9-2-1）：厌氧塘进口高出塘底 0.6m、宽度大于 10m 时，应多点进水，且进水管径不应小于 300mm；厌氧塘出口为淹没式，淹没深度应不小于 0.6m，并不得小于冰覆盖层或浮渣层厚度。

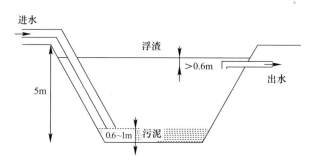

图 9-2-1　厌氧塘进出口设置示意图

对厌氧塘进水水质的控制：厌氧塘进水中 SO_4^{2-} 浓度应小于 500mg/L；当厌氧塘进水中 NH_4^+ 浓度大于 1500mg/L 时，对产甲烷菌不利，当 NH_4^+ 浓度大于 6000mg/L 时，会产生毒害作用；当进水水温下降至 20℃时，甲烷产量剧降，当水温下降至 15℃时，甲烷产量下降约 50%。

9.2.2　兼性塘

美国 EPA《市政设计手册之污水稳定塘》[12]指出，兼性塘用于处理城市小型社区和农

村污水处理，也可用于大城市的初级或二级污水处理，以及工业废水处理。在曝气塘或厌氧塘之后，排放前进行水质稳定性处理工艺。兼性塘是最容易操作和维护的，但其性能有明确的限制。出水 BOD$_5$ 值范围从 20 到 60mg/L，SS 水平通常为 30 至 150mg/L。因此需要非常大的区域来将面积 BOD$_5$ 负载保持在合适的范围内。在夏季接收季节性食品加工废物的一个优点是夏季允许的有机负荷通常比冬季高得多。

兼性塘的整个水深中上层为好氧区，中层为兼性区，下层为厌氧区，底部为厌氧污泥层。兼性塘上层好氧区中的氧主要来自藻类的光合作用，其次是塘水面的大气复氧。兼性塘中微生物的种类非常丰富，可有效降解有机污染物及氮、磷等营养物质。兼性塘预处理一般只设格栅，或格栅＋沉砂池，废水中含油量高时应设置除油池。

1. 兼性塘进水水质要求

兼性塘进水水质指标以下列数据为宜：BOD$_5$≤300mg/L，COD≤500mg/L，SS≤400mg/L，BOD$_5$：N：P＝100：5：1。

2. 兼性塘设计的主要技术参数

兼性塘设计的主要技术参数有 BOD$_5$ 表面负荷、塘深和水力停留时间（HRT）等。兼性塘 BOD$_5$ 表面负荷的大小取决于当地气温的高低，以一年中最不利气温为设计依据，具体设计参数见表 9-2-5 和表 9-2-6、表 9-2-7。兼性塘的水力停留时间以 40～180d 为宜，平均气温高时，水力停留时间就短，平均气温低时，水力停留时间就长；更重要的是根据原水水质的可生化性确定水力停留时间，可生化性好就缩短水力停留时间，反之则延长水力停留时间；此外，根据场地情况，建议尽可能延长水力停留时间。

兼性池塘设计标准　　　　　　　　　　　表 9-2-5

数据来源	最佳深度（m）	表面荷载[kg/(hm²·d)]	停留时间（d）	COD 去除率（%）	TSS 去除率（%）	最适温度（℃）
Metcalfe & Eddy（1993）	1.2～2.5	60～200	5～30	80～95	70～0	20
世界卫生组织 EMRO 技术报告（1987）	1.5～2	200～400	—	80	—	20～30
Lagoon 科技国际（1992）	1～2	100～400	—	70～80	—	—
世界银行技术文件第 7 号（1983）	1～1.8	200～600	—	—	—	15～30

串联系统中第一级塘的 BOD$_5$ 表面负荷　　　　　　　　　　　表 9-2-6

年平均气温（℃）	最低 BOD$_5$ 表面负荷 [kgBOD$_5$/(×10⁴m²·d)]
<8	30～50
8～16	50～70
>16	70～100

串联系统中各塘的平均 BOD$_5$ 表面负荷　　　　　　　　　　　表 9-2-7

冬季平均气温（℃）	塘深（m）	最低 BOD$_5$ 表面负荷 [kgBOD$_5$/(×10⁴m²·d)]
<0	1.5～2.1	11～22
0～15	1.2～1.8	22～45
>15	1.1	45～90

3. 兼性塘设计计算

设计每日进塘的 BOD_5 总量（L_B），其计算公式为

$$L_B = S_0 \cdot Q \times 0.001 \tag{9-2-5}$$

式中：L_B——每日进入兼性塘的 BOD_5 总量（$kgBOD_5/d$）；

S_0——兼性塘进水 BOD_5 浓度（mg/L）；

Q——兼性塘设计流量（m^3/d）。

兼性塘的表面积（A），其计算公式为

$$A = L_B/N_A \tag{9-2-6}$$

式中：A——兼性塘的水面面积（$\times 10^4 m^2$）；

N_A——兼塘性的 BOD_5 表面负荷 $[kgBOD_5/(\times 10^4 m^2 \cdot d)]$。

需要说明的是，先计算出兼性塘的总水面面积 A_T，再计算出第一级塘的水面面积 A_1，而（$A_T - A_1$）就是除第一级塘之外的各塘总面积。

兼性塘的容积（V），其计算公式为

$$V = A \cdot h_0 \tag{9-2-7}$$

式中：V——兼性塘的容积（m^3）；

h_0——兼性塘的有效水深（m）。

兼性塘的水力停留时间（t），其计算公式为

$$t = V/Q \tag{9-2-8}$$

式中：t——兼性塘的水力停留时间（d），然后校对 HRT 是否合适。

4. 兼性塘出水水质要求

兼性塘在上述条件下，其出水水质可按下列指标设计：$BOD_5 = 30\sim40mg/L$，$COD \leqslant 100mg/L$，$SS = 40\sim100mg/L$，通常 SS 由藻类构成。

5. 兼性塘设计的规定与注意事项

贮泥厚度 $\geqslant 0.3m$。

一般是 $3\sim5$ 个或多至 7 个塘串联运行，第一级塘的面积最大，约占兼性塘总面积的 $30\%\sim60\%$，且单塘面积以 $5000m^2$ 为宜。

采用矩形塘，长宽比为 $3:1\sim4:1$。

沿塘长每隔一定距离设一污泥沟，上置障板，板深入水面下约 90cm，以截拦飘浮物，其高度不超过水面 15cm，障板的作用是消除短流，防止风的搅拌作用，也可防止将深层水及沉泥搅起。

9.2.3 好氧塘

好氧塘[12]全部水中都保持有溶解氧，分为高负荷好氧塘、普通好氧塘和深度处理塘（精制塘），所需溶解氧主要来自藻类的光合作用。高负荷好氧塘需要混合，以防止沉淀的发生；普通好氧塘没有人为的混合，故此种塘的底部仍然有厌氧层的存在。好氧塘去除病原菌和氮、磷的效率均高于常规二级处理，末端设置精制塘有助于杀灭病菌。好氧塘的净化原理是依靠菌藻共生的关系而设计的，但藻类本身不起降解作用。

好氧塘内的光合反应如下：

$$NH_4^+ + 7.62CO_2 + 2.53H_2O \longrightarrow C_{7.62}H_{8.06}O_{2.53}N + 7.62O_2 + H^+ \tag{9-2-9}$$

通过藻类的光合作用，从而改变塘水的重碳酸盐碱度、pH 值和溶解氧。

1. 好氧塘的建设要点

气候温和、日照良好的地区可以建好氧塘；

原污水进入好氧塘之前应先经过沉淀，塘底泥应及时排除；

高负荷好氧塘水深应不超过 0.5～0.9m；

高负荷好氧塘需人为混合，使藻类周期性地转移至光照好的位置；

高负荷好氧塘因水深很小，为避免生长挺水植物，最好铺砌人工衬里；

高负荷好氧塘出水含藻量高，宜于回收利用，但不宜用作常规污水处理。

2. 精制塘进水水质要求

精制塘进水水质要求与二级处理水质相当，即 BOD$_5$≤30mg/L，COD≤120mg/L，SS≤30mg/L。

3. 好氧塘设计的主要技术参数（参见表 9-2-8、表 9-2-9）

好氧塘设计标准　　　　　　　　　　表 9-2-8

数据来源	最佳深度 (m)	表面荷载 [kg/(hm²·d)]	停留时间 (d)	BOD 去除率 (%)	TSS 去除率 (%)	最适温度 (℃)
Metcalfe & Eddy（1993）	1～1.5	≤17	5～20	60～80	—	20
世界卫生组织 EMRO 技术报告（1987））	1～1.5	—	5～10	50～60	—	—
Lagoon 科技国际（1992）	1～1.5	—	—	—	—	—
世界银行技术文件第 7 号（1983）	1.2～1.5		5			

好氧塘设计的主要参数　　　　　　　　　表 9-2-9

好氧塘	BOD$_5$ 表面负荷 [kgBOD$_5$/（×10⁴m²·d）]	水力停留时间 (d)	水深 (m)	温度范围 (℃)	最佳温度 (℃)	pH 值	BOD$_5$ 去除率 (%)	藻类浓度 (mg/L)	出水 SS (mg/L)
高负荷好氧塘	80～160	4～6	0.3～0.45	5～30	20	6.5～10.5	80～95	100～200	150～300
普通好氧塘	40～120	10～40	0.5～1.5	0～30	20		80～95	40～100	80～140
精制塘	<5	5～20	0.5～1.5	0～30	20		60～80	5～10	10～30

4. 好氧塘设计计算同兼性塘

5. 好氧塘设计的规定与注意事项

塘深不宜过浅，一般为 0.5～1.5m，较大为宜。

采用矩形塘，长宽比为 3∶1～4∶1。

单塘面积不宜超过 5000m²。

6. 好氧塘的运行

将好氧塘出水再循环是其稳定运行且保证出水水质（如提高进水溶解氧）的重要措施。

好氧塘出水除藻的方法有自然沉淀法、混凝沉淀法、混凝上浮法和混凝过滤法等，混凝剂投加量以 Al$_2$(SO$_4$)$_3$ 为 100～300mg/L、Ca(OH)$_2$ 为 150～200mg/L、FeSO$_4$ 为 100～150mg/L 为宜，出水 TSS 应控制在 10～25mg/L。

9.2.4　曝气塘

曝气塘[12]水中溶解氧由表面叶轮曝气或鼓风曝气大气复氧供给，但也有曝气塘使藻类光合作用和机械曝气大气复氧都起到供氧作用。机械曝气时水混浊，光透射差，抑制藻类生长，大气复氧仅占全部供氧量的10%～30%，故只考虑机械曝气产生的溶解氧。曝气塘对营养的需求量较小，对进水水质变化有较大的忍耐能力。曝气塘一般分为好氧曝气塘（又名完全混合曝气塘）和兼性曝气塘（又名部分混合曝气塘）。好氧曝气塘设计时采用高F/M值或低泥龄值，对有机物分解不充分；兼性曝气塘设计时采用低F/M值或高泥龄值，对有机物分解充分。

1. 曝气塘设计的主要技术参数

曝气塘设计的主要技术参数见表9-2-10。由于曝气塘出水SS浓度较高的，不可直接排放，一般需经后续沉淀塘处理。

曝气塘设计的主要参数　　　　　　　　　　　　　　　　　表 9-2-10

曝气塘	塘深 (m)	水力停留时间 (d)	BOD_5 去除率 (%)	出水 BOD_5 (mg/L)	比输入功率 [W/m³(污水)]	出水 SS (mg/L)	后续沉淀塘水力停留时间 (d)
好氧曝气塘	2.5～5	3～6	80～95		5～6	260～300	≥1
兼性曝气塘	3～6	7～20		20～40	1～2	110～340	0.5～1

2. 曝气塘设计计算

曝气塘按一级反应动力学模型进行设计。

第n级塘出水BOD_5浓度（S_n），即好氧曝气塘根据进水BOD_5浓度S_o（mg/L）和设定的BOD_5去除率计算出第n级塘BOD_5出水浓度S_n；兼性曝气塘直接取用设定的第n级塘出水BOD_5浓度S_n。

曝气塘中水温（T_W），其计算公式为

$$T_W = \frac{AfT_a + QT_b}{Af + Q} \qquad (9\text{-}2\text{-}10)$$

式中：T_W——曝气塘中水温（℃）；

T_a——大气温度（℃）；

T_b——进塘污水温度（℃）；

A——曝气塘水面面积（m²）；

Q——曝气塘设计流量（m³/d）；

f——当热转移系数（m/d）；

$f \approx 0.5\text{m/d}$。

一级反应速率常数（K_{CT}），其计算公式为

$$K_{CT} = K_{C20}\theta^{T_W - 20} \qquad (9\text{-}2\text{-}11)$$

式中：K_{CT}——温度为T℃时一级反应速率常数（d^{-1}）；

θ——温度系数，其取值见表9-2-11。

曝气塘的温度系数 θ　　　　　　　　　　　　　　　　　表 9-2-11

曝气塘	$K_{C20}(d^{-1})$	θ
好氧曝气塘	2.5	1.085
兼性曝气塘	0.275	1.036

199

曝气塘总水力停留时间（t），即 n 级等容积塘串联时总水力停留时间为

$$t = \frac{n}{K_{CT}} \left[\left(\frac{S_0}{S_n} \right)^{\frac{1}{n}} - 1 \right] \tag{9-2-12}$$

式中：n——曝气塘串联级数，一般为 3～5 级；

      t——曝气塘的总水力停留时间（d），单塘停留时间 $t' = t/n$。

曝气塘的设计面积（A）和容积（V），其计算公式为

$$A = Qt/h_0 \tag{9-2-13}$$
$$V = Qt \tag{9-2-14}$$

式中：V——曝气塘的容积（m^3）；

      h_0——曝气塘的水深（m）。

曝气塘的曝气量计算：曝气塘一般采用表面曝气，根据进、出水的 BOD_5 浓度，可计算出曝气塘的生化需氧量，再计算出日需氧量 ΔO_2，即可得到曝气机所需的功率 P（kW）为

$$P = \frac{\Delta O_2}{24N} \times 0.75 \tag{9-2-15}$$

式中：N——表面曝气机每 kW·h 的供气量。

3. 曝气塘设计的规定与注意事项

塘内污泥往往第一级塘的最大，积泥速率为 2.4～9.5cm/a，与运行时间长短有关，一般塘的前 1/3 比后 2/3 大一倍至相等。

贮泥厚度为 0.3～0.5m，泥面以上水深宜采用 1～2m，防止污泥厌氧降解的臭气散发出来。

塘的长宽比不超过 1.25，塘内水流速度约为 0.15m/s。

好氧曝气塘需注意塘内供氧的动力需要和混合的动力需要的平衡点。

9.3 处理效果

稳定塘的净化效果取决于塘内水力传输过程和生物化学转化过程[21]。

储磊等在安徽淮南生态塘对农村生活污水处理实例效果如表 9-3-1 所示[22]。

生态塘系统处理效果 表 9-3-1

项目	进水（mg/L）	出水（mg/L）	去除率（%）
COD_{Cr}	168.36	17.28	89.74
TP	2.030	0.363	82.11
BOD_5	130	16	87.69
苯酚	0.87	0.01	98.85
溶解性总磷	0.0460	0.0096	79.13
氨氮	22.16	5.50	75.18

稳定塘对 BOD_5 的去除率通常较高[23]，H. E. Maynard[24] 的调查资料显示即使在三级处理塘中，BOD_5 的去除率也常高达 80%，而在整个塘系统中 BOD_5 的去除更常高达 90% 以上。然而，高温期在多级塘系统内常出现 BOD_5 先降低再升高的现象。Mara[25] 的研究显示生态塘系统 BOD_5 含量的增长有 50%～90% 是由藻类的生长引起；Mayo[26] 的研究也

发现在三级处理塘中出水 BOD_5 增幅高达 $160\%\sim240\%$，且 BOD_5 含量的升高与水体内藻类等有机颗粒的增长具有较高的相关性。

李怀正等对曝气塘进行了曝气控制条件研究，不同水力停留时间条件下出水浓度及处理效果[27]。COD、NH_4^+-N 和 TN 的去除率随着 HRT 增加而提高，TP 则呈现不规律变化。随着 HRT 的增加，出水氨氮值继续减小，当 HRT＝2d 时出水氨氮为 $7.95mg/L$，满足一级 B 标准；在 HRT≥2d 时，曝气稳定塘内因反硝化碳源不足，HRT 增加对 TN 的处理效果无明显提高。Babu 和 Leite 研究团队经研究，一致认为 NH_3 的去除主要来源于有机氮沉降和硝化/反硝化作用[28,29]。在冬季气温比较低的情况下，TN 主要靠水生植物吸收/沉降和生物硝化/反硝化去除[30,31]。在 HRT≤2d 时，磷主要通过絮凝吸附和微生物的新陈代谢得以去除；在 2～8d 内，塘内存在好氧和缺氧的交替环境，造成微生物的吸、放磷，使磷的含量不断变化；HRT＝4d 时 TP 的去除率达到 33%，但当 HRT≥8d 时，曝气机的启闭已难以形成好氧和厌氧的交替环境，塘内的溶解氧维持在较高水平，好氧环境下聚磷菌对磷进行摄取，去除率趋于稳定。Wang 等研究认为水生植物及底泥类型对磷去除过程影响较大[32]。好氧塘/兼性塘/生物塘工艺在低温条件下处理二级出水时可取得较好的脱氮除磷效果[33]。

同济大学在太湖考察了高效藻类塘（high rate algae pond，HRAP）处理农村污水的效果，水力停留时间为 8d，该系统对 COD_{Cr}、TN、TP 的平均去除率分别为 69.4%、41.7%、45.6%，该工艺对 NH_3-N 的处理效果很好，平均去除率达到了 90.8%，具有良好的脱氮除磷效果[34]。

近年来许多学者在对稳定塘进行改良的过程中，出现了许多新型塘，包括高效藻类塘、水生植物塘和养殖塘、高效复合厌氧塘、超深厌氧塘、生物滤塘等塘型；还开发了许多组合塘工艺，与传统生物法组合的 UNITANK 工艺＋生物稳定塘、水解酸化＋稳定塘工艺和折流式曝气生物滤池＋稳定塘工艺等，各类塘型组合的多级串联塘、生态综合塘、高级综合塘系统等。可以减小占地面积，提高污染物去除率[35]。

赵学敏采用经过改良的生物稳定塘系统，对滇池流域大清河的水质净化，系统对 TN、TP、NH_3-N、BOD_5 和 COD 的去除率分别达到 29.29%、48.68%、33.68%、68.14% 和 71.25%[36]。陶涛等采用水解酸化池＋稳定塘工艺可以较传统工艺减少停留时间 50%，相应的占地面积减少 50% 以上[37]。孙楠等采用凹凸棒土填料作为微生物附着生长的载体，能够在低温条件下强化污水中各污染物的去除效果[38]。孙志华等通过改进稳定塘滤层的厚度和孔隙率，发现当水力停留时间为 3 天时，COD 去除率已达 90%[39]。杨洁等研究塘底铺设卵石层和砂粒层的生物滤发现，塘体可形成厌氧—好氧交替带，有利于氮和磷的去除[40]。

黄亮等研究发现养殖塘对 TN、NO_3^--N 和 NH_3-N 的去除效果好于植物塘，而植物塘对 TP 的去除效果要优于养殖塘[41]。植物塘与养殖塘之间具有较强的互助和互补性，使得整个系统能够充分发挥处理功效，从而具有较高的氮、磷去除效率[14]。哈尔滨工业大学王宝贞在污水处理与生态利用方面进行了较多研究，首次提出生态塘（Ecopond）的概念[42]，即在克服传统塘系统缺点的基础上引入了生态系统的概念，通过在系统中人为地建立稳定的食物链网，使塘本身既是污水处理单元又是利用单元，在污水处理的同时实现污水资源化[43]。

Oswald 提出设计并发展了高效藻类塘（High Rage Alage Pond），该系统几乎不需要污泥处理，较传统塘占地面积小，水力负荷率和有机负荷率较大，而水力停留时间较短，基建和运行成本较低，能实现水的回收和再用[44]。美国、德国、法国、新西兰、以色列、南非、新加坡等国家先后有了高速率藻类塘的应用，并取得了良好的运行效果[45-46]。高效稳定塘通过减小塘深，机械搅拌强化藻类的增殖，产生有利于微生物生长和繁殖的环境，形成更紧密的菌藻共生系统，使有机物、氮、磷、病原体等污染物得以有效去除。高效稳定塘的细菌平均停留时间只有 4～10d，是普通稳定塘停留时间的 1/7，可大大节省占地面积[2]。

多级串联稳定塘与单塘相比，不仅出水菌藻浓度低，BOD、COD、TN 和 TP 等去除率高，同时水力停留时间较短。将单塘改造成多级串联塘，其流态更接近于推流反应器的形式，从而减少了短流现象，提高了单位容积的处理效率[23]。串联稳定塘各级水质在递变过程中，各自的优势菌种会出现，从而具有更好的处理效果[14]。

9.4　应用案例

9.4.1　综合稳定塘

1. 案例一

以美国加利福尼亚州 Bolinas-综合污水塘系统为例[47]

社区公用设施区（BCPUD）是一个公用设施区，位于加利福尼亚州 West Marine County，BCPUD 拥有一个污水收集系统，每天污水收集、处理、处置量约 30000 加仑（最大处理量为 65000 加仑每天），覆盖范围涵盖市中心 162 个商业和居民和 Bolinas Mesa 地区一个纳污口。

污水从市中心的管网接 BCPUD 污水管网后，排到位于 Big Mesa 的处理设施，该处理设施主要由 4 个连在一起的氧化塘和一个最近新建的水循环系统组成。如图 9-4-1 所示。氧化塘用来稳定和储存污水，通过塘内蒸发并将污水喷洒到 45hm² 的草地上，以实现污水的最终处置。水循环系统可以将处理后废水用于球场和公用绿地的浇灌，达到废水回用的目的。

图 9-4-1　美国加利福尼亚州 Bolinas-综合污水塘系统

出水指标如下：

生化需氧量（BOD）<10mg/L 总悬浮固体（TSS）<10mg/L。

油脂<5mg/L 硝酸盐（以 N 表示）<5mg/L。

浊度<2NTU。

BCPUD 系统纳管范围约 3 平方英里；管径 2 英寸到 6 英寸，总长度约 3km；2010 到 2011 年度收费标准为居民区＄850，商业区＄896.00～＄1256.00。

2. 案例二

以辽宁省某镇污水处理设施示范工程为例[46]。

辽宁省某镇共有 29 个村，16 万亩（1hm² =15 亩）耕地，人口总数 2.2 万人，有大片低洼闲置土地，采用稳定塘工艺进行污水处理，设计总处理水量约 2000m³/d。建设首批辽宁百座乡镇污水处理设施示范工程，对城镇污水稳定塘冬季低温运行与人工强化处理关键技术、北方低温地区组合稳定塘运行技术进行示范。工程建成后，全镇污水实现全部收集处理。

（1）设计水量、水质

北方河流属于典型的季节性河流，河水流量随月份变化明显。2007 年全年总水量为 $0.89 \times 10^8 \text{m}^3$。

出水水质执行《城镇污水处理厂污染物排放标准》GB 18918—2002 中的二级标准。具体进、出水水质见表 9-4-1。

设计进、出水水质（单位：mg/L）　　　　　　　　　　表 9-4-1

项目	COD	BOD₅	SS	NH₃-N	TP
进水	300	60	50	50	5
出水	100	30	30	25	3

（2）工艺流程及设计参数

结合实际情况，生活污水处理工艺包括前置强化塘、组合塘系统、后置调节塘。工艺流程见图 9-4-2。

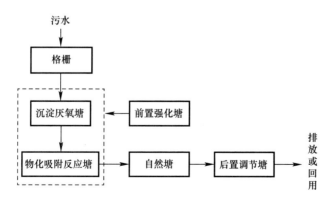

图 9-4-2 污水处理工艺流程

1）前置强化塘构建技术

设置前置塘，可降低后续自然塘进水的污染物负荷。前置塘的构建不仅可增大稳定塘的应用范围，同时降低了投资成本并便于后期维护管理。主要功能如下：强化去除固体悬浮物与 COD。利用沉淀厌氧塘截留固体悬浮物。强化去除高浓度氮磷。利用黏土矿物开发技术，构建物化吸附反应塘，通过吸附、沉淀等作用，强化对水中氮磷的去除，进一步削减后续自然塘的污染负荷。

前置强化塘为钢筋混凝土结构，采用 HDPE 膜严格做好防渗处理。采用多头进水和多头出水。

① 沉淀厌氧塘

并联设置 4 座沉淀厌氧塘，塘形为矩形，每座塘面积为 $15m \times 50m = 750m^2$，共 $3000m^2$。

有效水深 2.5m，储泥厚度 $\geq 0.5m$，超高 1.0m；位于稳定塘系统之首，起到截留污泥作用，以便轮换除泥。

堤坡：塘内坡度为 $(1.5/1) \sim (1/3)$；塘外坡度为 $(1/2) \sim (1/4)$。

水力停留时间为 3d。

② 物化吸附反应塘

并联设置 8 座物化吸附反应塘，一般为矩形，每座塘面积为 $15m \times 25m = 375m^2$，一共 $3000m^2$。

有效水深为 2.5m；储泥厚度 $\geq 0.3m$；超高为 1.0m。

堤坡：塘内坡度为 $(1/2) \sim (1/3)$；塘外坡度为 $(1/2) \sim (1/5)$。

水力停留时间为 3d。

2）人工后置调节塘构建技术

利用当地农业和工业废弃物（秸秆、炉渣等）研发低浓度氮磷吸附材料合成技术，筛选高效、低成本、安全的合成材料构建后置调节塘，利用吸附、沉淀等作用进一步去除氮磷，保证冬季出水水质。

并联设置 8 座后置调节塘，一般为矩形，每座塘面积为 $15m \times 25m = 375m^2$，一共 $3000m^2$。

有效水深为 2m；储泥厚度 $\geq 0.3m$；超高为 1.0m。

堤坡：塘内坡度为 $(1/2) \sim (1/3)$；塘外坡度为 $(1/2) \sim (1/5)$。

水力停留时间为 3d。

（3）自然塘系统

一般为矩形，中间设置两座导流墙，塘面积为 $105m \times 200m = 21000m^2$。

有效水深为 1.5m；储泥厚度 $\geq 0.3m$；超高为 1.0m。

堤坡：塘内坡度为 $(1/2) \sim (1/3)$；塘外坡度为 $(1/2) \sim (1/5)$。

水力停留时间 15d。

（4）组合塘系统构建技术

基于污水处理反应器原理，根据控制论的思想，结合各级单元塘的功能特性、各单元塘之间的互助性和互补性，层层递进、环环相扣，构建组合塘系统。

根据村镇污水排放量和排放时间等特点，优化各单元塘结构，确定运行参数，建立逐级控制方案，实现村镇生活污水的生态处理，使出水水质达标。

3. 运行效果及投资

稳定塘运行期间控制参数如下：pH 值为 6.5～7.0；C/N 比值取 11；T 为 20℃，厌氧塘 HRT 为 4.4d，强化厌氧塘 HRT 为 0.5d，兼性塘中部以上 DO 为 1.0～1.5mg/L，HRT 为 7.2d，好氧塘和曝气塘 DO 为 2.0～4.0mg/L，HRT 分别为 3.4d 和 1.5d；强化厌氧塘内添加粉煤灰＋赤泥填料，好氧塘内种植水葫芦；曝气塘曝气时间取 4h。

该工程从 2016 年 9 月 30 日开始通水运行，稳定塘总进、出水 COD、氨氮的逐月变化情况如表 9-4-2 所示。10 月为调试期，当月进水量为 47100m³，平均每天进水量为 1519m³，COD 平均去除率为 76.25%，氨氮平均去除率为 91.4%。2016 年 11 月～2017 年 3 月，平均每天进水量为 1514m³，COD 平均去除率为 85%，氨氮平均去除率为 90.6%。

工程实际进、出水水质（单位：mg/L）　　　　　　　　　　表 9-4-2

项目	COD		NH₃-N	
	进水	出水	进水	出水
2016 年 10 月	139.0	33.0	76.5	6.6
2016 年 11 月	256.0	21.0	77.4	7.0
2016 年 12 月	262.0	48.0	72.6	6.8
2017 年 1 月	255.0	52.0	78.8	7.3
2017 年 2 月	263.0	50.0	74.4	7.4
2017 年 3 月	252.0	21.1	66.0	7.42

该示范工程投资成本为 2545 元/m³。运行费用为 0.08 元/m³。该污水处理工程的建设和运行，使地表水的环境功能得到改善。

9.4.2　人工湿地＋生态塘

以安徽淮南某农村住宅区污水处理工程为例[22]。

安徽淮南某农村住宅区 230 户，人口 920 人，每天平均排出生活污水 114t，此外还有牲畜粪便污水。利用污水管道收集后，经格栅排入改造的人工湿地沟渠汇入生态塘，同时农田排放废水也流入生态塘。污水经生态塘处理后进入下游湿地沟渠、农田或鱼塘。工艺流程如图 9-4-3 所示。

进水　→　格栅　→　调节池　→　人工湿地　→　生态塘　→　出水

图 9-4-3　农村污水处理工艺流程

为了确定生态塘污水处理系统的水体水质变化状况，对 1～10 月生态塘入口和出口水质进行连续监测，选择了与该水体水质变化较密切的几项指标：营养盐状况指标——氨氮、总磷（TP）、总氮（TN）；理化环境状况指标——溶解氧（DO）、COD_Cr、BOD₅ 和透明度（SD）等进行分析研究，监测结果见表 9-4-3。

生态塘系统处理效果 表 9-4-3

项目	进水 (mg/L)	出水 (mg/L)	去除率 (%)
COD$_{Cr}$	168.36	17.28	89.74
TP	2.030	0.363	82.11
BOD$_5$	130	16	87.69
苯酚	0.87	0.01	98.85
溶解性总磷	0.0460	0.0096	79.13
氨氮	22.16	5.50	75.18

监测结果表明，该工艺去除有机物、氮、磷能力强，出水各污染指标均能达排放要求，COD$_{Cr}$ 去除率达 89.74%，氨氮的去除率达 75.18%，TP 的去除率达 82.11%，出水可以达到排放标准。采用生态塘污水处理系统可以充分利用农村地形地势，维护方便，运行成本低。采用该工艺处理农村生活污水可以实现污水资源化利用，具有良好的生态效益。

9.4.3　多级串联生态塘

以某地多级串联生态塘污水处理与利用工艺为例[47]。

某地多级串联生态塘污水处理与利用工艺流程见图 9-4-4。设计处理规模为 10 万 m³/d，进水水质及其各单元运行分析结果见表 9-4-4。

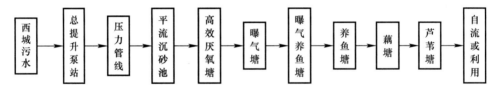

图 9-4-4　多级串联生态塘污水处理系统工艺流程

生态塘各单元出水运行分析结果 表 9-4-4

处理单元	水质参数								
	SS (mg/L)	BOD$_5$ (mg/L)	COD (mg/L)	TN (mg/L)	NH$_3$-N (mg/L)	TP (mg/L)	细菌总数 (MPN/L)	大肠杆菌量 (MPN/L)	寄生虫卵量 (MPN/L)
原水	100	100	200	30	25	7	10⁸	10⁴	10³
厌氧/曝气塘	30~40	30~40	70~120	20~25	15~20	6~7	10⁵~10⁷	10³~10⁴	0
曝气养鱼塘	25~35	25~35	50~90	15~20	10~15	5~6	10⁵~10⁶	10²~10³	0
芦苇塘	20~30	20~30	40~70	10~15	5~10	3~5	10⁴~10⁵	10~10²	0
藕塘	10~20	10~20	35~50	5~10	2~5	1~3	10³~10⁴	10~10²	0
人工湖	10~20	10~20	35~50	5~10	2~5	1~3	10³~10⁴	10~10²	0
总处理效率 (%)	80~90	80~90	75.0~82.5	66.6~83.3	80~92	57.1~85.7	99.99	99.00~99.90	100

由表 9-4-4 可知，该塘出水完全达到常规二级出水指标，夏季运行出水 BOD$_5$、COD、SS、NH$_3$-N 均优于二级污水处理厂一级排放标准。系统无需进行污泥处理，易于维护，在有大面积荒地的地方推广应用具备不可比拟的优势。

该系统基建投资为 582.37 元/m³，水处理成本为 0.216 元/m³，经营成本为 0.167 元/m³，耗电量为 0.19 (kW·h)/m³。

9.4.4 生物接触氧化池＋好氧塘

以天津市宁河县东棘坨镇于京村污水处理工程[48]为例。

1. 工程概况

天津市宁河县东棘坨镇于京村位于宁河县西北部，共有 147 户，常住人口 470 人。村办服装厂常住工人为 350 人，当地一所六村联校小学 600 人（不住校），未来规划幼儿园 300 人（不住校），常住人口的排水量按 100m³/(人·d)，学校与幼儿园学生排水量按 30m³/(人·d) 计，污水收集率取 0.8。考虑今后人口、经济增长等因素，规模留有余地，确定污水处理站规模为 120m³/d。

处理后的排水标准执行《城镇污水处理厂污染物排放标准》GB 18918—2002 中一级 A 标准。

2. 工艺流程及设计参数

（1）工艺流程（见图 9-4-5）

于京村污水处理站主要由厌氧水解池、好氧生物接触氧化池和好氧塘 3 个处理单元组成，总占地 0.8hm²。

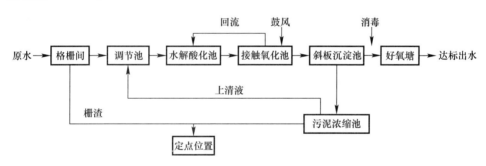

图 9-4-5 工艺流程图

（2）主要构筑物设计参数

主要构筑物包括：拦污格栅、调节池及提水泵房、水解酸化池和接触氧化池、沉淀池、消毒池、污泥浓缩池、鼓风机房。

1）拦污格栅的作用是拦截污水中较大悬浮物，确保水泵正常运行。

2）调节池及泵房：调节池有调节水量的功能，并通过在调节池内的水泵将污水提入下一级处理构筑物。调节池采用全地下式钢筋混凝土结构，尺寸 6.0m×6.0m×4.0m（长×宽×高，下同），调节池有效容积按单台泵 21.6h 的出水量计算。设置 2 台水泵，一用一备。每台泵性能参数：$Q=5m³/h$，$H=6m$，$N=0.75kW$。每台水泵后设缓闭止回阀及手动蝶阀各 1 台，用于水泵切换与检修。水泵的开、停根据泵井内水位计自动控制。

3）水解酸化池：提高污水的生化性，去除污水中 BOD_5、COD 等污染物，同时进行生物脱氮除磷。尺寸 3.0m×3.0m×4.0m，亦为全地下式结构，污水停留时间 6.0h，有效水深 3.5m，池内设生物带 60m²，投放生物菌粉 2.4kg。

4）接触氧化池：去除污水中有机物，同时聚磷菌完成磷的摄取，亚硝酸菌、硝酸菌完成亚硝化和硝化反应。尺寸、结构同水解酸化池，共 3 个。设计停留时间 18.0h，池内设有微孔曝气盘准 200mm，90 个，通气量 $1\sim2m^3/h$，生物带 $180m^2$，投放生物菌粉 7.2kg。

一般情况下，控制好氧池出水的溶解氧为 $2mg/m^3$。池内设置一定数量的曝气管，定期开启可以吹脱生物带上老化的生物膜。

5）斜板沉淀池：进行泥水分离。池体尺寸 $4.7m\times2.0m\times4.0m$，全地下混凝土结构。设计流量 $5m^3/h$，表面负荷 $0.5m^3/(m^2\cdot h)$。设置斜板 $8m^2$。

6）鼓风机，消毒房：全地下式混凝土结构，尺寸 $5.0m\times2.0m\times3.0m$。设风机 3 台（2 用 1 备），$Q=0.5m^3/min$，$P=49kPa$。设二氧化氯发生器 1 台，50g/h。设排水泵 1 台，$Q=3m^3/h$，$H=8m$。

7）污泥浓缩池：污泥浓缩。浓缩后污泥用粪车抽出，定期由环卫部门进行处理。为全地下式混凝土结构，尺寸 $2.0m\times1.0m\times3.0m$，$Q=5m^3/h$，表面负荷 $0.5m^3/(m^2\cdot h)$。另设排泥泵 1 台，$Q=2m^3/h$。

8）氧化塘：对村内现有坑塘进行改造，使之成为氧化塘兼调蓄池，塘内设曝气系统，进一步净化水质。该塘占地 $3000m^2$，平均水深 1.5m。污水站的尾水在塘内经过好氧处理后（停留约 30d）排入当地灌水渠道中。

3. 工程投资和运行效果

项目总投资 418.3 万元。其中，工程直接费 388.2 万元，包括污水收集管网投资 199.0 万元；污水处理站投资 142.0 万元；坑塘治理投资 47.2 万元。其他费用 30.1 万元。工程投资按市县 1∶1 的比例筹措。

据测算，系统直接运营成本 0.72 元/t，其中电费 0.56 元/t，药剂费 0.10 元/t，检测费 0.06 元/t。

该项目建成后，系统运行稳定，出水水质达到一级 A 排放标准。

参考文献

[1] 李穗中. 氧化塘污水处理技术 [M]. 北京：中国科学出版社，1992.

[2] 李松，单胜道，曾林慧等. 人工湿地/稳定塘工艺处理农村生活污水 [J]. 中国给水排水，2008，24（10）：67-69.

[3] 王宝贞，王琳. 水污染治理新技术 [M]. 北京：科学出版社，2004.

[4] 梁嘉晋，董申伟. 分散式农村生活污水处理技术. 广东化工，2009，6（7）：168-169.

[5] 吴召富，王琳，杨杰军. 淹没式生物膜—稳定塘组合技术处理农村生活污水研究 [J]. 环境工程，2013，31（4）：29-31.

[6] 韩雪. 稳定塘工艺处理农村生活污水的模拟试验研究 [D]. 东北农业大学资源与环境学院，2011.

[7] 李文伟，薛林贵，莫天录等. 生物法处理农村生活污水工艺研究的进展 [J]. 广东化工，2016，44（7）：5-8.

[8] 郑志伟，胡莲，邹曦等. 生态沟渠＋稳定塘系统处理山区农村生活污水的研究 [J]. 水生态学杂志，2016，37（4）：42-47.

[9] 施建臣，杨海真，林建清. UNITANK 工艺串联生物稳定塘对生活污水的处理效果 [J]. 绿色科技，2010，7：108-112.

[10] 张忠祥，钱易. 废水生物处理新技术 [M]. 北京：清华大学出版社，2004.

［11］ 聂梅生. 水工业工程设计手册——废水处理及再用［M］. 北京：中国建筑工业出版社，2002.

［12］ 李发站，陈帅. 稳定塘系统处理污水的工艺与参数设计研究［J］. 安全与环境工程，2017，24（1）：68-76.

［13］ 曹栋，戴青松，徐晓栋. 稳定塘处理技术研究［J］. 农业与技术，2014，8：19.

［14］ 张巍，许静，李晓东等. 稳定塘处理污水的机理研究及应用研究进展［J］. 生态环境学报，2014（8）：1396-1401.

［15］ SOPPER W E, KARDOS L T. 1973. Recycling tread municipal wastewaterand sludge through forest and cropland［M］. University Park, Pennsylvania：Pennsylvania State University Press：31-35.

［16］ 北京市环境保护科学研究院，北京水环境技术与设备研究中心. 三废处理工程技术手册：废水卷［M］. 北京：化学工业出版社，2002.

［17］ 刘华波，杨海真. 稳定塘污水处理技术的应用现状与发展［J］. 天津城市建设学院学报，2003，9（1）：19-22.

［18］ 王宝贞，王琳. 水污染治理新技术——新工艺、新概念、新理论［M］. 北京：科学出版社，2004：45-48.

［19］《污水自然处理工程技术规程》CJJ/54—2017.

［20］ 向连城，李平. 稳定塘的数学模型和技术参数［J］. 环境科学研究，1994，7（5）：7-11.

［21］ 赵宗升. 稳定塘的水力模型及其参数的确定［J］. 环境科学研究，1994，7（4）：20-24.

［22］ 储磊，刘少敏，葛建华等. 生态塘技术特点及在农村污水处理中的应用［J］. 安徽农业科学，2013，41（13）：5923-5924，6018.

［23］ 何小莲，李俊峰，何新林. 稳定塘污水处理技术的研究进展［J］. 水资源与水工程学报，2008，18（5）：75-77，82.

［24］ Maynard H E, Ouki S K, Williams S C. Tertiary la-goons：A review of removal mechanisms and perfor-mance［J］. Water Research，1999，33（1）：1-13.

［25］ Mara D D, Mills S W, Pearson H W, Alabaster G. P. Waste stabilization ponds［J］. A viable alternative forsmall community treatment systems. Institution of Wa-ter Environment M anagement，1992，6（1）：72-78.

［26］ Mayo A W. BOD$_5$ removal in facultative ponds：experi-ence in Tamnzania［J］. Water Science and T echnology，1996，34（11）：107-117.

［27］ 李怀正，姚淑君，徐祖信. 曝气稳定塘处理农村生活污水曝气控制条件研究［J］. 环境科学，2012，33（10）：3484-3488.

［28］ BABU M A, VAN DER STEEN N P, HOOIJMANS C M, et al. Nitrogen mass balances for pilot-scale biofilm stabilization pondsunder tropical conditions［J］. Bioresource Technology，2011，102：3754-3760.

［29］ LEITE V D, PEARSON H W, DE SOUSA J T, et al. The removal ofammonia from sanitary landfill leachate using a series of shallow wastestabilization ponds［J］. Water Science and Technology，2011，63：666-670.

［30］ Zimmo O R, Van Der Steen N P, Gijzen H J. Compari-son of ammonia volatilization rates in algae and duckweed-based waste stabilization ponds treating domestic wastewater［J］. Water Res，2003，37（19）：4587-4594.

［31］ Zimmo O R, Van Der Steen N P, Gijzen H J. Nitrogen mass balance across pilot scale algae and duckweed-based wastewater stabilization ponds［J］. Water Res，2004，38（4）：913-920.

［32］ WANG H, APPAN A, JOHN J S, et al. 2003. Modeling of phosphorusdynamics in aquatic sediments：I-model development ［J］. WaterResearch，37（16）：3928-3938.

［33］ 赵冀平，张智，陈杰云. 低温下稳定塘系统对二级出水的处理效果 ［J］. 中国给水排水，2012，
28（7）：9-11，16.

［34］ 刘秉涛，张亚龙. 村镇生活污水处理中存在的问题及分类处理方法 ［J］. 江苏农业科学，2018，
46（6）：239-243.

［35］ 赵学敏，虢清伟，周广杰等. 改良型生物稳定塘对滇池流域受污染河流净化效果 ［J］. 湖泊科学，
2010，22（1）：35-43.

［36］ 陶涛，王凯军. 水解池-稳定塘工艺对难降解有机污染物的去除 ［J］. 环境科学，1993，14（5）：
47-50.

［37］ 孙楠，田伟伟，李晨洋. 凹凸棒土—稳定塘工艺提高严寒地区农村生活污水处理效果 ［J］. 农业
工程学报，2014，30（24）：209-213.

［38］ 孙志华，李俊峰，刘生宝等. 改良型稳定塘试验研究 ［J］. 水科学与工程技术，2016（1）：1-3.

［39］ 杨洁，刘志辉，孙志华. 稳定塘工艺改良与试验研究 ［J］. 新疆环境保护，2012，34（1）：47-50.

［40］ 黄亮，唐涛，黎道丰等. 旁路生物稳定塘系统净化滇池入湖河道污水 ［J］. 中国给水排水，2008，
24（19）：13-15.

［41］ 王宝贞，王琳，祁佩时. 生态塘系统分析及生物种属合理组成的设想 ［J］. 污染防治技术，2000，
13（2）：74-76.

［42］ 张巍. 生态稳定塘系统处理农村及小城镇生活污水的现状及前景 ［J］. 江苏农业科学，2013，41
（2）：329-332.

［43］ OSWALD W J. 1990. Advanced integrated wastewater pond system ［J］. ASCE Convention EE
Div/ASCE，San Francisco，CA，Nov：5-8.

［44］ 池金萍，安丽，黄翔峰等. 高效藻类塘在污水处理中的研究及应用前景 ［J］. 四川环境，2004，
23（5）：28-30.

［45］ 陈鹏，周琪. 高效藻类稳定塘处理有机废水的研究和应用 ［J］. 上海环境科学，2001，20（7）：
309-311，356.

［46］ 张巍，路冰，刘峥等. 北方地区农村生活污水生态稳定塘处理示范工程设计 ［J］. 中国给水排水，
2018，34（6）：49-52.

［47］ 皮特·哈实，赵齐宏，王沈华，钱德拉. 农村生活污水管理指导手册 ［S］. 可持续发展集团、世
界银行，2012.

［48］ 刘洪涛，韩长胜. 一个农村生活污水处理的典型案例 ［J］. 水科学与工程技术，2016（1）：6-8.

第 10 章 一体化生化处理技术

10.1 技术原理与适用条件

在农村污水处理方面，一体化污水处理装置突出的优势体现在：

（1）具有构筑物少，基建费用低，节省建设时间，运行维护简单便捷等优势，同时出水水质稳定而且能达到相关的污水排放标准要求；

（2）结构紧凑，占地面积较小，传统活性污泥法占地面积较大，更适合于处理较大的水量，由此可见一体化污水处理工艺可以有效地缓解农村用地紧张的状况，根据农村污水处理工艺的实际情况以及工艺的选择情况，还可以采用埋地式敷设的方式，减少对地表景观的破坏，有效节省空间；

（3）可以实现小流量的就近处理，显著的减少管道敷设工作，并可以减少用于污水集中处理部分的构筑物，因为具有广泛的适用性，一体化污水处理工艺可以实现污水处理后的就近回用，大幅减少排水管网敷设过程中所消耗的人力、物力、财力。

10.1.1 日本净化槽

日本净化槽（JOHKASOU）技术发源于 20 世纪 60 年代，是农村分散污水处理方面应用的一体化处理设施技术，经过多年的发展，已经形成了一套比较完善的技术管理体系，在保护日本乡村水环境方面发挥了重要作用[1,2]。日本 JARUS 模式的 15 种不同型号净化槽可分为两大类：一类采用生物膜法，另一类采用浮游生物法。净化槽目前已经升级至Ⅲ型，污水处理流程见图 10-1-1。

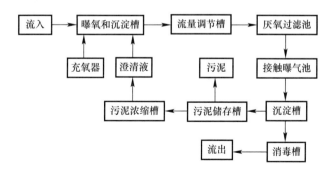

图 10-1-1　JARUS-Ⅲ型污水处理系统流程

日本的分散型生活污水处理，极少采用同时进行生物脱氮及除磷的处理技术[3]。早期的一体化装置净化槽，主要采用厌氧-好氧-二沉池组合工艺，主要功能是去除有机物和 SS，处理后出水 BOD≤20mg/L，SS＜50mg/L。能够保护水环境和防止水体黑臭，然而氮磷去除作用较弱。

沉淀分离接触曝气工艺流程见图 10-1-2。

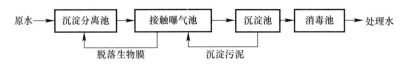

图 10-1-2　沉淀分离接触曝气工艺

生物膜技术是利用微生物具有氧化分解有机物并将其转化为无机物的功能，采取人工措施来创造更有利于微生物生长和繁殖的环境，使微生物大量繁殖，以提高对污水中有机物的氧化降解效率。生物膜主要依靠固着于载体表面的微生物来生长繁殖，在载体表面形成一层黏液状的生物膜。这层生物膜具有生物化学活性，又进一步吸附、分解污水中呈悬浮、胶体和溶解状态的污染物，使污水得以净化。同时，生物膜上的微生物也不断生长与繁殖，生物膜的厚度也随着增加。当生物膜达到一定厚度时，氧气不能透入到底层，这时在靠近载体表面就形成厌氧膜层，其附着力减低，生物膜呈现老化状态，最后被水流冲刷而脱落，接着新的生物膜又开始生长形成。典型生物膜法净化槽介绍如下：

1. 厌氧滤池—接触氧化池

近年来开发的膜处理技术（生物接触氧化法、淹没式生物滤池），由厌氧滤池、接触氧化池、沉淀池和消毒池组成，在厌氧滤池和接触氧化池中加有填料，可对 BOD_5 和 TN 进行深度处理，见图 10-1-3、图 10-1-4。体积小、成本低、运行操作简单，处理后的污水水质稳定，比较适合农村应用。厌氧滤池—接触氧化池各池容积见表 10-1-1。

经生物膜法处理装置处理的污水，其 BOD_5 含量<20mg/L、SS<50mg/L、TN<20mg/L。浮游生物是通过漂浮在污水中的微生物氧化作用净化污水。可使 BOD_5 含量<10～20mg/L、COD<5mg/L、SS<15～50mg/L、TN<10～15mg/L、TP 下降到1～3mg/L[4]。

厌氧滤床接触曝气工艺流程见图 10-1-3。

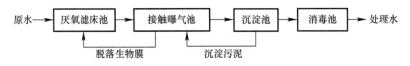

图 10-1-3　厌氧滤池-接触氧化池工艺

厌氧滤池-接触氧化池工艺各池容积[4]　　　　　　表 10-1-1

使用人数（人）	厌氧滤池（m³）	接触氧化池（m³）	沉淀池（m³）	消毒池（m³）
≤5	1.5	1.0	0.3	0.2×n×1/96
6～10	1.5+(n−5)×0.4	1.0+(n−5)×0.2	0.3+(n−5)×0.08	
11～50	3.5+(n−10)×0.2	2.0+(n−10)×0.16	0.7+(n−10)×0.04	

注：n 代表使用该装置的人数。

设计厌氧滤池的目的不但能去除进水中的悬浮物，而且还降低了后续好氧处理的有机负荷。为了帮助污泥分离，厌氧滤池通常分成两个隔室。

2. 生物膜滤池

日本的一体化的污水处理装置使用得较多的另一种工艺是反硝化型厌氧滤池-好氧接触氧化工艺。这种净化槽处理系统用于要求出水 BOD 和总氮低于 20mg/L 的场合。系统中的每个池子的池容等于或大于表 10-1-2 所示的计算值。

反硝化型厌氧滤床接触曝气工艺流程见图 10-1-4。

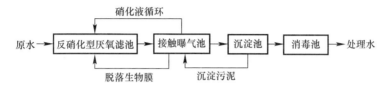

图 10-1-4 反硝化型厌氧滤池-好氧接触氧化工艺

反硝化型厌氧生物滤池-好氧接触氧化工艺各池容积[4]　　　　　表 10-1-2

使用人数（人）	厌氧滤池（m³）	接触氧化池（m³）	沉淀池（m³）	消毒池（m³）
≤5	2.5	1.5	0.3	$0.2 \times n \times 1/96$
6~10	$2.5+(n-5)\times 0.5$	$1.5+(n-5)\times 0.3$	$0.3+(n-5)\times 0.08$	
11~50	$5.0+(n-10)\times 0.3$	$3.0+(n-10)\times 0.2$	$0.7+(n-10)\times 0.04$	

注：n 代表使用该装置的人数。

生物膜滤池主要用于深度处理和减少净化槽的体积。污水中的有机物的降解，是由填料里同时进行的生物膜的微生物反应和物理过滤来完成的。池内填装的滤料的形状多为颗粒状或圆筒状，其尺寸在数毫米到数厘米之间。

10.1.2 国内一体化设备

目前，农村污水处理领域，应用较多的一体化污水生化处理技术，主要由以下几种：

1. A/O 处理技术及其改良技术

（1）A/O 处理技术

A/O 处理技术从本质上说属于活性污泥法，A 为缺氧池、O 为曝气池，采用鼓风机向 O 池中充氧，A 池中则不进行充氧，只进行机械搅拌。O 池中的水部分回流至 A 池，在 A 池中通过反硝化作用将 N 去除；A 池中的水流至 O 池，在充分曝气的情况下，有机物会在微生物的作用下得以去除，并将污水中所含有的氮转化为硝态氮状态。A/O 处理技术保持着较高的有机物和氨氮的去除率，但是因为没有设置污泥回流系统，很难形成特殊菌群，对难降解的有机物质处理效率较低，而且要想进一步的提升脱氮效率，则需要增加内循环比，这样就会造成运行费用的大幅增加，此外，因为内循环液来自于曝气池，其中不可避免地会有溶解氧存在，使 A 池难以保持良好的缺氧状态，最终会影响到脱氮效率。

A/O 处理技术的主要优点是：硝化反应消耗碱度可通过反硝化产生碱度得到一定的补充；缺氧、好氧池的顺序有利于减轻好氧池负荷，提高有机物的去除率；以原污水为碳源，降低了建设运行费用。

A/O 处理技术的主要缺点是：由于没有独立的污泥回流系统，培养出的污泥不能去除难降解的物质；较大的内循环比加大了运行费用；内循环液携带一定的溶解氧，进而破坏了严格的缺氧环境，影响反硝化脱氮效果。

（2）A^2/O 处理技术

A^2/O 处理技术是在 A/O 处理技术的基础上增设厌氧池而开发的具有同步脱氮除磷功能的工艺，可用于二级污水处理、三级污水处理、中水回用，具有较好的脱氮除磷效果[5]。出水进入二沉池进行泥水分离，上清液及一部分剩余污泥进行排放，一部分污泥回流至厌氧反应器。污水与含磷回流污泥进入厌氧区，在释磷菌作用下释放磷并产生能量，同时降解部分有机物。出水进入缺氧池后，利用从好氧区回流至缺氧区的混合液完成反硝化脱氮，最后进入好氧区，进行氧化降解有机物、吸收磷和硝化反应，最终实现同步脱氮除磷功能。

A^2/O 处理技术的主要优点是：水力停留时间少于其他类工艺；厌氧、缺氧、好氧交替运行，丝状菌增殖少，减少了污泥膨胀的可能性；具有较好的脱氮除磷效果。

A^2/O 处理技术的主要缺点是：除磷效果很难进一步提高，污泥增长有一定限度，尤其是处理低碳氮比城镇污水；内回流不宜太大使得脱氮效果受到一定限制；由于硝化菌、反硝化菌和聚磷菌在有机负荷、泥龄以及碳源需求上存在矛盾和竞争，影响氮、磷的去除效果[6]。

（3）改良型 A^2/O 处理技术

改良型 A^2/O 处理技术是为解决 A^2/O 技术中碳源竞争及同步脱氮除磷的矛盾，研究者做了大量的技术改进，开发了以下技术：解决硝酸盐干扰释磷问题的 UCT 技术；针对碳源不足而改变进水方式提出的倒置 A^2/O 处理技术，及新型同步硝化反硝化脱氮除磷技术[7]等。南非开普敦大学[8]（University of Cape Town）提出的 UCT 脱氮除磷技术将污泥回流由厌氧区改到缺氧区，使污泥经反硝化后再回流至厌氧区，减小了硝酸盐对厌氧区释磷的影响。UCT 处理技术的缺氧池分为两部分接受二沉池回流污泥和好氧区硝化混合液，使污泥的脱氮与混合液的脱氮分开进行，进而减少反硝化不充分的硝酸盐进入厌氧区[9]。同济大学高廷耀[10]等为了解决 A^2/O 处理技术中碳源竞争矛盾，把缺氧区放在工艺最前端，厌氧区置后，开发了对常规除磷脱氮工艺提出一种新的碳源分配方式的倒置 A^2/O 处理技术。吴光学[11]报道 Wanner 率先开发出第一个以厌氧污泥中的 PHB（聚羟基丁酸酯）为反硝化碳源的技术，在 A^2/O 处理技术的厌氧池与缺氧池之间增设一中间沉淀池和固定膜反应池，为反硝化除磷细菌提供了所需的环境和基质，进而开发了一种强化除磷的 DEPHANOX 处理技术。改良型 A^2/O 处理技术的特点是：通过改变碳源分配方式提高缺氧段反硝化能力，提高系统的脱氮能力；充分利用聚磷菌在厌氧条件下形成的吸磷动力，回流污泥的释磷与吸磷效果得到提高；污泥及混合液回流过程中的动力消耗低。该类工艺在脱氮除磷效果上虽有所提高，但一体化程度低，存在反应器体积较大、投资和运行费用高等缺点[12]。

（4）A/O 处理技术及其改良技术的适用条件

该技术可广泛适用于各类型农村污水的处理，特别适用于水量规模较大、进水水质相对稳定、对处理出水水质要求较高的农村污水处理系统。

2. 序批式活性污泥法（SBR）处理技术

序批式活性污泥法（SBR）处理技术是一种间歇式活性污泥法。SBR 处理技术在运行操作上的最大优点是将曝气、反应、沉淀、排水等单元操作工序按时间顺序在同一个反应池中反复进行。其运行次序一般分为进水期、反应期、沉淀期、排水期和闲置期5个阶段，5个阶段所需的时间称为一个周期[13]。一个周期内各个阶段的运行时间、反应池混合液的浓度以及运行状况等都可以根据进水水质与运行功能灵活操作。只要有效地控制与变换各阶段的操作，SBR处理技术就能在一定的范围内适应水质、水量的变化；而且，在进水与反应阶段，缺氧（或厌氧）与好氧状态交替出现，有效地抑制了专性好氧菌的过量增长繁殖。同时，较短的污泥龄又使丝状菌无法大量繁殖，由此克服了常规活性污泥易使污泥膨胀的弊端。

作为一种近年来应用较为广泛的间歇式活性污泥法，SBR处理技术可以很好地满足农村生活污水处理的要求，SBR处理技术突出的特点就是将曝气池与沉淀池融为一体，以时间换空间，占地面积较小。具体流程如图10-1-5所示。

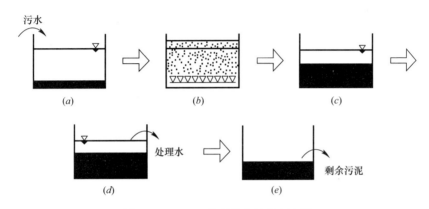

图 10-1-5　SBR 处理技术的基本流程
(a) 污水流入工序；(b) 曝气反应工序；(c) 沉淀工序；(d) 排水工序；(e) 排泥待机工序

工艺特点：采用SBR处理技术作为主体技术的一体化污水处理设备具有工艺流程简单，构筑物少的特点。该工艺不需设置污泥回流设施，不设二沉池，曝气池容积也小于传统连续式活性污泥法、运行费用低。SVI值较低，污泥易沉降，不易产生污泥膨胀的现象。通过调节运行，不仅去除COD，而且可以有效地脱氮除磷。该技术对水质水量变化适应性强，出水水质较稳定，适合间歇排放的污水，可由PLC自动控制系统灵活控制运行工序[14]。但SBR处理技术属于间歇式活性污泥法，排水时间短，并且排水时要求不搅动沉淀污泥层，因而需要专门的排水设备（滗水器），且对滗水器的要求较高。滗水器作为SBR工艺的核心部件，很大程度上影响着出水水质。

序批式活性污泥法（SBR）处理技术的适用条件：该技术可广泛适用于各类型农村污水的处理，特别适用于水量较小、水量排放空间波动大、水质波动较大的农村污水处理系统。

3. 生物膜处理技术

（1）生物接触氧化处理技术

生物接触氧化处理技术是生物膜处理技术的一种，主要是在生物床上固定半软性填料，其基本构造如图10-1-6所示，污水流经填料时微生物会在填料上附着，并在其上面形成生物膜，这样微生物就不会因为污水的流动而流动，通过在池内进行充分的曝气，实现对水中污染物质的去除，并且随着生物膜的老化，生物膜会在水流扰动的作用下发生脱落，新的生物膜会重新形成，这样就会保证系统始终保持较好的处理效率。生物接触氧化处理技术具有占地面积较小、处理效果好、出水水质稳定、处理时间短、能耗低、污泥产生量少等优点，此外还能有效地抑制污泥膨胀状况的发生。

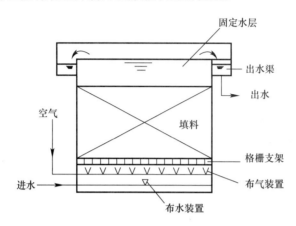

图 10-1-6　生物接触氧化池的基本构造

（2）生物转盘处理技术

生物转盘处理技术是生物膜处理技术的一种，生物转盘处理技术运行时，盘片部分浸没于充满污水的反应槽内，利用转盘的转动，使附着在转盘上的微生物在水和空气中来回往复循环。当盘片浸没在接触反应槽内污水中时，滋生在盘片上的生物膜充分与污水中的有机物接触、吸附，在微生物的氧化作用下分解水中的有机物。当盘片离开污水时，盘片表面形成的薄薄水膜从空气中吸氧，被吸附的有机物在好氧微生物酶的作用下进行氧化分解。通过这样周而复始的不断循环达到净水目的（图 10-1-7）。

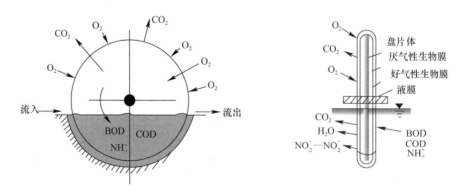

图 10-1-7　生物转盘处理技术原理

当盘片上的生物膜生长至一定厚度后，接触盘片端的微生物会因缺氧而进行厌氧代谢，内部形成厌氧层（厌气性生物膜），由于好氧层与厌氧层的存在达到脱除氨氮的效果。逐渐老化的生物膜在转盘转动时产生的剪力以及产生的气体和曝气形成的冲刷作用下不断剥落，换来新生物膜的生长，从而使生物膜一直保持较高的活性。此时，脱落的生物膜将随出水流出池外，由后续沉淀设备沉降去除，并达除磷的效果（图 10-1-8）。

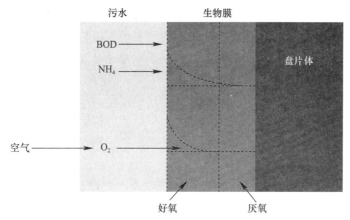

图 10-1-8 生物膜原理

生物转盘处理技术的优势有处理费用低，出水效果好，占地面积小，设备使用寿命长，污泥产量少，无风机，无噪声污染，按需供氧，不产生异味造成二次污染，安装简单，维护方便。生物转盘设备见图 10-1-9。

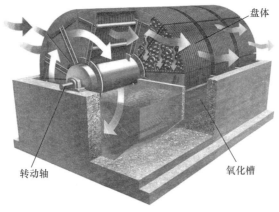

图 10-1-9 生物转盘设备

（3）曝气生物滤池处理技术

曝气生物滤池，简称 BAF，是 20 世纪 80 年代末在欧美发展起来的一种新型生物膜法污水处理技术，该技术具有去除 SS、COD、BOD、硝化、脱氮、除磷、去除 AOX（有害物质）的作用。曝气生物滤池是集生物氧化和截留悬浮固体一体的工艺。

曝气生物滤池运行时，污水通过滤料层，水体含有的污染物被滤料层截留，并被滤料上附着的生物降解转化，同时，溶解状态的有机物和特定物质也被去除，所产生的污泥保留在过滤层中，只让净化的水通过，这样可在一个密闭反应器中达到完全的生物处理而不需在下游设置二沉池进行污泥沉降。滤池底部设有进水和排泥管，中上部是填料层，厚度一般为 2.5～3.5m，为防止滤料流失，滤床上方设置装有滤头的混凝土挡板，滤头可从板面拆下，不用排空滤床，方便维修。挡板上部空间用作反冲洗水的储水区，其高度根据反冲洗水头而定。该区内设有回流泵用于将滤池出水泵至配水廊道，继而回流到滤池底部实现反硝化，在不需要反硝化的工艺中没有该回流系统。填料层底部与滤池底部的空间留作反冲洗再生填料膨胀时之用。滤池供气系统分两套管路，置于填料层内的工艺空气管用于工艺曝气（主要由曝气风机提供增氧曝气），并将填料层分为上下两个区：上部为好氧区，下部为缺氧区。根据不同的原水水质、处理目的和要求，填料层的高度不同，好氧区、厌氧区所占比例也相应变化；滤池底部的空气管路是反冲洗空气管。

（4）生物膜处理技术的适用条件

生物膜处理技术，特别是曝气生物滤池技术，通常需设置前置预处理工艺，通过预处理将污水中的悬浮物去除，以降低滤池的堵塞，提高运行稳定性。生物膜处理技术特别适用于污染物浓度低、水温较低、含有难降解有机物等类型的农村污水处理系统。

4. 膜生物反应器（MBR）处理技术

膜生物反应器（MBR）处理技术属于膜分离技术的一种，其工艺主要是将特制的膜组件浸没在曝气池中，经好氧处理后的水经膜过滤后排放，基本流程如图 10-1-10 所示，其与传统活性污泥法之间最大的区别就是用膜组件代替固液分离工艺及相关的构筑物，在节省占地面积的同时，还提升了固液分离效率。通过各种工艺的组合应用，可以实现出水达到景观用水或者杂用水的标准。通过膜过滤的方式，可以将微生物截留在生物反应器内，使污泥龄与水利停留时间实现相互独立，这样就可以有效地避免污泥膨胀状况的发生，同时，由于膜分离在生化池中形成 8000～12000mg/L 超高浓度的活性污泥浓度，使污染物分解彻底，因此出水水质良好、稳定，出水细菌、悬浮物和浊度接近于零[15]。MBR 工艺还具有较高的脱氮效果，出水稳定达标，污泥产量低、可操作性强、占地面积小、基建费用低等优势，在一般情况下，经 MBR 工艺处理后的生活污水可以达到一级 B 的标准，要想实现出水达到一级 A 标准，可以在 MBR 工艺后加人工或者自然湿地处理系统，能够实现出水水质的提升。

工艺特点：MBR 处理技术对水质的适应性好，耐冲击负荷性能好，出水水质优良、稳定，不会产生污泥膨胀；池中采用新型弹性立体填料，比表面积大，微生物易挂膜、脱膜，在同样有机物负荷条件下，对有机物去除率高，能提高空气中的氧在水中的溶解度；工艺简单；不必单独设立沉淀、过滤等固液分离池，占地面积少。水力停留时间大大缩短；污泥排放量少，只有传统工艺的 30%，污泥处理费用低。但一次性投资较高。

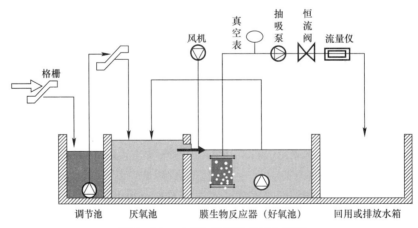

图 10-1-10　MBR 处理技术基本流程

膜生物反应器（MBR）处理技术的适用条件：该工艺可广泛适用于各类型农村污水的处理，特别适用于用地指标紧张、出水作为中水回用等农村污水处理系统。

10.2 主要设计参数

10.2.1 A/O 处理技术及其改良技术主要设计参数

设计参数见表 10-2-1、表 10-2-2 和表 10-2-3。

A/O（厌氧/好氧）处理技术主要设计参数　　　　表 10-2-1

项目名称		符号	单位	参数值
反应池五日生化需氧量污泥负荷	$BOD_5/MLVSS$	L_s	kg/(kg·d)	0.30~0.60
	$BOD_5/MLSS$		kg/(kg·d)	0.20~0.40
反应池混合液悬浮固体（MLSS）平均质量浓度		X	g/L	2.0~4.0
反应池混合液挥发性悬浮固体（MLVSS）平均质量浓度		X_v	g/L	1.4~2.8
MLVSS 在 MLSS 中所占比例	设初沉池	y	g/g	0.65~0.75
	不设初沉池		g/g	0.5~0.65
设计污泥泥龄		θ_c	d	3~7
污泥产率系数（VSS/BOD$_5$）	设初沉池	Y	kg/kg	0.3~0.6
	不设初沉池		kg/kg	0.5~0.8
厌氧水力停留时间		t_p	h	1~2
好氧水力停留时间		t_0	h	3~6
总水力停留时间		HRT	h	4~8
污泥回流比		R	%	40~100
需氧量（O$_2$/BOD$_5$）		O_2	kg/kg	0.7~1.1
BOD$_5$ 总处理率		η	%	80~95
TP 总处理率		η	%	75~90

A/O（缺氧/好氧）处理技术主要设计参数　　　　表 10-2-2

项目名称		符号	单位	参数值
反应池五日生化需氧量污泥负荷	$BOD_5/MLVSS$	L_s	kg/(kg·d)	0.07~0.21
	$BOD_5/MLSS$		kg/(kg·d)	0.05~0.15
反应池混合液悬浮固体（MLSS）平均质量浓度		X	kg/L	2.0~4.5
反应池混合液挥发性悬浮固体（MLVSS）平均质量浓度		X_v	kg/L	1.4~3.2
MLVSS 在 MLSS 中所占比例	设初沉池	y	g/g	0.65~0.75
	不设初沉池		g/g	0.5~0.65
设计污泥泥龄		θ_c	d	10~25
污泥产率系数（VSS/BOD$_5$）	设初沉池	Y	kg/kg	0.3~0.6
	不设初沉池		kg/kg	0.5~0.8
缺氧水力停留时间		t_p	h	2~4
好氧水力停留时间		t_0	h	8~12
总水力停留时间		HRT	h	10~16
污泥回流比		R	%	50~100
混合液回流比		R_i	%	100~400
需氧量（O$_2$/BOD$_5$）		O_2	kg/kg	1.1~2.0
BOD$_5$ 总处理率		η	%	90~95
NH$_3$-N 总处理率		η	%	85~95
TP 总处理率		η	%	60~85

A²/O（厌氧/缺氧/好氧）处理技术主要设计参数　　表 10-2-3

项目名称		符号	单位	参数值
反应池五日生化需氧量污泥负荷	BOD₅/MLVSS	L_s	kg/(kg·d)	0.07～0.21
	BOD₅/MLSS		kg/(kg·d)	0.05～0.15
反应池混合液悬浮固体（MLSS）平均质量浓度		X	kg/L	2.0～4.5
反应池混合液挥发性悬浮固体（MLVSS）平均质量浓度		X_v	kg/L	1.4～3.2
MLVSS 在 MLSS 中所占比例	设初沉池	y	g/g	0.65～0.7
	不设初沉池		g/g	0.5～0.65
设计污泥泥龄		θ_c	d	10～25
污泥产率系数（VSS/BOD₅）	设初沉池	Y	kg/kg	0.3～0.6
	不设初沉池 kg/kg		kg/kg	0.5～0.8
厌氧水力停留时间		t_p	h	1～2
缺氧水力停留时间		t_n	h	2～4
好氧水力停留时间		t_0	h	8～12
总水力停留时间		HRT	h	11～18
污泥回流比		R	%	40～100
混合液回流比		R_i	%	100～400
需氧量（O₂/BOD₅）		O_2	kg/kg	1.1～1.8
BOD₅ 总处理率		η	%	85～98
NH₃-N 总处理率		η	%	80～90
TN 总处理率		η	%	55～80
TP 总处理率		η	%	60～80

注：表 10-2-3 以上参数设计源自 HJ 576—2010。

10.2.2　序批式活性污泥法（SBR）处理技术主要设计参数

序批式活性污泥法（SBR）处理技术主要设计参数见表 10-2-4～表 10-2-7。

SBR 处理技术去除碳源污染物主要设计参数　　表 10-2-4

项目名称		符号	单位	参数值
反应池五日生化需氧量污泥负荷	BOD₅/MLVSS	L_s	kg/(kg·d)	0.25～0.50
	BOD₅/MLSS		kg/(kg·d)	0.10～0.25
反应池混合液悬浮固体（MLSS）平均质量浓度		X	kg/m³	3.0～5.0
反应池混合液挥发性悬浮固体（MLVSS）平均质量浓度		X_v	kg/m³	1.5～3.0
污泥产率系数（VSS/BOD₅）	设初沉池	Y	kg/kg	0.3
	不设初沉池		kg/kg	0.6～1.0
总水力停留时间		HRT	h	8～20
需氧量（O₂/BOD₅）		O_2	kg/kg	1.1～1.8
活性污泥容积指数		SVI	ml/g	70～100
充水比		m		0.40～0.50
BOD₅ 总处理率		η	%	80～95

SBR 处理技术去除氨氮污染物主要设计参数　　　　　表 10-2-5

项目名称		符号	单位	参数值
反应池五日生化需氧量污泥负荷	$BOD_5/MLVSS$	L_s	kg/(kg·d)	0.10～0.30
	$BOD_5/MLSS$		kg/(kg·d)	0.07～0.20
反应池混合液悬浮固体（MLSS）平均质量浓度		X	kg/m³	3.0～5.0
污泥产率系数（VSS/BOD₅）	设初沉池	Y	kg/kg	0.4～0.8
	不设初沉池		kg/kg	0.6～1.0
总水力停留时间		HRT	h	10～29
需氧量（O_2/BOD_5）		O_2	kg/kg	1.1～2.0
活性污泥容积指数		SVI	mL/g	70～120
充水比		m		0.30～0.40
BOD₅ 总处理率		η	%	90～95
NH₃-N 总处理率		η	%	85～95

SBR 处理技术生物脱氮除磷主要设计参数　　　　　表 10-2-6

项目名称		符号	单位	参数值
反应池五日生化需氧量污泥负荷	$BOD_5/MLVSS$	L_s	kg/(kg·d)	0.15～0.25
	$BOD_5/MLSS$		kg/(kg·d)	0.07～0.15
反应池混合液悬浮固体（MLSS）平均质量浓度		X	kg/m³	2.5～4.5
总氮负荷率（TN/MLSS）			kg/(kg·d)	≤0.06
污泥产率系数（VSS/BOD₅）		Y	kg/kg	0.3～0.6
	不设初沉池		kg/kg	0.5～0.8
厌氧水力停留时间占反应时间比例			%	5～10
缺氧水力停留时间占反应时间比例			%	10～15
好氧水力停留时间占反应时间比例			%	75～80
总水力停留时间		HRT	h	20～30
污泥回流比（仅适用于 CASS 或 CAST）		R	%	20～100
混合液回流比（仅适用于 CASS 或 CAST）		R	%	≥200
需氧量（O_2/BOD_5）		O_2	kg/kg	1.5～2.0
活性污泥容积指数		SVI	mL/g	70～140
充水比		m		0.30～0.35
BOD₅ 总处理率		η	%	85～95
TP 总处理率		η	%	50～75
TN 总处理率		η	%	55～80

SBR 处理技术生物除磷主要设计参数　　　　　表 10-2-7

项目名称	符号	单位	参数值
反应池五日生化需氧量污泥负荷（$BOD_5/MLVSS$）	L_s	kg/(kg·d)	0.4～0.7
反应池混合液悬浮固体（MLSS）平均质量浓度	X	kg/m³	2.0～4.0
污泥产率系数（VSS/BOD₅）	Y	kg/kg	0.4～0.8
厌氧水力停留时间占反应时间比例		%	25～33
好氧水力停留时间占反应时间比例		%	67～75
总水力停留时间	HRT	h	3～8
需氧量（O_2/BOD_5）	O_2	kg/kg	0.7～1.1
活性污泥容积指数	SVI	mL/g	70～140
充水比	m		0.30～0.40
污泥含磷率（TP/VSS）		kg/kg	0.03～0.07

续表

项目名称	符号	单位	参数值
污泥回流比（仅适用于 CASS 或 CAST）		%	40～100
TN 总处理率	η	%	75～85

注：以上表格（10-2-7）数据源于 HJ 577—2010。

10.2.3 生物膜处理工艺主要设计参数

生物膜处理工艺主要设计参数见表 10-2-8～表 10-2-11。

生物接触氧化处理技术去除碳源污染物主要工艺设计参数

（设计水温 20℃） 表 10-2-8

项目	符号	单位	参数值
五日生化需氧量填料容积负荷	M_c	kgBOD$_5$/(m^3 填料·d)	0.5～3.0
悬挂式填料填充率	η	%	50～80
悬浮式填料填充率	η	%	20～50
污泥产率	Y	kgVSS/kgBOD$_5$	0.2～0.7
水力停留时间*	HRT	h	2～6

* 此参数仅适用于生活污水和城镇污水。

生物接触氧化处理技术脱氮处理时主要工艺设计参数

（设计水温 20℃） 表 10-2-9

项目	符号	单位	参数值
五日生化需氧量填料容积负荷	M_c	kgBOD$_5$/(m^3 填料·d)	0.4～2.0
硝化填料容积负荷	M_N	kgTKN/(m^3 填料·d)	0.5～1.0
好氧池悬挂填料填充率	η	%	50～80
好氧池悬浮填料填充率	η	%	20～50
缺氧池悬挂填料填充率	η	%	50～80
缺氧池悬浮填料填充率	η	%	20～50
水力停留时间*	HRT	h	4～16
	HRT$_{DN}$		缺氧段 0.5～3.0
污泥产率	Y	kgVSS/kgBOD$_5$	0.2～0.6
出水回流比	R	%	100～300

* 此参数仅适用于生活污水和城镇污水。
注：以上表格（10-2-8、10-2-9）数据源于 HJ 2009—2011。

生物转盘处理技术主要工艺设计参数* 表 10-2-10

项目	符号	单位	参数值
BOD$_5$ 负荷	L_s	g/(m^2·d)	10
水力负荷	q_A	m^3/(m^2·d)	0.2
水温		℃	7～24

* 此参数参考为陕西长空机械厂。
资料来源：本表数据源于废水污染控制技术手册（潘涛. 废水污染控制技术手册［M］. 化学工业出版社，2013）。

种类	容积负荷	水力负荷（滤速）	空床水力停留时间
碳氧化滤池	$3.0kgBOD_5/(m^3 \cdot d)\sim 6.0kgBOD_5/(m^3 \cdot d)$	$2.0m^3/(m^2 \cdot h)\sim 10.0m^3/(m^2 \cdot h)$	40min~60min
硝化滤池	$0.6kgNH_3\text{-}N/(m^3 \cdot d)\sim 1.0kgNH^3\text{-}N/(m^3 \cdot d)$	$3.0m^3/(m^2 \cdot h)\sim 12.0m^3/(m^2 \cdot h)$	30min~45min
碳氧化/硝化滤池	$1.0kgBOD_5/(m^3 \cdot d)\sim 3.0kgBOD_5/(m^3 \cdot d)$ $0.4kgNH_3\text{-}N/(m^3 \cdot d)\sim 0.6kgNH_3\text{-}N/(m^3 \cdot d)$	$1.5m^3/(m^2 \cdot h)\sim 3.5m^3/(m^2 \cdot h)$	80min~100min
前置反硝化滤池	$0.8kgNO_3\text{-}N/(m^3 \cdot d)\sim 1.2kgNO_3\text{-}N/(m^3 \cdot d)$	$8.0m^3/(m^2 \cdot h)\sim$ $10.0m^3/(m^2 \cdot h)$（含回流）	20min~30min
后置反硝化滤池	$1.5kgNO_3\text{-}N/(m^3 \cdot d)\sim 3.0kgNO_3\text{-}N/(m^3 \cdot d)$	$8.0m^3/(m^2 \cdot h)\sim$ $12.0m^3/(m^2 \cdot h)$	20min~30min

曝气生物滤池处理技术主要设计参数 表 10-2-11

注：1. 设计水温较低、进水浓度较低或出水水质要求较高时，有机负荷、硝化负荷、反硝化负荷应取下限值。
2. 反硝化滤池的水力负荷、空床停留时间均按含硝化液回流水量确定，反硝化回流比应根据总氮去除率确定。
资料来源：本表数据源于《生物滤池法污水处理工程技术规范》HJ 2014—2012。

10.2.4 膜生物反应器（MBR）处理技术主要设计参数（表 10-2-12）

浸没式膜生物反应器（MBR）处理技术的设计参数 表 10-2-12

膜型式	污泥负荷 kgBOD$_5$/(kgMLSS·d)	混合液悬浮固体浓度 mg/L	过膜压差 kPa
中空纤维膜	0.05~0.15	6000~12000	0~60
平板膜	0.05~0.15	6000~20000	0~20

注：以上表格（10-2-12）数据源于 HJ 2010—2011。

10.3 应用案例

10.3.1 一体式 A^2/O 处理技术

以广东省某一体式 A^2/O 污水处理站为例，设计规模为 3000m^3/d，24h 运行，出水水质达到 GB 18918—2002 的一级 A 标准。工艺流程见图 10-3-1。

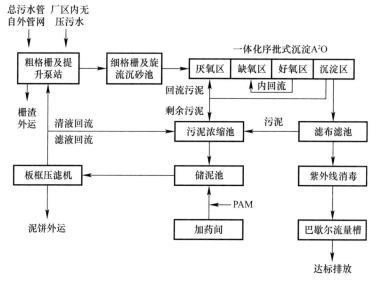

图 10-3-1 污水处理工艺流程

污水经机械格栅去除漂浮物和大颗粒悬浮物，经提升泵站进入细格栅及旋流除砂器，进一步去除沙粒等颗粒物，进入序批式氧化沟反应器，依次进入厌氧、缺氧、好氧、沉淀区，完成去除有机物、N、P、SS 等污染物；再进入滤布滤池，进一步去除 SS，经紫外消毒达标排放。污泥由沉淀区经污泥浓缩、板框压滤机压成泥饼后外运。

该项目的主要设计参数如表 10-3-1 所示，主要设备如表 10-3-2 所示。

主要设计参数　　　　　　　　　　　　　　　　　　表 10-3-1

项目	参数	项目	参数
q_v（m^3/h）	125	ρ（MLVSS）（mg/L）	4000
$\varphi \times h$（m×m）	22.6×5.5	COD 污泥负荷［kg/(kg·d)］	0.8
停留时间（h）		沉淀区表面负荷［$m^3/(m^2·h)$］	2.0
厌氧区	1	需氧量（kg/h）	26.5
缺氧区	3.4	需空气量（m^3/min）	10.11
好氧区	4.6	污泥 BOD_5 产率系数	0.5
沉淀区	3.0		

主要设备　　　　　　　　　　　　　　　　　　　表 10-3-2

名称	型号规格	主材	P/kW	数量
潜水推流器	桨叶直径 1.4m、转速 56r/min	铸铁	2.2	1 台
潜水推流器	桨叶直径 1.1m、转速 48r/min	铸铁	1.5	2 台
管式微孔曝气器	ϕ215mm	EPDM		68 个
出水气动阀		组合		3 套
污泥回流泵	q_v＝130m^3/h，H＝4m，配自耦装置	铸铁	3	3 台
固定堰门 1	0.4m×0.4m	不锈钢		4 个
固定堰门 2	0.5m×0.5m	不锈钢		4 个
旋转堰门	0.5m×0.5m	不锈钢		7 个

该工程阶段稳定试运行 6 个月，出水水质见表 10-3-3 所示。

主要设备　　　　　　　　　　　　　　　　　　　表 10-3-3

进出水	COD(mg/L)	BOD_5(mg/L)	pH	ρ(mg/L)			
				SS	NH_3-N	TN	TP
进水	185	82	6.95	116	19.5	28.4	2.35
出水	23.2	7.5	6.92	5.2	2.3	6.5	0.42

由表 10-3-3 可知，6 个月 NH_3-N、TN、TP 的平均去除率分别为 88%、77%、82%。出水水质 GB 18918—2002 中的一级 A 标准，表明一体化批序式沉淀 A^2/O 工艺可以应用到城镇污水处理领域，并可获得高效、稳定的运行效果。

该项目的占地面积、投资及运行费用：该污水站总占地面积为 1560m^2，单位占地面积为 0.52$m^2/(m^3·d)$，相比于类似的 A^2/O 工艺，占地面积较少。该污水站投资费用为 786.94 万元。运行费用由人工费、水电费、维护费、固体废物处理费、管理费、药剂费、其他费用构成，分别为 0.25、0.14、0.013、0.014、0.045、0.017、0.005 元/m^3，实际运行费用为 0.484 元/m^3。

10.3.2 SBR 处理技术

以苏州某一体式 SBR 污水处理站为例[16]，设计规模为 80m³/d，出水要求达到《城镇污水处理厂污染物排放标准》GB 18918—2002 一级 B 标准。工艺流程见图 10-3-2。

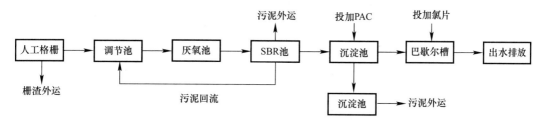

图 10-3-2　SBR 处理工程工艺流程

污水经管网收集后，排入一体化处理设施（设置在村的周边，远离居住区）。首先经人工格栅井后进入调节池均化水质水量，然后提升进入厌氧池水解酸化，厌氧池出水进入 SBR 池曝气、沉淀，上清液经滗除后进入平流沉淀池，同时加药除磷，最后通过巴歇尔槽计量排放，同时投加二氧化氯氯片消毒。SBR 池部分污泥回流至调节池，实现初步污泥减量化，同时降低部分 BOD_5。污泥池及 SBR 池污泥定期外运处理。

主要构筑物与设备：整个处理设施规模较小，从噪声、空气质量和安全考虑，采用地埋式钢筋混凝土结构污水处理设施。同时出于施工可行性及经济性考虑，调节池、厌氧池、SBR 池、沉淀池及污泥池采用一体化的设计方式，具体各单元尺寸如下：

（1）格栅井：调节池前设置一道不锈钢人工格栅，用于截留较大的悬浮物和漂浮物，以减轻后续处理构筑物的处理负荷，本次设计的人工格栅采用间距 20mm 的钢格栅。

（2）调节池：本次设计的处理设施规模较小，同时农村生活水水质水量变化较大，需设置调节池来平衡，调节池水力留时间 8h，净尺寸为 49m×2.3m×5m。池内设 2 台潜污泵，1 用 1 备，型号为 QW15-7-1，调节池旁设置超越管，当处理设施运行事故时污水直接排河。

（3）厌氧池：厌氧池主要作用是污泥减量化及反硝化脱氮，也兼顾降解 BOD_5 的作用。净尺寸为 2.7m×2.2m×5m，超高 0.5m。厌氧池通过大阻力配水系统配水，配水支管中垂线斜下 45°开配水小孔，孔径 5mm，间隔 0.3m 分布。池内安装组合填料，填料高度 2.5m，浸没水深 0.5m，填料下水深 1.5m，方便检修时人员通过。内部设一台潜污泵，将池内污水回流至厌氧池配水进水总管，出水通过溢流孔进入 SBR 池。

（4）SBR 池：SBR 池净尺寸为 3.7m×2.7m×5m，超高 0.5m，污泥层高度为 0.8m，缓冲层高度 1m。设计 BOD_5 污泥负荷（以 MLSS 计）为 0.3kg/kg。运行周期取 8h，其中进水时间 2h，反应时间 3h，沉淀 1h，排水 1h，闲置 1h，SBR 池由射流曝气机将空气注入水中，在好氧微生物的降解作用下将水中有机物去除，同时去除氨氮，实现泥水分离。SBR 池内安装射流曝气机 2 台，1 用 1 备，型号 15-BER2，曝气的同时起到搅拌混合的作用。SBR 池污泥回流通过一台型号为 QW25-8-22-1 的污泥泵抽至调节池。

（5）沉淀池：平流沉淀池设计沉淀表面负荷不大于 0.8m³/(m²·h)，净尺寸为 5m×1m×5m，超高 0.5m，沉淀区有效水深 3.6m。SBR 出水通过浮筒泵抽入沉淀池集水槽，同时通过加药管向槽内投加混凝剂，沉淀池进水采用三角堰配水，堰前 0.5m 设挡板，三角堰和挡板的组合在起到均匀配水作用的同时使得药剂充分混合。沉淀池设 2 个泥斗，泥斗深 0.6m，上平面尺寸 1m×1m，下平面尺寸 0.3m×0.3m，由于泥量较少，通过手动控制排泥。

（6）污泥池：污泥池净尺寸 2.3m×1m×5m，超高 0.5m。污泥池主要用于存储来自沉淀池的化学污泥，无需进行浓缩处理，依靠自身重力浓缩。每隔 20 天排一次泥，污泥通过槽罐车外运处理，污泥上清液定期采用泵抽至调节池处理。

（7）巴氏计量槽：巴氏计量槽根据流量购买标准型成品，喉管 b=51mm。污水处理后需消毒工艺才能排放至水体。本工程规模小，采用人工投加二氧化氯消毒片的方式进行消毒，氯片投加器安装在巴氏计量槽出水段。

该项目的主要设计参数及主要设备如表 10-3-4 所示。

工艺设备耗能表 表 10-3-4

构筑物	设备	单台功率（kW）	数量（台）	运行时间（h）	用电量（kW·h）	备注
调节池	潜污泵	1	2	6	6	1 用 1 备
厌氧池	潜污泵	1	1	18	18	
SBR 池	射流曝气机	1.5	2	9	13.5	1 用 1 备
	浮筒泵	3	1	3	3	
	污泥泵	1.1	1	0.5	0.55	
合计					41.05	

出水水质见表 10-3-5 所示。

污水进出水水质及排放标准 表 10-3-5

参数	进水	出水	《城镇污水处理厂污染物排放标准》 GB 18918—2002
COD/(mg·L^{-1})	300	24	60
BOD$_5$/(mg·L^{-1})	150	15	20
ρ(SS)/(mg·L^{-1})	150	12.5	20
ρ(TN)/(mg·L^{-1})	40	13.9	20
ρ(NH$_3$-N)/(mg·L^{-1})	35	5.7	15
ρ(TP)/(mg·L^{-1})	4.5	0.61	1
pH	6～9	6～9	6～9

根据该项目运营单位统计，该处理设施电费为 41.05kW·h/d，电价按 0.56 元/kW·h，能耗费用为 0.29 元/m³，药剂费主要为投加的纯度 30% 的聚合铝铁（FPAC）和纯度 8% 二氧化氯消毒片，FPAC 固体药剂稀释成 3% 的溶液，按 3% 体积比投加，二氧化氯投加浓度为 0.5mg/L，药剂费合计为 0.25 元/m³。

10.3.3 生物膜处理技术

1. 应用案例一

以天津市宁河大北涧沽村为例[17]，本项目采用的一体化处理工艺，工艺流程如图 10-3-3 所示，于 2010 年 10 月建成于天津市宁河大北涧沽村，出水用于农灌。

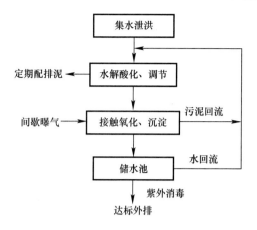

图 10-3-3 工艺流程

天津市宁河大北涧沽村人口共 276 户，日均污水产生量约 89m³。所取污水从处理站的集水池取出。污水水质见表 10-3-6。

污水水质   表 10-3-6

$\rho(COD)$(mg/L)	$\rho(BOD)$(mg/L)	$\rho(NH_3\text{-}N)$(mg/L)	$\rho(TN)$(mg/L)	粪大肠菌群（个/100mL)	pH
144～387	53～132	14.29～44.88	59～82	1400～2000	6.8～8.0

本项目污水站由集水泄洪池、水解酸化调节池、接触氧化、污泥沉淀池和储水池，总有效容积 160m³，其中水解酸化调节池（115m³）和接触氧化区（21m³）容积比约 5.5：1，水解酸化调节池设污泥排出口。

本项目污水处理站水解酸化调节池和接触氧化区为反应主体，整个反应主体区填充组合填料，其中水解酸化段填充率为 60%，水力负荷为 0.78m³/(m³·d)；接触氧化区填充率为 75%，水力负荷为 4.24m³/(m³·d)；设计处理能力 100m³/d，运行期间实际平均进水量为 89t/d，进水方式为全自动间歇进水，系统运行方式为间歇曝气连续回流。

根据例行检测的统计数据，本项目对污水中主要污染物去除效果如下：

本项目对 COD 和 BOD 去除效果：项目进水 COD 为 144～387mg/L，BOD 为 53～132mg/L。处理后出水 COD<60.3mg/L，BOD<20mg/L。本项目对 COD 和 BOD 的平均去除率均达到 70% 以上，出水稳定，处理效果较好。

本项目对 $NH_3\text{-}N$ 的去除效果：进水 $NH_3\text{-}N$ 平均值为 29.19mg/L，出水 $NH_3\text{-}N$ 平均值为 21.89mg/L，平均去除率为 26.87%。由检测结果可以看出：本项目对 $NH_3\text{-}N$ 的去除率不高，分析原因可能有两方面因素：

（1）水体中的有机氮在厌氧条件下通过厌氧菌的氨化作用将氮素转化为氨氮，导致氨氮含量迅速上升。而硝化细菌的世代时间较长，整套系统启动时间较短，硝化细菌在接触氧化池还未占主导地位。

（2）NH_4^+ 在厌氧条件下进行硝化反应向 NO_2^- 和 NO_3^- 转化，导致水中缺少电子受体，使硝化反应进行的不彻底。

本项目对 TN 的去除效果：本项目对 TN 平均去除率为 38.25%，出水 TN<33.5mg/L，TN 去除效率较低。

227

本项目对粪大肠菌群的处理效果：由于本项目安装了紫外消毒设备，进水的粪大肠菌群在 1600～2400 个/100mL 之间，出水的粪大肠菌群达 30 个/100mL 以下，去除率达 95％以上，出水符合设计指标。

2. 应用案例二

以江苏南通市某新农村示范区生活污水处理工程为例[18]。

（1）设计进、出水水质

该聚居区为南通市新农村建设示范区，规划居民住宅为 100 户，产生生活污水量约为 53m³/d，24h 连续运行，其设计进、出水水质见表 10-3-7。

设计进、出水水质　　　　　　　　　　　　　表 10-3-7

项目	COD(mg/L)	BOD₅(mg/L)	NH₃-N(mg/L)	TP(mg/L)	pH 值
进水	300	500	40	6	6～9
出水	30	60	15	1	6～9

系统出水水质可达到《城镇污水处理厂污染物排放标准》（GB 18918—2002）的一级 B 标准，可以直接排放至天然水体。

（2）工艺流程

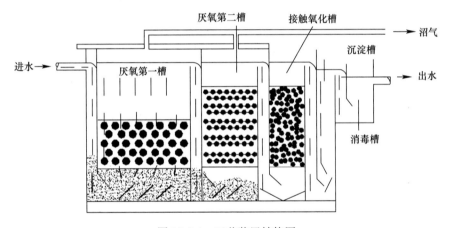

图 10-3-4　工艺装置结构图

（3）主要工艺参数

① 厌氧过滤池：厌氧过滤池分 3 格，单格尺寸为 ϕ3.5m×3.1m，池内设悬挂式填料，填料层高度为 1.0m，平均水力停留时间为 36h，有效容积为 79m³。池有效深度为 2.8m，总深度为 3.1m。

② 接触氧化池：接触氧化池尺寸为 ϕ3.5m×3.1m，池内充填悬浮填料，设置微孔曝气管进行曝气，需氧量为 0.73m³/min，气水比为 19.9：1，设置 2 台风机（1 用 1 备），2 台水泵（1 用 1 备）。接触氧化池平均水力停留时间为 12h，有效容积为 27m³。池有效深度为 2.8m，总深度为 3.1m。

③ 沉淀池：沉淀池尺寸为 ϕ2.0m×3.1m，设置 1 台污泥回流泵，沉淀池沉淀分离时间为 2h，池有效深度为 2.8m，总深度为 3.1m。

④ 运行成本与效果。该示范工程在设备安装调试后，经过一段时间的运行，2009 年

6 月通过了相关环保部门的监测验收，验收结论表明：该工程工艺合理、技术先进、处理效果稳定，占地面积小、投资省、操作简单、便于管理，该集中居住区的生活污水经过处理后，COD、氨氮、总磷等指标符合《城镇污水处理厂污染物排放标准》（GB 18918—2002）的一级 B 标准。

该工程总投资为 22.3 万元，污水处理动力费为 0.44 元/m³ [电价按 0.6 元/(kW·h) 计]。

3. 应用案例三

以上海郊区某农村生活污水的处理工程为例[18]。

根据现场调研，确定生活污水量为 94.5L/(人·d)，地下水渗入量为旱流量的 10%，处理系统设计水量为 104L/(人·d)。

根据典型农村生活污水水质，同时考虑到本工程要求污水先进入化粪池处理，各项污染物都得到一定程度的降解，确定了本处理设施的设计进水水质如表 10-3-8 所示，工艺流程见图 10-3-5。

设计进水水质主要指标（单位：mg/L） 表 10-3-8

项目	pH 值	COD	BOD$_5$	SS	TN	NH$_3$-N	TP
进水	6~9	350	200	200	40	30	5

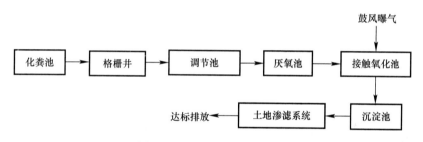

图 10-3-5 项目处理工艺流程

接触氧化池的容积负荷为 300gBOD/(m³·d)，有效接触时间为 3h，气水比为 15，填料体积为接触氧化池容积的 75%。

调节池和出水井配备污水泵各 1 台，供好氧池充氧的曝气机 1 台，每处设置 1 套备用。

本工程于 2009 年 11 月建成并投入使用。工程运行费用主要为电费，按电价为 0.63 元/(kW·h) 计算，折合电费为 0.24 元/m³。

经过半年试运行后，2010 年 4 月~9 月对本系统出水进行了监测，出水 COD、NH$_3$-N、TN、TP 均能达到 GB 18918—2002 的一级 B 标准，其出水主要污染物平均浓度分别为 COD 41mg/L、NH$_3$-N 3mg/L、TN 13.3mg/L、TP 0.69mg/L。

10.3.4 MBR 处理技术

以天津某综合楼生活污水处理及回用项目为例。在安装膜生物反应器的同时，对综合楼的给水系统工程进行双给水系统的改造，让卫生间进水管与楼顶给水箱相连，与膜生物反应器的清水箱共同构成中水道系统，如图 10-3-6。

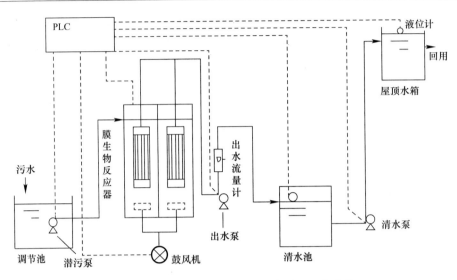

图 10-3-6　天津某综合楼生活污水处理工艺流程

一体化膜生物反应器能力为 25 吨/天，采用 SBR 运转方式，一个周期由缺氧静置和好氧出水段组成；缺氧段前期进水至高液位，好氧段曝气同时间歇出水，出水 8min，停止 2min。低液位时，停止曝气开始进水。膜生物反应器分两个单元交替曝气，整个系统由 PLC 实现全自动控制。所处理的污水来自该楼的化粪池上的清液，污水水质及处理结果如表 10-3-9 所示：

该楼化粪池上的清液污水水质及处理结果　　　　　　　　　表 10-3-9

水质参数	浓度/NTU	COD	NH₃-N
进水范围	10.5～56.8	41.5～136	6.85～38.4
平均值	25.2	95.8	23.8
出水平均值	0.2	33.5	1.5

工程运行结果表明，两单元出水 COD 平均值为 33.6mg/L 和 33.4mg/L，NH_3-N 去除率都在 95% 以上，出水氨氮平均值小于 1.5mg/L。低温下，只要维持良好的氧传质条件，仍能取得 90% 以上的氨氮去处率。该套设备本体占地仅 3.2m²，投资 10 余万，能耗为 0.8kWh/m³。该设备投入使用一年多来，其出水水质良好，通量稳定，仅需在清水池投加少量漂白粉来预防在管路中的滋生，该综合楼的月用水量也由原来 800 吨下降到 150 吨，在很大程度上节约细菌了用水量。

10.3.5　净化槽

日本家庭用小型净化槽基本上是在工厂批量生产的，因此安装投资小，费用低。净化槽安装在住宅地基内，只占用很小一块土地，不需要繁杂的土地征收手续和昂贵的土地征用费，安装场地几乎不受地形的影响，而且具有比较强的抗震和抗灾性能。安装一台小型净化槽一般需要 1～2d[19]。

1. 案例一

江苏兴化市戴南镇赵家村和董北村小城镇分散型污水处理示范工程[19]。

污水处理的工艺流程见图 10-3-7。由图 10-3-7 可知，生活污水先被排入到格栅/集水槽中，将颗粒较大的杂物去除后，污水再进入到沉淀隔油槽中，经过重力的沉淀隔油处理后，污水进入缺氧槽，在氧气量缺乏的情况下分别在废水中进行有机物分解，并经过缺氧脱氮除磷处理，然后进入到接触曝气槽中，经过一系列的生物氧化作用，将水中大多数有机物去除；出水再进入沉淀槽，经过沉淀分离后，进入消毒槽/清水槽中，然后加入氯片等消毒剂对污水进行消毒处理，然后排放出去即可达到标准。沉淀槽污泥回流至沉淀隔油槽，沉淀隔油槽有兼作污泥消化槽的作用。

图 10-3-7　污水处理工艺流程

该项目竣工的时间在 2009 年 6 月。经过建设后，2 个村的生活污水经过处理后，均达到中国《城镇污水处理厂污染物排放标准》GB 18918—2002 中的一级 B 类标准，顺利通过验收。

2. 案例二

以太湖流域安吉县山川乡续目村污水处理项目为例[20]，日本净化槽在生活污水处理中应用，解决污水直排入河的问题。

（1）设计进水水质、水量

COD≤300mg/L，BOD_5≤150mg/L，TN≤40mg/L，NH_3-N≤20mg/L，TP≤7mg/L，SS≤150mg/L，pH6～9。处理出水设计达到《城镇污水处理厂污染物排放标准》GB 18918—2002 一级 A 标准。

本项目设计处理能力 25m³/d，设定正常和高负荷 2 个运行模式。通常情况下设定为正常模式，逢大的节假日（国庆、春节等）设定为高负荷模式，模式切换需人工操作。

（2）工艺流程

该项目采用的是株式会社久保田生产的膜式净化槽，由流量调节池、反硝化池、硝化池、处理水池、出水泵池、加药罐和 PLC 控制系统组成，工艺流程如图 10-3-8 所示，系

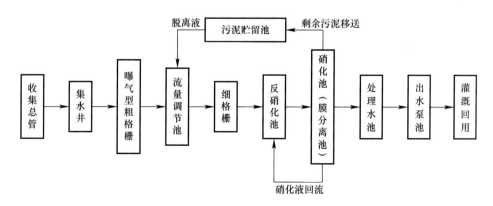

图 10-3-8　项目工艺流程图

统构成如图 10-3-9 所示。系统采用活性污泥-膜分离法组合工艺，膜组件直接安置在生物反应器中，通过工艺泵的负压抽吸作用得到膜过滤出水。膜组件采用株式会社久保田生产的浸没式平板膜。因本工程为示范研究项目，在流量调节池内安装了液位计，反硝化池和硝化池内安装了 pH 计、DO 计、ORP 计、温度计、膜压计及处理水流量计等各种计量仪表。

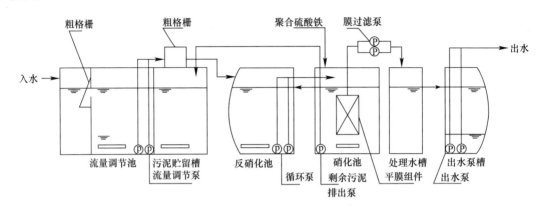

图 10-3-9　项目系统构成示意图

（3）根据例行检测的统计数据，本项目对污水中主要污染物去除效果如下：

① 本项目对 COD 去除效果：进水 COD 浓度为 60.3～360mg/L，平均 COD 浓度 171.26mg/L，出水 COD 浓度为 10～28.9mg/L，平均 COD 浓度 18.19mg/L。COD 的去除率 57.21%～95.53%，平均 COD 去除率为 83.64%。

② 本项目对 NH_4^+-N 去除效果：根据全年统计数据，NH_3-N 的去除率基本维持在 90% 以上，平均去除率 97.94%。在 12 月中旬左右，由于气温降低导致进水温度低于 13℃时，NH_3-N 的去除率会显著降低，主要原因是硝化池内水体平均温度小于 13℃，活性污泥的活性降低，不利于硝化细菌等微生物的生长和代谢。冬季硝化池内水体温度低的主要原因是项目地续目村地形和当地村民生活方式所致。海拔较高，冬季续目村气温较平原河网地区低。此外，当地村民冬季洗浴温水不排入净化槽。虽然水温低会使去除 NH_3-N 的效果下降，但因为稀释效果，净化槽的出水也能基本达到一级 A 标准。太湖水环境修复示范项目中应用 6 种不同类型日本净化槽处理农村污水的研究表明，净化槽系统进水的水温宜为 13～37℃，水温太高或太低都不利于净化槽系统对污染物的去除。

③ 本项目对 TP 去除效果：单靠净化槽的生化处理过程，除磷效果不显著。通过向净化槽协同投加聚合硫酸铁（PFS），可显著提高系统对污水中 TP 的去除效果，TP 平均去除率 94.13%，处理出水 TP 浓度可以达到一级 A 排放标准。

④ 本项目对 SS 去除效果：净化槽处理系统采用一体化平板膜将泥水分离，系统对续目村污水 SS 的去除率为 90.38%～99.09%，平均去除率 93.95%，出水 SS 浓度一直维持在 5mg/L 以下[7,8]。

（4）经济技术性评价

工程项目总造价 59.8 万，占地面积 74.4m²（其中调节池 23m²，净化槽 14.4m²，设备房 37m²）。运行费用主要包括动力费、药剂费等。动力设备主要为提升泵、鼓风机和抽吸泵等，实际平均用电负荷 22.05kWh/d，年运行耗电量 8048kWh，折合单位动力费用

0.45 元/m³。除磷药剂为 PFS（或 PAC），投加剂量为 119g/m³，折合单位药剂费用为 0.17 元/m³。膜清洗药剂次氯酸钠 10L/a，折合单位药剂费 0.007 元/m³。由于本工程处理站的规模较小，无需专人看管，配置 1 人定期现场巡视即可。该系统运行成本为 0.63 元/m³。

参考文献

[1] 吴光前，孙新元，张齐生. 净化槽技术在中国农村污水分散处理中的应用. 环境科技，2010，23（6）：36-40.

[2] 干钢，唐毅，郝晓伟. 日本净化槽技术在农村生活污水处理中的应用 [J]. 环境工程学报，2013，7（5）：1791-1796.

[3] 水落元之，小柳秀明，久山哲雄，et al. 日本分散型生活污水处理技术与设施建设状况分析 [J]. 中国给水排水，2012，28（12）.

[4] INAMOR Y I. Popularization and development of high-performance Johkasou [M]. Tokyo：Gyose i Co，2002.

[5] Donkin M J，Russell J M. Treatment of a milkpowder/butter wastewater using the AAO activated sludge configuration [J]. Water Science and Technology，1997，36（10）：79-86.

[6] 张庆军，徐铭泽，游少鸿，等. 节能强化脱氮除磷工艺处理污废水试验研究 [J]. 水处理技术，2013，39（8）：89-92.

[7] Kuba T，Van Loosdrecht M C M，Brandse F A，et al. Occurrence of denitrifying phosphorus removing bacteria in modified UCT-type wastewater treatment plants [J]. Water Research，2016，31（4）：777-786.

[8] Vaiopoulou E，Aivasidis A. A modified UCT method for biological nutrient removal：Configuration and performance [J]. Chemosphere，2008，72（7）.

[9] 张杰，彭轶，杜睿，等. 反硝化厌氧氨氧化 SBR 处理高浓度硝酸盐废水与城市污水的方法.

[10] 张波，高廷耀. 倒置 A²/O 工艺的原理与特点研究 [J]. 中国给水排水，2000，16（7）：11-15.

[11] 吴光学，管运涛. SRT 及碳源浓度对厌氧/好氧交替运行 SBR 工艺中 PHB 的影响 [J]. 环境科学，2005（2）：126-130.

[12] 郭海燕. 曝气动力循环一体化同时硝化反硝化生物膜反应器及其特性研究 [D]. 大连理工大学，2005.

[13] 何健洪. SBR 法处理屠宰废水的工程应用 [J]. 工业水处理，2003，23（3）：62-64.

[14] 李子起. SBR 污水处理工艺自动控制系统的设计 [D]. 2015.

[15] 王莹. 城市污水 MBR 处理后的膜集成深度回用性能研究 [D]. 北京交通大学，2008.

[16] 彭杰，黄天寅，曹强，等. 一体化 SBR 农村生活污水处理设施设计 [J]. 水处理技术，2015（1）：132-134.

[17] 吴迪，高贤彪，李玉华. 一体化生物膜技术处理滨海农村污水 [J]. 环境工程学报，2012，6（8）：2539-2543.

[18] 张俊，周航，赵自玲，等. 一体式生物接触氧化/土地渗滤系统处理农村污水 [J]. 中国给水排水，2012，28（24）.

[19] 张玉洁，吴俊奇，向连成. 净化槽的应用与管理方法 [J]. 环境工程学报，2014，4（2）：109-115.

[20] 赵利. 日本分散型污水处理技术的启示及应用 [J]. 现代农业科技，2016，5：219-220.